U0294654

天津市自然科学基金面上项目（23JCYBJC01170）

Embarking
and
Pioneering

改革开放初期留学『取经』的中国建筑师

戴 路 李 怡◎著

Chinese Architects
Studying Abroad
in the Early Stage of
Reform and Opening Up

中国建筑工业出版社

图书在版编目（CIP）数据

踏潮启新：改革开放初期留学"取经"的中国建筑师 = Embarking and Pioneering: Chinese Architects Studying Abroad in the Early Stage of Reform and Opening Up / 戴路，李怡著 . — 北京：中国建筑工业出版社，2024.8. — ISBN 978-7-112-30135-5

Ⅰ . K826.16

中国国家版本馆 CIP 数据核字第 2024VF5501 号

策划顾问：沈元勤
责任编辑：柳　冉　陈小娟
责任校对：王　烨

踏潮启新——改革开放初期留学"取经"的中国建筑师
Embarking and Pioneering: Chinese Architects Studying Abroad in the Early Stage of Reform and Opening Up
戴　路　李　怡　著
＊
中国建筑工业出版社出版、发行（北京海淀三里河路9号）
各地新华书店、建筑书店经销
北京海视强森文化传媒有限公司制版
北京中科印刷有限公司印刷
＊
开本：880毫米×1230毫米　1/32　印张：14　插页：1　字数：355千字
2024年9月第一版　2024年9月第一次印刷
定价：**68.00** 元
ISBN 978-7-112-30135-5
　　（41710）

澎潮啓新

歲次甲辰金秋　業乃弟

叶如棠简介

叶如棠（1940—），浙江温岭人。1965 年 7 月毕业于清华大学建筑系。1984 年任北京市建筑设计院院长，在全国率先推进设计管理体制改革。1985 年被破格任命为中华人民共和国城乡建设环境保护部部长，1988 年改任中华人民共和国建设部常务副部长，长期分管设计、科技、教育等方面的工作。1993 年率中国建筑学会代表团申办 1999 年世界建筑师大会获得成功，并出任大会组委会执行主席。曾被选为中共十三、十四、十五大代表，第七、八、十届全国人大代表。曾任第十届全国人大常委会委员、全国人大环境与资源委员会副主任委员、建设部职业注册领导小组组长、中国建筑学会理事长、中国勘察设计协会名誉理事长等职，并获中国香港建筑师学会、日本建筑学会、美国建筑师学会授予的荣誉会员称号。1990 年加入中国书法家协会。出版了《翰墨情缘》《至美南极》《浩瀚北极》《博采蔚蓝》等图书。

目 录

引 言

留学教育，作为培养知识精英的重要途径，是关乎中外文化、教育交流的长远事业和特定渠道。"建设人类命运共同体"这一理念的提出，使得"推动构建人类命运共同体"已成为新时代坚持和发展中国特色社会主义的基本方略之一。中国自古以来都重视中外友好交往，"十四五"规划中进而强调要"实行高水平对外开放，开拓合作共赢新局面""促进人文交流"。这向全世界宣告了在全球化时代建设美好世界的"中国方案"，而大力发展留学教育，则是构建人类命运共同体具体工作展开的重要途径。尤其在改革开放后的40余年中，留学教育迅速发展，体现出中国不断对外开放的姿态，更反射出中国社会现代化的演进之路。

20世纪一二十年代，留学于日本、美国等国的中国建筑师开启了中国的建筑专业院校教育，并逐步建立起中国现代建筑教育体系。此后的几十余年间，建筑留学教育几经起落，直至20世纪70年代末，外部环境的缓和与国内改革开放政策的提出，使中国在面向西方国家、某种意义上也是面向当代世界的建筑留学教育得以重启，在长达30年的停滞状态后，与世界其他国家进行了前所未有的广泛交流。由于教育断层，彼时留学于日、美等国的中国建筑师虽已人到中年，但依旧是行业中最年轻的一代。在国家政策的支持下，我国一些大型建筑设计院和高校中的部分建筑师和教师有机会率先走出国门。在此过程中，他们学习到前沿的建筑知识，接触到先进的管理制度。"取经"归来，他们将国外建筑发展的可取之处引入国内，逐渐完善中国建筑学科。

　　如今该群体在年龄上已大多年过八旬，基本无建筑作品再问世，逐渐淡出公众视野。2019年12月至今，作者对费麟、马国馨、荆其敏、黄锡璆、郑时龄、项秉仁、柴裴义、鲍家声、傅克诚、仲德崑、时匡、孙凤岐12位著名建筑师、建筑学者进行采访（表0-1），并整理口述史资料，深切体会到老一辈建筑学人严谨治学、批判思考，及其自然而然的爱国主义精神。他们事必躬亲、严谨治学的态度与平易近人、知无不言的坦诚更让人感怀于心。近年也遗憾得知戴复东、罗小未、聂兰生、陈志华、关肇邺等先生，也包括曾接受访谈的荆其敏先生及提供大量资料的栗德祥先生离世的消息，更觉记录、研究，甚至抢救这段历史的必要性与紧迫性。

2019 年 12 月 19 日于中国中元国际工程有限公司采访费麟

2019 年 12 月 26 日于北京市建筑设计研究院股份有限公司采访马国馨

2020 年 12 月 5 日于天津大学新园村采访荆其敏

2020 年 12 月 24 日于中国中元国际工程有限公司采访黄锡璆

2021 年 5 月 21 日于同济大学建筑设计研究院有限公司采访郑时龄

2021 年 5 月 22 日于上海秉仁建筑师事务所采访项秉仁

2023 年 4 月 13 日于北京市望京西园采访柴裴义

2023 年 5 月 4 日于南京市玄武区长江路德基大厦采访鲍家声

2023 年 5 月 15 日于上海市静安区福朋喜来登酒店咖啡厅采访傅克诚

2023 年 6 月 8 日于南京市栖霞区汇杰文庭采访仲德崑

2023 年 8 月 14 日于腾讯会议采访时匡

2023 年 10 月 18 日、10 月 22 日、10 月 23 日孙凤岐以录音的形式回复

文明发展的本质要求在于交流互鉴。伴随着改革开放政策的逐渐深入，留学这一文化交流的重要途径，同留学人员这一特定群体共同引起各方的瞩目；同时，建筑师的努力与贡献在中国建筑现代化的进程中不可忽视。本书将呈现部分代表建筑师的经历与事件，他们大多毕业于"文化大革命"前，并在改革开放初期获国家公派留学资格或由所在单位提供机会首次赴外，远赴欧洲、美国、日本等发达地区和国家留学；因时代因素，"留学"泛指成为进修人员、访问学者及研究生等各种类型的访学人员所接受的各种类型的教育，时间不限于短期或长期。

　　对相关群体经历的关注还将继续，以还原真实，以审视影响一代建筑师群体成长的因素。

第一章

国门再启

第一节　恢复

"我赞成增大派遣留学生的数量，派出去主要学习自然科学。要成千上万地派，不是只派十个八个。"

1978 年 6 月，邓小平同志在听取教育部汇报清华大学工作时作出扩大派遣留学生的指示。也正是这一指示，翻开了中国出国留学工作新的篇章，打开了留学的全新格局观念。

曾经，在帝国主义诸国的虎视眈眈下，新建立的社会主义国家的发展充满坎坷。在如此环境中，留学教育有着特定的方向性。从 1950 年开始，仅 25 名中华人民共和国的首批留学生被派往波兰、捷克斯洛伐克、罗马尼亚、保加利亚和匈牙利五国，学习所在国家的语言、历史和工程科学。次年，首批 375 名学生（其中包括研究生 136 名）被派往苏联留学。自 1950 年起至 1966 年，中国先后向苏联、罗马尼亚、匈牙利等 29 个国家派出留学人员 10678 人[1]。这一阶段的留学活动，均由国家统一派遣，社会主义国家之间彼此交流。

"文化大革命"开始后，对外教育交流活动曾一度停止。1972 年，随着尼克松访华，中美关系破冰。自此，中国也开始恢复向国外派遣留学生。

---

[1] 《中国教育年鉴》编辑部.中国教育年鉴 1949—1981[M].北京：中国大百科全书出版社，1984：666.

但截至 1976 年底，中国先后向英国、法国、意大利等 49 个国家派遣的留学人员数量仅为 1629 人，多数学习语言[①]。

这 10 年间，因社会不稳定而致使留学活动停止，曾一度造成人才教育培养中断的现象。10 年光景，一代人的青春已逝，在漫长的岁月中留下了无尽的遗憾（图 1-1）。

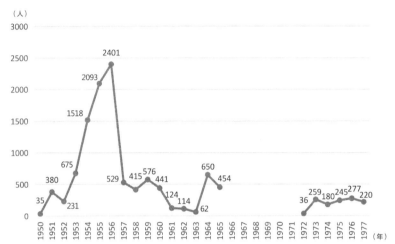

图 1-1　1950—1977 年国家公费派出留学生人员数量统计图
图片来源：根据李喜所主编．田涛，刘晓琴著．中国留学通史：新中国卷 [M]．广州：广东教育出版社，2010：300．改绘．

1978 年底，在经历动荡与挫折的年代后，尊重知识、尊重人才的"空气"终于重新遍布。

在 1978 年以后的最初几年，经历逐渐尝试和调整的过程，公派留学坚持"广开渠道，争取多派"的基本方针，国家统一严格选拔派遣，体现出留学教育的计划性，同时也取得了阶段性的进步，选派规模逐渐扩大。

① 《中国教育年鉴》编辑部．中国教育年鉴 1949—1981[M]．北京：中国大百科全书出版社，1984：666.

1979 年，中国向 32 个国家公派留学人员 1750 人，1986 年 5 月，公派留学人员已达 3 万余人，回国者 1.6 万余人[①]。留学人员中，最主要人员为进修生、研究生，他们大多去往美国等西方国家，所学内容由语言转变为理工科目。

20 世纪 80 年代中后期，赴外留学已形成一定的规模，热潮再起，公派留学层次不断丰富，促使留学教育新格局形成，并以"按需派遣，保证质量，学用一致"为原则。《关于出国留学人员工作的若干暂行规定》于1986 年底由国家教育委员会发布，其中明确了公派人员包括国家公派和单位公派两种类型，明确选拔条件，并对留学费用、事项等进行详细规定。这也是改革开放以来最为详细规范的留学规定。

1988 年初，国家教育委员会制定并发布了未来 3 年的公派留学人员计划。强调留学派遣的基本原则是切合实际需要；避免过分集中于少数国家；派出类别以进修人员、访问学者为主，研究生则以攻读博士学位为主；学习应用学科与自然科学的人数均占总人数的 80%[②]。这一阶段，留学人员教育层次更高，出国留学的目的性也更强，对于国家教委确定的重点学科派出学习人数更多。人员选拔减少了部分苛刻的成分限制，体现出极大地进步。

1992 年后，在"支持留学、鼓励回国、来去自由"的总方针下，通过提高层次，打通渠道，公派留学工作进入了改革和完善的新阶段，并实行按出国留学项目申请、选拔的办法[③]。1996 年 6 月，"国家留学基金管理委员会"（China Scholarship Council，简称 CSC）正式成立，此后的留学派遣工作统一由该机构负责。

① 李滔 . 中华留学教育史录：1949 年以后 [M]. 北京：高等教育出版社，2000：690.

② 同上。

③ 朱耀垠 . 支持留学 鼓励回国 来去自由：访国家教委外事司副司长王仲达 [J]. 出国与就业，1994（5）：4-5.

留学教育作为重要的人才交流途径，在改革开放初期获得了空前的发展，该过程折射出其与社会变革之间的紧密联系。从1978—1991年国家教委（教育部）公费派出和政府各部委派出留学人员数量来看，在这十余年间，留学工作经历了较为快速的增长，但在20世纪80年代末期，出于某些原因，留学政策收紧，在数量上出现了一定的下降趋势（图1-2）。从留学人员构成来看，访问学者（进修人员）数量最多，约占总数的2/3，大多是从高校教师和科研机构研究人员中选拔，大多数为大学毕业（从1979年开始进修人员选拔要求本科毕业）并有一定的实际工作经验（图1-3）。从所学学科上看，留学人员在国外所学科目以自然科学为主（图1-4），体现国家对自然科学发展的重视程度。相较于之前大多数的语言生，在努力推动科学水平的工作重心指导下，学习先进技术，从而加快国家恢复经济的脚步，促进生产力的发展成为派遣更多理工科留学生的直接目的。

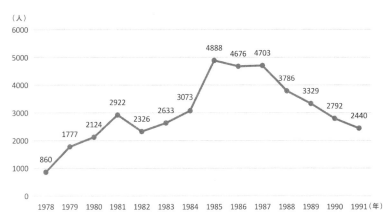

图1-2　1978—1991年国家教委（教育部）公费派出和政府各部委派出留学生人员数量统计图
图片来源：根据国家教育委员会外事司.教育外事工作历史沿革及现行政策[M].北京：北京师范大学出版社，1998：40，80.改绘。

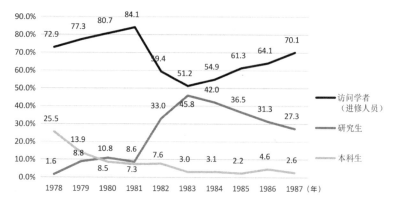

图 1-3　1978—1987 年国家公派留学人员分类

图片来源：根据《中国教育年鉴》编辑部．中国教育年鉴（1949—1981）[M]．北京：中国大百科全书出版社，1984：668．数据改绘。

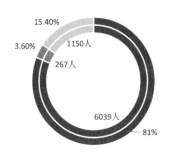

图 1-4　教育部 1978 年 9 月至 1981 年底派出的 7456 名留学生分属学科

图片来源：根据《中国教育年鉴》编辑部．中国教育年鉴（1949—1981）[M]．北京：中国大百科全书出版社，1984：668．数据改绘。

第二节　留学奠基"第一代"

　　穿越历史的回廊，建筑学科于 20 世纪初期漂洋过海，在中国生根，完成"传统营建体系向现代建筑工业体系的转变"。在百年动荡中，中国现代建筑教育的发展之路并非坦途，始终受制于社会背景与现实环境。

受现代建筑思想影响，最初的学院式教育逐渐丰富，设计思想与教学模式经历转变与发展。建筑师——这一专门从事建筑设计业务的职业，区别于中国传统营造工匠的概念。一代代接受现代建筑学教育、掌握现代技术科学的优秀人才尽抒胸臆，为心中的理想国留下浓缩时代特色的建筑精品。

中国现代建筑教育同留学教育密不可分。建筑师通过留学经历拓宽视野和胸襟，建立并扩充中国建筑教育体系，传递建筑知识与文化。中国第一代建筑师是于1949年以前毕业的建筑师群体[①]。他们曾历经时代更迭的岁月，饱尝丧权辱国的痛楚，东渡日本或去往西欧、美国等地留学，学习此门新学科。但那时，留学生大多学习制造枪炮、冶炼等学科。清宣统二年（1910年），在获第二次庚子赔款录取资格的70名留学生中，以建筑工程作为留学内容的仅庄俊一人。出生于1900年至辛亥革命年间并留学国外学习建筑学科者也不过只有40人左右[②]，其中以赴美留学于美国宾夕法尼亚大学的建筑师群体最为著名。溯源中国现代建筑教育，正是由中国第一代建筑师留学后引入，他们自主设计出中国现代建筑，建立建筑院校，传授新型建筑设计方法，系统地培养出本土职业建筑师，并首设建筑事务所，多在港口城市及租界兴办设计机构，如赵深、陈植、童寯于上海设立的华盖建筑师事务所，等等。他们以精湛的设计水平，扎实的绘图能力，获得了业主的信赖，西方建筑师的垄断被打破，一座座富有时代特征的不朽建筑屹立于世。

新旧交替，东西交融，即便建筑师曾在西方接受完整的现代建筑教育思想，可贵的是他们对于民族形式的探索。兴国始终是理想，对传统文化的弘扬与运用，是那个年代超越艺术的文化意识觉醒。他们以西方先进的

---

① 戴路，陈健. 中国第二代建筑师群体特征分析 [J]. 建筑师，2006（1）：97-100.

② 杨永生. 中国四代建筑师 [M]. 北京：中国建筑工业出版社，2002：12.

图 1-5　去除多余装饰，但依旧遵循轴线对称形式

图片来源：自摄于《归成——毕业于美国宾夕法尼亚大学的第一代中国建筑师》主题展览（左上为国民政府外交部办公楼，左下为沈阳北站，右上为南京中央医院，右下为南京首都饭店），作者改绘。

建筑科技手段、建筑设计思想来表现"中国特色"，他们责无旁贷地担负起"第一代"之重任，呕心沥血，成为探索中国建筑民族形式的带头人。不可否认的是，建筑师所接受的布扎（Beaux-Arts）教育影响贯穿其整个设计生涯，即便建筑在外观上已不附加装饰，但依旧遵循轴线对称的布局形式（图 1-5），严整气派。

　　第一代建筑师经历丧权辱国之恨，又经历了抗日战争和解放战争之艰，在新中国成立后也曾饱尝喜悦与冷落。经历一个世纪的荣辱，一个世纪的探索，第一代建筑师群体自从业之时起，便心系国家发展，推动着中国的现代建筑发展历程。19 世纪末以来，从"中国化""中国固有式"建筑，到 20 世纪 50 年代的"民族形式"建筑和 20 世纪 80 年代以后的"新民族形式建筑"，无一不体现着中国建筑师的热忱。

除建筑设计外，在学术理论、组织制度等多方面，第一代建筑师均完成了奠基性工作。如创办《中国建筑》等期刊，成立中国建筑师学会、中国营造学社等，其贡献之巨不胜枚举，逐渐引领中国现代建筑走上漫漫征途。

正是中国第一代建筑师，这个大多在国外受过专业建筑教育的群体，使中国拥有了真正意义上的建筑师职业。他们开设建筑事务所，完成了大量优秀的建筑设计作品，极大地推动了中国建筑现代转型，成就了民族特色的多样化表达，同时建立起行业运作机制，在实践中促使政府设立专门管理机构，促进建筑制度体系规范性发展。

也正是中国第一代建筑师，他们开始在中国创办建筑院校，建立中国建筑院校教育体制，培养更多职业建筑师与专业研究者。

中国近代第一所建筑院校苏州工业专门学校建筑科，便是由留学于东京高等工业学校建筑科的柳士英、刘敦桢等人于1923年创立的。通过借鉴日本建筑教育学制、内容，为中国首次完整引进了现代建筑教育。1927年6月，苏州工业专门学校建筑科并入南京第四中山大学，即之后的中央大学，重新组建成中国第一个大学建筑系，所颁布的《大学教员资格条例》中对于教师招聘有着明确的规定，副教授必须是"外国大学研究院毕业若干年得有博士学位者"，教授则必须是"副教授完满二年以上之教务，而有特别成绩者"①。建筑系先后由鲍鼎、刘敦桢任主任，杨廷宝、童寯、徐中等先后在该系执教。教师团队逐渐由留学欧美生替代了留日生。在学科设立上，以原苏州工业专门学校建筑科为基础，更着重挖掘史学与艺术的价值。在留美建筑师的引领下，学科从着眼于技术向注重构图的学院派布扎体系过渡重建。

---

① 潘谷西，单踊. 关于苏州工专与中央大学建筑科：中国建筑教育史散论之一 [J]. 建筑师，1999（90）：89–95.

1928 年，梁思成与林徽因在时局动荡中创立了东北大学建筑系，带来纯净的布扎教育体系之源，即注重艺术及古典美学的训练方式，课程体现出教师的专长方向。在众多教师的共同努力下，设计、美术、建筑结构等各类课程均已开设，并丰富建筑史学内容[①]。

在无数建筑师的努力推动下，建筑学科迅速发展，北平大学、勒勤大学也陆续设立建筑系，系主任均有留学经历，带领较为系统的高等建筑学教育走上正轨[②]。各校开创者根据自己在留学期间所受教育，设定课程，拟定学分，为中国带来具有不同国家特色的建筑学教育，为中国培养出本土建筑师。其中，中央大学与东北大学在建筑高校中产生的影响最大。两校主要教师均毕业于美国，他们同时与留美归来后完成大量政府建筑项目的建筑师有密切来往，形成紧密的建筑师团体。布扎教学体系为其所推崇，但同时也在一定程度上兼顾技术发展。1928 年，两校建筑系主任刘福泰、梁思成及基泰工程司关颂声受邀共同起草和审查工学院分系科目表，以统一全国大学课程，这更巩固了布扎体系在中国建筑教育界的核心地位。

"九一八"事变后，东北大学建筑系仅设立 3 年便中止办学。因此，中央大学建筑系逐渐成为中国建筑教育的核心院校。甚至在 1939 年颁布全国统一科目表后，其他各校必须将中央大学的教学内容作为规范。西方现代教育体系也正是在这短短 10 年中在中国扎根生长，更多学生得以在国内接受建筑教育，间接获得主要来源于布扎体系的现代建筑学发展成果滋养，并作为新生力量补充到建筑师队伍中。

随着现代建筑的发展，传统的布扎教育体系受到冲击，此时前往国外留学访问的中国建筑师也感知到了这种转变，并在 20 世纪 40 年代开始进

① 钱锋 . 现代建筑教育在中国：1920s—1980s[D]. 上海：同济大学，2006：46.
② 同上。

行了系统而颇具胆识的尝试，并应用于教学实践，使近现代中国建筑教育体系产生突破。

格罗皮乌斯（Walter Gropius）的首位中国学生黄作燊，学习到现代主义建筑教育思想。其追随大师从英国至美国，最终从哈佛大学毕业，于1942年归国后，创办圣约翰大学建筑系，全面、系统地将与布扎教育体系截然不同的现代建筑教育体系引入，来自德国等国家的外籍建筑师成为该校师资的重要组成部分。但在中华人民共和国成立后，这些外籍建筑师陆续回国，留学于法国巴黎美术学院及比利时皇家美术学院的周方白受邀，在圣约翰大学执教美术课程；于美国密歇根大学毕业的钟耀华、陈业勋，伦敦大学学院毕业的陆谦受为兼职副教授，美国轻工专毕业的王雪勤担任讲师，以及美国密歇根大学毕业的林相如兼任教员[①]。

在教学理念上，圣约翰大学强调建筑功能合理、造价经济以及对现代技术方面的使用，对学科及教学活动的安排灵活。传统布扎体系强调比例尺度，以渲染等方式训练学生的美学素养与构图能力。但现代建筑教育与之观点不同，因此其与中央大学、东北大学等校的课程安排存在较大差异，最明显之处即对于美术课程的安排，在课时上大大减少，同时在内容上也以速写形体为主，而非复杂的柱头涡卷等。在设计课程题目的选择上，更具实用性、生活性和技术可行性。在理论课程中同样渗入现代建筑理论，并借鉴格罗皮乌斯在哈佛大学开设的基础课程，关注并熟悉材料特性，抽象线、面、体运用于空间和构成中。自成立建筑系至1952年全国院系调整，圣约翰大学建筑系在这10年间培养出了合乎时代潮流的现代建筑人才。

1940年，毕业于德国柏林大学的陈伯齐任重庆大学建筑系主任。教师

---

① 钱锋. 现代建筑教育在中国：1920s—1980s[D]. 上海：同济大学，2006：103.

团队另有留学于德国的夏昌世等人。在学习期间，身处现代建筑发源之地——德国，他们深受现代主义运动的影响。虽同中央大学共处一地，重庆大学的教学体系却与之截然不同。现代建筑教学在多方压力下，艰难发展。

1946年，梁思成创办清华大学建筑系，并赴美国耶鲁大学应邀讲授"中国艺术史"。在此期间，他有机会参观美国在现代建筑运动影响下所完成的建筑成果，并与赖特（Frank Lloyd Wright）等现代建筑大师相交。因此，此时他已受到现代主义建筑思想的影响，提出"体形环境"设计教学思想。通过借鉴包豪斯教学经验，梁思成对抽象构图进行了大量探索，并加入社会学课程的教学。在教师团队中，另聘请匠人高庄作为指导老师以指导手工操作和雕塑课程，同包豪斯的工厂教学类似，培养学生的动手能力。受布扎教育的限制，教育工作者于当时依旧偏重对学生美学修养的培养，并坚持建筑历史在教学中的重要地位。他们大多接受布扎教育，未曾与现代建筑教育有过直接的接触，认知并不透彻，早已建立起的古典建筑审美认知，使其在教学中常常会按照过去的标准进行评判。因此，现代美学一定程度上未能够平稳降落，存在对机器技术的轻视。虽然建筑师的访问经历促进着这次并不彻底的折中式引入，但与时俱进的革新思想已经显现。

同样源于第一代中国建筑师的探索，同样是由海外远途而来，但在十几年的发展中，中国建筑教育已开始逐渐接受包豪斯的新思路。在这一阶段中，国内多校历经数次搬迁、重组、整合，建筑教育也不免受到波及。并不发达的通信技术条件一方面是局限；另一方面也为各校在教育模式上的自由选择与探索设立屏障。布扎与包豪斯等多体系多元共生，即使初期艰难，却依旧培养出了一批具有新思想的建筑师，为之后中国现代建筑教育的再发展奠基。

回溯西方现代建筑教育的引入，正是这一过程，使"中国则至今犹未有其学，故中国之屋宇多不本于建筑学以造成，是行而不知者也"①的遗憾不再有，第一代建筑师留学归来后，培养出了更多"知""行"合一的人才。

但密不可分的留学教育与中国现代建筑教育，却也在特殊年代被生生扯开——分离的时间太久，久到当恢复留学的消息传来，多少建筑师的内心振奋欢呼，却又觉得难以置信。留学，踏出国门，对于那一代知识分子来说，太不真切了。

第三节　机会

历经动荡，百废待兴，外部环境的缓和与国内改革开放政策的提出，使中国在面向西方国家、某种意义上也是面向当代世界的留学教育得以重启，与世界其他国家进行了前所未有的广泛交流。这意味着国门打开以及更多学习机会的到来，为那些迷茫过，却一直坚定理想的建筑人指明了方向。改革开放后的中国建筑学科终于又呈现出欣欣向荣的发展景象。刚刚敞开的大门使各大建筑设计院、高校中的出色人才迎来梦寐以求的机会，终于有远赴海外留学的可能。

彼时的发达国家，已经历了20世纪50年代至70年代末大约30年间的飞速发展，经典现代建筑及其理论也经历了第二次世界大战后世界性大规模的重建实践，表现出英雄式的建设效率和成就。对于中国现代建筑来说，这不仅是30年的隔绝，更是一种不见对手的盲目战斗②。过去在形式

---

① 孙中山. 建国方略 [M]. 武汉：武汉出版社，2011：35.
② 邹德侬，张向炜，戴路. 引进外国建筑理论之再思索：写在改革开放30年之际[J]. 世界建筑，2008（6）：142–145.

上求新求变的中国现代建筑，曾因种种制约，在改革开放之初面临困顿局面。在全社会充斥着"建筑师无用论"和"建筑是艺术的'纯艺术论'"的论调下，全国的几千名建筑师成为建筑事业的主要力量。提高自己的水平，掌握世界各国建筑业的基本"行情"和"动向"成为带有前瞻性的前进方向[①]。幸而，政策的开明使得中国建筑师得以赶上世界现代建筑发展的浪潮，他们紧握时代提供的最好机遇，迎来属于自己建筑创作生涯迟到的"黄金时期"。

特殊时代背景下，建筑师的"留学"活动更为广义，访问、交流、研修……留学机会在那个年代虽珍贵却也逐渐多样。

通过统计由建筑编辑家杨永生主编的《中国建筑师》[②]、由中华人民共和国人事部主编的《新中国留学归国学人大辞典》[③]，以及《中国四代建筑师》《当代中国建筑师》《当代中国百名建筑师》《建筑学人剪影》等书籍，并结合访谈，整理出1978年至20世纪90年代初期中国前往发达国家留学且有记录的建筑师代表人物39人（表1-1），他们大多以访问学者身份前往世界知名高校进行短期交流，也有攻读更高学位或在职培训人员，远赴欧洲、美国、日本等发达地区和国家，只为追寻先进的理念与方法，同世界对话。

---

① 林乐义．谈谈我们"建筑师"这一行 [J]．建筑师，1979（1）：7-9.

② 其中收录了170位著名建筑师，较为全面地推介了中国建筑师，展示了他们的成就。

③ 这是我国第一部专门为新中国留学归国人员立传的辞典，其中共收录7000名新中国成立后出国留学并完成学业归国的人员，也都是各行业的佼佼者。其收录条件为：在国外获得博士学位者（不包括副博士学位）；归国后经国家评审授予高级专业技术职称者（不包括副高职称）；归国后作出贡献获得国家级或省部级一等奖者。

序号	姓名	出生年份	本科毕业时间	所在单位	赴外时间	所赴国家	赴外活动	研修单位	研究方向	研究内容
22	费麟	1935年	1959年	第一机械工业部第一设计院（现中国中元国际工程有限公司）	1981年	联邦德国	在职培训	维特勒工程咨询公司	建筑设计	工业建筑
23	路秉杰	1935年	1961年	同济大学	1980—1982年	日本	访问学者	东京大学	建筑历史	日本建筑和园林
24	冯钟平	1936年	1960年	清华大学	1985—1986年	美国	访问学者	宾州州立大学	建筑设计	建筑与景观设计
25	李大夏	1937年	1960年	内蒙古工学院（现内蒙古工业大学）	1981—1983年 1990—1991年	美国 英国	访问学者 访问教授	明尼苏达州立大学 伦敦大学	建筑设计	建筑设计与理论
26	鲍家声	1937年	1959年	南京工学院（现东南大学）	1981—1982年	美国	访问学者	麻省理工学院	建筑设计	建筑设计与理论
27	王天锡	1940年	1963年	建设部建筑设计院（现中国建筑设计研究院有限公司）	1980—1982年	美国	在职培训	贝聿铭建筑事务所	建筑设计	建筑设计与理论
28	许安之	1940年	1965年	机械工业部第八设计院（现中机国际工程设计研究院有限责任公司）	1984—1986年	加拿大	访问学者	麦吉尔大学	建筑设计	建筑设计与理论
29	孙凤岐	1940年	1965年	清华大学	1979—1981年	瑞典	访问学者	哥德堡查尔摩斯技术大学	建筑设计	建筑设计与理论
30	黄锡璆	1941年	1964年	机械工业部第一设计院（现中国中元国际工程有限公司）	1984—1988年	比利时	攻读博士学位	鲁汶大学	建筑设计	医疗建筑
31	郑时龄	1941年	1965年	同济大学	1984—1986年	意大利	访问学者	佛罗伦萨大学	建筑历史	建筑历史与理论
32	栗德祥	1942年	1966年	清华大学	1983—1984年	法国	访问学者	拉维莱特建筑学院	建筑设计	建筑设计与理论
33	马国馨	1942年	1965年	北京市建筑设计院（现北京市建筑设计研究院股份有限公司）	1981—1983年	日本	在职培训	丹下健三城市·建筑设计研究所	建筑设计	建筑设计与理论
34	柴裴义	1942年	1967年	北京市建筑设计院（现北京市建筑设计研究院股份有限公司）	1981—1983年	日本	在职培训	丹下健三城市·建筑设计研究所	建筑设计	建筑设计与理论
35	项秉仁	1944年	1966年	同济大学	1989—1990年	美国	访问教授	亚利桑那州立大学	建筑设计	建筑设计与理论
36	吴庆洲	1945年	1968年	华南理工大学	1987—1989年	英国	访问学者	牛津理工学院	建筑设计	城市和建筑防灾
37	吴硕贤	1945年	1970年	浙江大学	1987—1988年	澳大利亚	博士后研究助理	悉尼大学	建筑技术	建筑环境声学
38	时匡	1946年	1969年	苏州市建筑设计院（现苏州市建筑设计研究院有限责任公司）	1991—1992年	日本	访问学者	神户艺术工科大学	建筑设计	建筑设计与理论
39	仲德崑	1949年	1977年	南京工学院（现东南大学）	1984—1986年	英国	攻读博士学位	诺丁汉大学	城市设计	中国与西方城市设计比较

序号	姓名	出生年份	本科毕业时间	所在单位	赴外时间	所赴国家	赴外活动	研修单位	研究方向	研究内容
1	刘开济	1925 年	1947 年	北京市建筑设计院（现北京市建筑设计研究院股份有限公司）	1986 年	美国	客座教授	宾夕法尼亚大学	建筑设计	建筑设计与理论
2	罗小未	1925 年	1948 年	同济大学	1980—1981 年	美国	客座副教授、访问学者	华盛顿大学麻省理工学院	建筑历史	西方建筑史
3	张驭寰	1926 年	1951 年	中国科学院自然科学史研究所	20 世纪 80 年代	美国	讲学、访问	宾州大学、宾夕法尼亚大学等	建筑历史	中国建筑史
4	蔡君馥	1927 年	1951 年	清华大学	1982—1983 年	美国	访问学者	亚利桑那州立大学	建筑技术	太阳能建筑
5	戴复东	1928 年	1952 年	同济大学	1983—1984 年	美国	访问学者	哥伦比亚大学	建筑设计	建筑设计与理论
6	陈志华	1929 年	1952 年	清华大学	1981—1982 年	意大利	培训学习	国际文物保护研究所文物建筑研究班	建筑历史	建筑历史保护
7	关肇邺	1929 年	1952 年	清华大学	1981—1982 年	美国	访问学者	麻省理工学院	建筑设计	文脉建筑
8	吴焕加	1929 年	1953 年	清华大学	1979—1980 年 1985—1986 年	意大利 美国	访问学者	罗马国际文物保护中心 耶鲁大学及康奈尔大学	建筑历史	建筑历史与理论
9	钟训正	1929 年	1952 年	南京工学院（现东南大学）	1984—1985 年	美国	访问学者	印第安纳州保尔大学	建筑设计	建筑设计与理论
10	聂兰生	1930 年	1954 年	天津大学	1983—1984 年	日本	访问学者	神户大学	建筑设计	住宅建筑
11	刘叙杰	1931 年	1957 年	南京工学院（现东南大学）	1986—1987 年	美国	访问学者	夏威夷大学	建筑历史	建筑历史与理论
12	肖铿	1931 年	1953 年	包头钢铁学院（现内蒙古科技大学）	1987—1989 年	美国	访问学者	锡拉丘兹大学	建筑设计	建筑设计与理论
13	刘先觉	1931 年	1953 年	南京工学院（现东南大学）	1981—1982 年	美国	访问学者	耶鲁大学	建筑设计	建筑设计与理论
14	唐恢一	1932 年	1953 年	哈尔滨建筑工程学校（现哈尔滨工业大学）	1981—1982 年	美国	访问学者	纽约州立大学	建筑设计	短期大学教育
15	朱敬业	1932 年	1955 年	南京工学院（现东南大学）	1983—1984 年	美国	访问学者	明尼苏达州立大学	建筑设计	建筑环境与设计
16	张敕	1933 年	1956 年	天津大学	1981—1982 年	美国	交流研究	伊利诺伊大学	建筑设计	美国当代建筑与芝加哥学派
17	乐民成	1934 年	1955 年	天津大学建筑设计院（现天津大学建筑设计规划研究总院有限公司）	1983—1984 年	美国	访问学者	明尼苏达州立大学	建筑设计	建筑设计与理论
18	荆其敏	1934 年	1957 年	天津大学	1980—1981 年	美国	访问学者	明尼苏达州立大学	建筑设计	环境设计
19	梁鸿文	1934 年	1959 年	清华大学	1984—1985 年	美国	访问学者	密歇根大学	建筑设计	建筑设计与理论
20	王炳麟	1934 年	1960 年	清华大学	1981—1983 年	日本	访问研究	东京大学	建筑技术	建筑环境声学
21	傅克诚	1935 年	1960 年	清华大学	1988—1995 年	日本	攻读博士学位	东京大学	建筑设计	日本现代建筑及建筑家

由于留学途径多样，对相关人员的记录并不完善，处理手段也不够先进，即便官方统计，相关数据也难以统一，或曾存在不少差错[①]，且部分建筑师有些已"一去不复返"，有些则因当年媒体不发达而未被记载。表1–1对留学建筑师名单统计必然是片段的，不完整的，但无论名单列有多么长，也不可能将所有建筑师统计完全，挂一漏万实属无法避免。对代表性建筑师进行分析，虽如管中窥豹，但在一定程度上依然能够反映出改革开放初期留学建筑师群体的特点。

---

① 　钱宁 . 留学美国：一个时代的故事 [M]. 南京：江苏文艺出版社，1996：89–94.

第二章

久违了，建筑艺术！

第一节　困境

第二次世界大战结束后，冷战对峙局面形成，中国与西方国家间基本断联。因此，联结以苏联为首的社会主义国家，成为中国外交的基本方针，工业快速发展的苏联更成了中国建设社会主义全面学习的对象。在20世纪50年代中期，学习苏联的潮头涌到最高点。

在教育改革方面，从1952年开始大规模的院系调整，以苏联高等教育为样本，强调实用性和计划性。将文理科与工科分开，分拆多所院校，经历两次院系调整，到1957年全国高等院校共229所。其中重点突出工科专业院校建设，明显减少综合性院校的数量，一些人文社科专业被迫停止或取消，但新增多所工科专门院校。这一场浩大的以移植苏联模式为特征的院系调整，体现出对工业发展的关注，但在很大程度上也影响了文科教育和综合性大学的发展。建筑学专业本是工程技术和人文艺术专业并重的学科，在这次调整中，自然也受到波及，呈现出与前期各校恣意发展截然相异的状态。1952年院系调整完成之后，全国仅有东北工学院、清华大学、天津大学、南京工学院、同济大学、重庆建筑工程学院和华南工学院设立建筑学专业。第二次院系调整后，西安建筑工程学院、哈尔滨建筑工程学院建立。这些高校在课程设置、教材内容、教学方式等方面均与苏联看齐，采用经高等教育部审查批准的、统一的教学计划。

苏联的建筑教育源于布扎体系。在20世纪初期，思维活跃的苏联现代艺术家大力发展新兴艺术流派，组建呼捷玛斯成为新型建筑教学实验基地。自 1932 年以来，苏联下令对这些"资本主义艺术"进行整肃，提出了"社会主义现实主义的创作方法"和"社会主义内容、民族形式"的口号，苏联建筑古典主义高潮又起，布扎体系教学复辟。

京津高校地处政治中心，严格践行相关理念。为培养学生扎实的功底，课程分类详细，原先四年制的学制被延长转化成五年、六年两种学制计划。清华大学参考苏联莫斯科建筑学院的教学模板，制定了六年制的教学计划，1952 年入学的建筑系学生最先使用。在教学中，除区分了考试和考查科目以外，还大大加重了实习课的分量并丰富其种类，包括教学实习和生产实习两类。到本科第五年时，建筑学则被细分为工业建筑和民用建筑两个方向。[①] 由此可见，当时国家急切需要发展工业，想要让更多建筑设计人员专门从事工业建筑设计。在课时方面，各校同样进行了调整，如天津大学于 1953 年起根据苏联教学计划修订了五年制的教学计划，并邀请苏联专家阿谢布柯夫来校向全系师生作主题为"民族形式与社会主义内容"的报告。在听取报告后，师生广受触动，认为应当设计出符合自己民族形式内容的新建筑，所有教授建筑设计的教师到卢绳所授《中国建筑》课程中学习，并将从清华大学借来梁思成所著的《中国建筑参考图集》印刷 500 册，供师生广泛传阅，认真研究，掀起了学习中国建筑的热潮。

但也正是在这一时期，繁冗的课时使一些建筑教育工作者感到疑惑。如苏联教学计划中，画法几何与透视阴影长达 100 多个学时，而徐中在中央大学教课时，只需用十几个学时就能将学生教会[②]。复古样式的建筑不仅成为建筑师实践中的标准指向，更成为学生设计的参考依据。"大

① 钱锋. 现代建筑教育在中国：1920s—1980s[D]. 上海：同济大学，2006：111.
② 彭一刚. 徐中先生与天津大学建筑系的成长：纪念徐中先生诞辰九十周年 [M]// 宋昆. 天津大学建筑学院院史. 天津：天津大学出版社，2008：19.

图 2-1 学生作业（左图为清华大学建筑系学生所完成的学校设计，右图为天津大学建筑系学生所完成的会场设计）
图片来源：转引自钱锋. 现代建筑教育在中国：1920s—1980s[D]. 上海：同济大学，2006：116.

屋顶"是中国传统宫殿式建筑的显著标志，在这次复古潮流中很自然地成了被推崇的建筑形式。各式建筑中盲目地套用大屋顶，古板地使用对称轴线，使建筑显得单一、刻板（图2-1）。经历革命的思想洗礼，感动于壮观雄伟的苏联城市面貌，对布扎体系驾轻就熟的第一代建筑师们再次走上了学院派教学的老路。甚至在此前以现代建筑教育方式培养出的建筑师也需要同学生一样再学习渲染等基本功。在此影响下，布扎教学体系受到极大的冲击，甚至浇灭了刚刚兴起不久的现代建筑教育。随现实条件而改变，不拘泥于固定形式的建筑策略让步于学院派的设计方式。新中国成立初期，由于没有建设社会主义的经验，我国大力倡导学习苏联经验，在一定程度上保证了高等教育的规范性，但也存在忽视本国实际、照搬照抄、先搬后化等问题，最终导致食而不化，现代建筑教育经历挫折与迷茫。

这一现象并未持续太久的时间，第一次"反浪费运动"批判了"设计工作中的资产阶级形式主义和复古主义倾向"。在"反浪费运动"的推进下，建筑造价受到了严格控制，"大屋顶"成为被批判的众矢之的，在建筑教学中也出现了现代建筑的突然转向。这种并不彻底的转向表征体现在以光洁立面实现经济节约，但建筑平面依旧为轴线对称样式，即其核心仍是对布扎体系的反映。在反浪费的高潮影响下，1955年所提出的"适用、经济，在可能条件下注意美观"的建筑方针，指导着建筑简化装饰，向复古风潮相反的方向缓步探索与前进。

在这一阶段中，中国与以苏联为首的社会主义国家形成了密切的往来合作关系，中国的建筑教育受到苏联的全方位影响，透射出社会主义国家初建时所经历的种种困难与尝试。教育方式由苏联支援专家直接引入，同时也有少量经历严格政治审查、为工业化建设做预备的外派留学人员到苏联进行学习。无论是以何种方式，苏联建筑教育模式都使中国建筑教育通往另一个方向，这不仅反映着教育文化的走向，也反映出国际政治格局下中国的现实选择与处境。

第二节 挫折与艰辛的"第二代"

在苏联教育模式的影响下，中国高等教育与建筑教育体系都保持着严谨的秩序，甚至规范到教条。中国现代建筑与建筑教育受到极大的影响，发展停滞甚至陷入混乱局面。

随着"一五"计划中一些建设指标提前完成，"左倾"的思想占了上风，"大跃进"运动一时间大规模地展开。大炼钢铁，强调"多快好省"，盲目追求速度的发展中，出现了许多虚假、残损、质量不达标的建筑问题。而文化教育的"大跃进"则体现在高等学校被下放，招生制度和毕业生分配制度权限也一并被下放，高等教育秩序受到破坏。

与此同时，1958年国家大力倡导勤工俭学。在教育结合劳动的工作方针指导下，全国大办工厂、农场，师生参加劳动。但在"左倾"思想下，生产劳动逐渐取代了教学，打乱了理论教学的系统性和综合性。师生的大量时间被生产劳动和社会活动占用，教学时间则少之又少，教学质量因此严重下降。

如此环境下，各院校中建筑教育的正常教学被迫中断，师生们组成小组到各地进行现场教学，并积极参与"十大建筑"方案设计。为迎接中华人民共和国成立 10 周年，北京的 34 个设计单位经组织共同参与，并电请其他地区的多位建筑专家，最终共同完成了国庆十大工程方案设计。同时，多所建筑院校的老师们带领学生们也参与了这些方案的设计，展现出他们活跃的思想及参与的热情。在方案设计中，无论是被批判的"大屋顶"，还是全玻璃的方盒子，甚至是苏联式的尖顶，都赫然在列。[①] 最终，这些建筑在极短的时间内，举全国之力，以人民的力量完成，成为"我国建筑史上的创举"。在这些"样板"的影响下，各地也兴起建设纪念性建筑的热潮，在风格样式上，均体现出与"十大建筑"相似、严格对称的形式。在此环境中，建筑师更多地探索着新结构与新技术，将西洋古典与中国建筑形式相结合的建筑审美取向，体现出建筑师对民族形式的新思考。

1960 年，中苏关系恶化，全部在华专家被撤回，在"调整、巩固、充实、提高"的八字方针指导下，1965 年，国民经济全面好转，在较为宽松的气氛中，教育制度已基本恢复，现代建筑思想和教学逐渐改善。

但各高校的建筑教育未能避开影响，艺术特性为建筑学科招致了许多批评，师生也在运动中受到冲击。而建筑学科的工程技术特性则使其沿实用性方向发展，教师采用现场教学的方式对房屋结构、构造等技术方法进行讲解，这构成了教学的所有内容。这样的教学体制，使师生的设计能力、设计思维被局限。同时，建筑学人因社会氛围影响，工作的积极性也受到了挫伤。

---

① 邹德侬，张向炜，戴路. 中国现代建筑史 [M]. 北京：中国建筑工业出版社，2019：64.

"文化大革命"期间，仅 103 万余人毕业于全国高等学校，人才损失数以万计[①]。建筑学人举步维艰，建筑教育更遭受了重大打击。

中国第一代建筑师的形成，可以说是某种意义上的"自发行为"，无论是选择学习建筑学、接受海内外各种方式的建筑教育，还是学成毕业后供职于高校或建筑设计事务所，都是他们自主选择的结果。但第二代建筑师与之并不相同，他们的成长历程充满艰辛，存在着许多的"迫不得已"。新中国成立以来至"文化大革命"期间，他们的学习经历与对建筑的认知同第一代建筑师存在巨大差异。时代的客观影响因素使得建筑师们被一种无形的力量推着，甚至被一些偶然的事件改变着命运。

因多种原因，国家资源短缺，建筑师们在极其有限的物质条件下，想尽办法，克服困难，以最节约却又最有效的方法解决所遇到的问题，计较分厘（图 2-2），完成一个又一个挑战。在祖国最需要的地方，无论条件如何艰苦，他们始终乐在其中，即便难以接触到建筑学科中的"阳春白雪"，却也在实际建设中知悉技术，认清现实，将智慧与力量全部奉献给国家建设。

无论是在校还是在工作岗位，时代浪潮下，个人之力只如沧海一粟。1959 年所发表的报告《创造中国的社会主义的建筑新风格》中，以专家为首的集体创作被大力倡导[②]。于是，一座座建筑作品从未被视为某一位建筑师的功劳，或是体现某一种特立独行的设计理念，而是一个集体，是无数人的心血共同完成的成果。从《建筑学报》在这一阶段所刊登的文章即可看出，署名多为某设计、研究或教学小组，而非某位建筑师（图 2-3）。建筑师们从不为此而计较，无论是"十大建筑"，还是援外建筑，甚至最

① 《中国教育年鉴》编辑部. 中国教育年鉴：1949-1981[M]. 北京：中国大百科全书出版社，1984：83.
② 刘秀峰. 创造中国的社会主义的建筑新风格 [J]. 建筑学报，1959（Z1）：3-12.

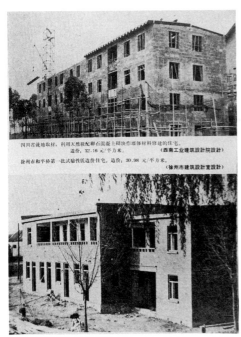

四川省就地取材，利用天然级配卵石混凝土砌块作墙体材料修建的住宅。
造价：32.16 元/平方米。
（西南工业建筑設計院設計）
徐州市和平桥第一批試験性低造价住宅。造价：30.98 元/平方米。
（徐州市建筑設計室設計）

图 2-2　节约造价思想指导下所完成的住宅建筑
图片来源：引自以大庆为榜样努力降低非生产性建筑造价：一 [J]. 建筑学报，1966（3）封 3.

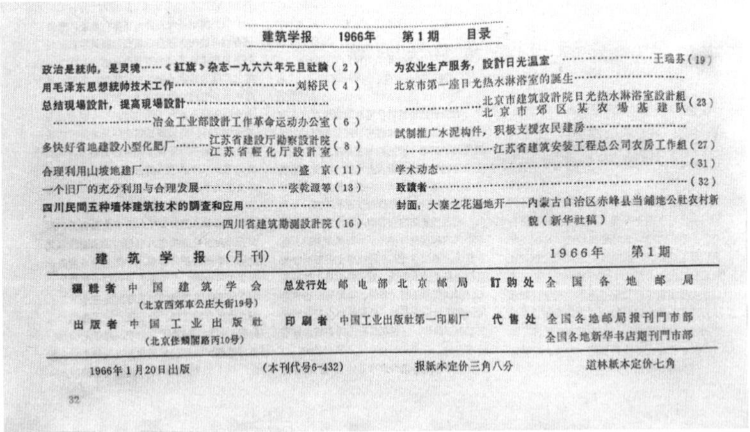

建筑学报　1966年　第1期　目录

建　筑　学　报　（月刊）　　1966年　第1期

编辑者　中国建筑学会（北京西郊車公庄大街19号）
总发行处　邮电部北京邮局
訂购处　全国各地邮局
出版者　中国工业出版社（北京佟麟閣路丙10号）
印刷者　中国工业出版社第一印刷厂
代售处　全国各地邮局报刊門市部　全国各地新华书店期刊門市部

1966年1月20日出版　（本刊代号6-432）　报紙本定价三角八分　道林紙本定价七角

32

图 2-3　《建筑学报》1966 年第 1 期目录
图片来源：引自建筑学报，1966（1）目录 .

普通的小型建筑，在设计过程中，中青两代建筑师合力，从未因个人私欲羁绊，总是以一片诚意投入。但不能忽视的是，这一定程度上也消磨了个人的创造性。

这一阶段建筑师所完成的建筑创作，围绕"社会主义内容""民族形式"的中心主题，其探索极富历史价值。刚被批判的"大屋顶"不能做，怕被"解剖麻雀"；带有"机械唯物主义"和"结构主义"性质的现代建筑不敢做，所以"中而新"的折中主义建筑形式最为稳妥。于是，建筑作品不免出现相似的外观。承布扎教育中扎实的基本功，第二代建筑师所绘制的设计图纸，在平面上讲求对称比例，水彩渲染透视图美观真实。

这一代建筑师正在接受建筑学教育的同时，中国建筑业也正发生着巨大的变化。新中国成立后，仍有大部分私营建筑事务所运营，另外一部分则经历了重组。中央人民政府建筑工程部于1952年成立后，允许一些国营性质的建筑公司和建筑设计机构在北京、上海、天津等地设立。"一五计划"期间，在"全面学苏"的环境中，建筑设计机构生产经营体制同样按照苏联模式建立，建筑设计院、建筑设计室的形式被采用，大量的工业建筑设计院设立，建筑事务所模式也被废除。建筑专业学生在毕业后大多会被分配到各建筑设计院中，从事以工业为主的设计工作。

自毕业至"文化大革命"结束，建筑师们在限制中全心做设计、做研究。在这一阶段中，一些特殊的建筑形式为时代所需，如工业建筑、住宅建筑、援外建筑……《建筑学报》在很长一段时间里大量刊载了计算此类建筑结构、采光等一系列数据的方法，展现出建筑师在技术上的探索，使得大跨度的工业厂房（图2-4）、体育馆、集会空间能够被建起，服务于当时的社会。这些建筑虽不同于所谓的"资本主义'高大洋古'"的建筑，却是最实用的。这不禁让人联想起现代建筑与工业设计发展中的里程碑式建筑——德国法古斯工厂，其简洁的建筑形体在一定程度上

图 2-4　广东中山县电动排灌站（厂房为薄壳结构）
图片来源：引自建筑学报，1963（5）：封 2.

正推动着现代建筑的发展，技术上的进步直接而显著。到第一线工地实践"干打垒"，纵然艰苦，却也让建筑师们亲历设计过程，深知建筑材料构造，并为日后以人为本的勤俭设计留下伏笔。只是这种片面的发展却使建筑的其他方面被忽视，一晃便是十年光景。直让人感叹："久违了，建筑艺术！"

　　等到建筑学科再迎来新力量的补充之时，已是 1978 年。安稳的社会环境，欣欣向荣的学科新局面，为新一代建筑师，即第三代建筑师提供了更好的教学环境，开启属于另一代人的新篇章。与此同时，从计划经济转向市场经济，第二代建筑师同样迎来了崭新的建筑设计生涯。身为建筑行业的顶梁柱，肩负时代赋予的历史使命与责任，在赞颂"科技工作者最光荣"的环境中，设计院基本上不收设计费，也没有奖金。但第二代建筑师却自愿加班，一心为"四化"贡献力量，在中国的城市建设中有所作为。教学工作者更是抓紧时间，恢复教学正轨，开拓研究思路，尽力弥补过去的遗憾。

这一代建筑师，虽生于贫贱忧戚，却也玉汝于成。进入大学后，他们在革命与劳动的间隙中艰难求学，建筑思想难成体系，更难以预测未来茫然的建筑发展方向。但在第一代建筑师的带领下，他们完成了简朴单一的建筑类型，实践着适用、经济的建筑方针，集体创作的智慧结晶是其作品呈现的方式。1977 年前后，全国仅有的几千名建筑师成为建筑事业的主要力量，他们收拾起残垣断壁，为下一代建筑师铺路的同时，也再次踏上探索的征程。

经历了特殊的年代，他们终于迎来了新的机遇。

第三章

择优选派

第一节　选拔

1978 年 8 月，教育部下发《关于增选出国留学生的通知》，在选拔程序上，留学人员须参加由教育部统一命题的外语统考，此考试由各省、自治区、直辖市主管高等教育的部门组织，分为笔试和口试两部分，笔试满分 100 分，口试采用 5 分制。考试本计划于 9 月 5 日进行，但时间过于仓促，最终是在 9 月 15 日举行[①]。因外语教育长期停滞，试题难度本不高，但从参加英、日、德、法 4 个语种考试的 12583 人中，终于凑出 3297 人达到笔试 50 分、口试 3 分的及格线，其中也对急需学科、专业能力卓越的人员进行了条件的放宽。荆其敏回忆，当时他是在天津市参加了教育部组织的全国性考试，来参加考试的人很多，规模很大。[②]之后经综合比较、全面复审[③]后，留学人员名单即确定。

随着留学渠道的拓宽，国有大型建筑设计院或建筑院校有机会与他国签订协议，展开交流合作，许多建筑师便能够通过单位选拔获得留学机会。出国留学人数有限，因而机会十分难得，成为选派人员即是所在单位对其能力的极大肯定。在这些建筑师们刚刚毕业时，应国家建设的强烈需求，他们有机会投身于国家大型项目或重点工程，即便"文化大革命"时期曾

---

① 钱江. 改革开放后首批公派留学生公开选拔记 [J]. 党史博览, 2016 (4): 21-23.

② 根据荆其敏访谈整理。

③ 郭笙, 王炳照, 苏渭昌. 新中国教育四十年 [M]. 福州: 福建教育出版社, 1989: 442.

无奈于现实，但通过各类建筑实践，增长才干，逐渐崭露头角，而单位则为他们提供了优质平台。这难得的机会便是留给这些优秀且有准备之人。

费麟回忆，当时院里对技术人员进行摸底英文测试，考题很简单，限时翻译一篇不涉及专业的通用文章，允许带字典，但受名额限制，最终只选出一名人员到上海脱产培训。1981 年初，根据中德双方协议，建设部设计局和外事局要机械部派两名工程技术人员去联邦德国（西德）魏特勒工程咨询公司（Weidlepran Consulting Company）在职培训，最终其所在单位决定安排他与另外一名结构工程师，共同踏上为期 7 个月的在职培训之路[①]。

根据"广开渠道，择优选拔，保证质量，力求多派"的原则，经过严格而复杂的选拔，建筑师获得接受"精英教育"的机会。因建筑学科兼具理工科与人文社科性质，并不能占据最优先发展的位置，却也获得了一定的扶持力度。作为改革开放后建筑学领域首先出国的访问学者，荆其敏回忆其在 1980 年去往美国的场景："当时我们一共是三十几个人，坐一架飞机一起到纽约，以理科，学数学、物理这些专业的人员为主。"[②] 1985 年后，通过留学政策调整，留学人员在层次、条件、标准上有所提高。公派政策规定，着重派出进修人员、访问学者，留学专业以应用学科为主；同时政治条件进一步放宽，采取考试、考核与推荐相结合的选拔方式，大部分人才由单位选出，为代管单位所管辖。在政治原因影响下，留学建筑师数量较初期有明显减少。1990 年后，国家出台系列政策鼓励留学人员回国，但来去自由，"改革开放胆子要大一点，敢于实验"，在逐渐开放的环境中，自费留学逐渐超过公费留学，且成为更多建筑师的选择，留学人员数量自然更多，暂不在此处讨论。

---

① 费麟. 匠人钩沉录 [M]. 天津：天津大学出版社，2011：208.

② 根据荆其敏访谈整理。

曾经动荡的教育环境，使得人才断层成为那个时代的遗憾。直至《关于增选出国留学生的通知》明确提出，留学人员应从高等院校教师、科研机构的研究人员以及科技管理干部、企事业的科技人员中选拔，除对其专业、政治等方面进行严格审查，还要求留学人员年龄为 40 岁左右。在"文化大革命"前接受过高等教育的建筑师，待到改革开放时大多已人到中年，但却依旧是行业中最年轻的一代。

1981 年，去往日本丹下健三城市·建筑设计研究所的马国馨和柴裴义当时 39 岁，曾被年轻所员戏称为"大叔级"的人物[①]。1983 年到美国哥伦比亚大学留学的戴复东当时已经 55 岁，"不知道什么原因，人显得很年轻，别人看我以为只有 30 多岁"[②]。他在哥伦比亚大学建筑与规划学院跟班学习、教学，更是在仅一个月的假期中参观并考察了美国 32 个大城市的建筑。每日搭乘傍晚开车的"灰狗"班车，第二天清晨到达参观的城市，像年轻人一样只知兴奋，不觉疲惫，用笔和相机记录所思所见。

时间的流逝和特殊年代的经历，不仅为他们带来的是阅历上的成熟，深度思考的能力，更是谨言慎行的自律。此刻能够拥有出国的机会，证明了这些建筑师是所在领域中的精英力量，他们心中更是装着努力追赶失去的光阴，努力学习先进的建筑新知识报效国家、建设国家的强烈愿望。

在改革开放初期的留学人员构成中，男性数量远多于女性，这在公派留学人员中体现得尤为明显。1978—1993 年，4 万多名公派留学人员中，女性只占 17.15%，仅为 7000 余人[③]；1979—1985 年的公派留美人士中，女性只占 20%[④]。这种性别上的悬殊比例不仅体现在留学人数上，同样也反映在建筑学科专业上。长期以来，男性在建筑行业占有绝对的主导地位。

① 根据马国馨访谈整理。

② 柴育笙 . 建筑院士访谈录：戴复东 [M]. 北京：中国建筑工业出版社，2014：164.

③ 方兴 . 巾帼礼赞 [J]. 神州学人，1995（9）：1.

④ 岳婷婷 . 改革开放以来的中国留美教育研究 [D]. 天津：南开大学，2015：163.

改革开放初期，建筑行业的女性从业者的确相对较少，同时，因长时间的留学停滞，待到恢复时，较大的年龄同样加剧了留学建筑师性别上的差距，对于需要负担家庭的，甚至有着生育职能重任的女性，半年以上的赴外学习着实存在一定困难。

罗小未、蔡君馥、聂兰生、梁鸿文、傅克诚等女性建筑师，在有机会出国留学时，她们都已 50 岁以上，在各自的研究领域取得了骄人的成就。如同济大学罗小未，她于 1951 年开始在圣约翰大学教西方建筑史，教学过程中认识到建筑史同历史建筑之间的巨大差别，于是便开始自行编写油印教材，首次系统地将西方建筑历史、理论和学术思想引入中国。临出国前，她全力配合 20 世纪 70 年代末期国家大力推进的教材建设，担任《外国近现代建筑史》教材编写的召集人，并负责统稿工作[①]。清华大学蔡君馥，在"国庆工程"中负责科技馆设计组工作，1959 年取得"薄壳结构理论研究"的成果达到世界领先水平；天津大学聂兰生，清华大学梁鸿文、傅克诚……她们不仅认真负责地对待建筑教学，更是在建筑设计创作中尽显才能。

在留学教育尚属于精英教育范畴的年代，出国留学人员中，国内著名高校获得学位者占相当的比例。在具有倾斜性的派遣政策下，能够在改革开放初期获得留学机会的人员大多在国内完成了大学阶段甚至研究生阶段的学习，并在学业或工作业绩等方面获得了一定的成就。

第二代建筑师大多数在"文化大革命"前获得学士学位，本科毕业后，或是积极投身于实际建设，或是有机会留校任职，补充急需教员的建筑学教育事业，只有少数人在新中国成立后至"文化大革命"前研究生毕业。此时虽然设有研究生课程，但尚未建立学位制度。蔡君馥于 1954

---

① 卢永毅. 同济外国建筑史教学的路程：访罗小未教授 [J]. 时代建筑，2004（6）：27–29.

年完成研究生论文《工业建筑大型砌块》，是此期间最早完成的研究生论文①。另有刘先觉于 1956 年以论文《中国近百年的建筑 1840 年到 1949 年》、王炳麟于 1965 年以论文《厅堂中的脉冲测量与音质》获得硕士学位……改革的春风最早为建筑师们带来了再次获得教育机会的好消息。1977 年 12 月全国高考恢复；1978 年 5 月全国研究生考试恢复，与前一年招收研究生考试合并进行，考试方式改为向社会公开统一招生，将报考年龄放宽到 40 岁②。乘着最早的东风，一些建筑师终于又能够重新回到校园汲取养分，让曾经抛锚的学术旅程再次启程。郑时龄忆起当年，"蛮幸运的是在考研究生的时候放宽了年龄，而且我是在距离报名结束前的最后一周报上了名。当时社会给了我们更多的宽容，也很重视，不然的话，可能如今命运的走向也就不一样了。"③

　　在前往国外留学前，项秉仁、吴硕贤、吴庆洲就已在国内获得了博士学位，并且是建筑学科几个方向中最早获得博士学位的人才。1985 年，项秉仁于南京工学院完成博士论文，并通过了由以吴良镛为主席，周干峙、郑孝燮、陈占祥、冯纪忠、戴复东、齐康、潘谷西等 13 位专家、教授组成的答辩委员会长达 5 个小时的评审，成为中国建筑学科本土培养的第一位博士。在攻读博士学位期间，在硕士论文内容的基础上，项秉仁完成了《赖特》④一书，"但我当时从未见到过赖特设计的任何一座房子，只是根据书上的资料翻译完成了这本书。所以总觉得这是一个非常大的遗憾。经过'文化大革命'，我在博士毕业时已经 39 岁了，年龄的增长更让我觉得必须尽快到国外去看看"。1984 年，吴硕贤于清华大学获博士学

① 刘征鹏，甘友斌，李军，等 . 博士学位论文题名钩沉：基于检索数据生成的建筑学博士学位论文选题研究 [J]. 建筑学报，2015（8）：106-110.

② 林文俏 . 恢复考研 40 年：1978，我带着床头柜去读研 [J]. 晚晴，2018（6）：68-69.

③ 根据郑时龄访谈整理。

④ 项秉仁 . 赖特 [M]. 北京：中国建筑工业出版社，1992.

位，成为中国建筑界与声学界共同培养的第一位博士。吴庆洲则在 1987 年于华南理工大学获建筑历史与理论博士学位，同样也是我国在该领域方向第一位自行培养的博士。当他们获得博士学位之时，随着政策的推进，留学已逐渐成为风尚。对他们来讲，留学是研究的延续，再攀高峰的决心便更为强烈。

建筑历史与理论、建筑设计及其理论和建筑技术科学为建筑学学科的三个方向[①]，在改革开放初期的留学建筑师中，其所专攻的科目也分别涉及。

（1）建筑历史

中国建筑史的发展，离不开建筑史学人的不懈努力。自中国营造学社创建，中国古代营建历史的工作启动，现代科学方法被引入中国建筑史的研究。在出国留学前，第二代建筑师便已成为奠基者的协助者和追随者，始终以钻研精神辛勤耕耘，为中国古建筑的研究和保护及中国建筑史学的发展做了大量的工作。如毕业于东北大学的张驭寰，自 1958 年即协助梁思成在清华大学建筑系与中国科学院合办的建筑历史研究室研究古建筑，曾参加中国古代建筑史的历次编写工作，并于"文化大革命"后期开始自然学史的研究，主持并完成了《中国古代建筑技术史》的编写工作。同样从事中国建筑史学研究的路秉杰，于 1963 年考入同济大学研究生班，研究江浙地区的古建筑和古塔建筑。纵然其所研究对象主要是中国历史建筑，但留学却能够为建筑师们提供更宽广的视野，将中国建筑置于世界视域，在交流中学习新方法，并将中国历史建筑之美展现于世界。

---

① 1990 年颁布《授予博士、硕士学位和培养研究生的学科、专业目录》，经历多次修改，之后形成了 1997 年、2011 年不断完善的版本，其中建筑学一级学科下设建筑历史与理论，建筑设计及其理论和建筑技术科学三个二级学科。

相对于中国建筑史的研究队伍而言，研究外国建筑史的学者在人数上要少得多。但学科性质决定了这一群体更需要到国外去切身体会那些书本上的城市与建筑——无论在外国建筑史课堂上讲得多么绘声绘色，但从未亲眼见过，更未能及时更新课程内容，不免难以让学生信服。于是，在改革开放后获得到国外留学的机会，便如梦想之光照亮了现实。西方建筑史教学体系的奠基者罗小未等专家学者，将内容宏大而广博的西方建筑历史梳理成文，自 20 世纪 50 年代开始，撰文著书，为系统引进外国建筑史贡献了巨大力量。但在信息闭塞的年代，研究西方建筑史的阻力非今日所能想象。"我在研究西方建筑史的时候，绝大部分参考书都是西方国家的，老苏联的书只有一套，中文的一本也没有。"[①]"当时没有中文的建筑历史课本。唯一看到的是一本丰子恺的《西洋建筑史》，薄薄的，半个小时就看完啦……那时我就捧了一本弗莱彻的书来教学的，不单是我，别的学校都是这样。"[②]而对于建筑发展动态，他们更是难以捕捉。

（2）建筑设计

受教于布扎教育体系，第二代建筑师有着扎实的绘图基本功，在校期间获得第一代建筑师的教导，在时局艰辛与劳动锻炼中不断坚定革命理想，更培养了不怕辛苦，践履笃行的宝贵品质。

部分建筑师获得机会，直接参与国家政治工程的设计工作，以"国庆工程"和毛主席纪念堂为代表（图 3-1）。在此期间，他们一方面接受"中而新""西而新"的设计思想；另一方面辅助师长完成图纸绘制，或直接接触工程建设。长期以来所接受的革命爱国主义教育使他们的建设热情高涨，在短暂的时间中参与了奠基直至调试的过程。虽是"三边工程"，但

① 窦武. 北窗杂记：一〇六 [J]. 建筑师，2008（2）：103-106.
② 卢永毅. 同济外国建筑史教学的路程：访罗小未教授 [J]. 时代建筑，2004（6）：27-29.

图 3-1　马国馨手绘毛主席纪念堂方案草图及设计现场
图片来源：引自马国馨．毛主席纪念堂建设的回忆 [J]．中国建筑文化遗产，
2013（12）：4-6.

在各单位的全力配合下，任何一项工作都得以保质保量地完成，共同铸就了闪耀的功勋。在方案征集阶段，纵然也出现过各类自由的创作，但最终呈现的形式，依旧体现着特殊环境条件下折中的设计方式，这也深刻地影响着建筑师们正在形成的审美观念。

援外是中国外交政策的一部分。其既带有强烈的政治色彩，同时也为特殊年代的建筑设计提供了"飞地"。为适应各国的不同环境，满足各类建筑的使用特性，中国建筑师需要在短时间内消化相关信息，完成设计任务。费麟曾被调动到一机部第一设计院工作，参与了援建巴基斯坦塔克西拉铸锻件厂的设计任务，到太原进行现场设计。在其所接触的施工图纸上，车间外立面使用砖墙和通长条形窗，完全突破了苏联的肥梁胖柱、重盖深基、竖线条的模式，令长期接触苏联模式的建筑师耳目一新[1]（图3-2）。在设计时，卫生间只能放置在南北向，因为不能同圣地方向相同[2]。1974年，柴裴义被调入北京市建筑设计院援外室工作，承接和参与了扎伊尔人民宫、摩洛哥体育场等项目，并全程独立负责建设扎伊尔（现刚果）8万人体育场的全过程设计。仅用了40多天，柴裴义即完成了该设计，并获得了该国总统蒙博托的认可[3]。一些外交领域建筑，宾馆、外交公寓、驻华使馆、候机楼等建筑也在此阶段中应运而生，成为对外展现我国形象的窗口，更是我国文化输出的重要途径。对于"社会主义新风格"的探索，传统民族文化的表达成为现代性的推动力量。马国馨负责设计的北京建外国际俱乐部面积为1.3831万平方米，通过庭院式布局组织文娱、体育、社交和餐饮等功能。建筑外观虚实相应，以镂空的混凝土花格作为装饰，体现了建筑的活力（图3-3）。

---

① 费麟. 匠人钩沉录 [M]. 天津：天津大学出版社，2011：208.

② 根据费麟访谈整理.

③ 文爱平. 柴裴义：执着梦想 精益求精 [J]. 北京规划建设，2014（1）：187–191.

图 3-2 巴基斯坦重机厂
车间外景
图片来源：费麟提供。

图 3-3 北京国际俱乐部
图片来源：作者自摄。

　　远离北方，山川秀美的南方不仅为建筑师的创作提供了更自由的空间，也为富有地域特色的建筑实践提供了自在的天地。1957 年春，新中国成立后的第一次大型建筑设计竞赛以"华侨旅馆"为题，基地位于杭州市西湖之畔。戴复东所提交的方案平面为锯齿形，以此来平衡景观与日照的矛盾，既避免了西晒的困扰，又能够让每一间客房的客人都能欣赏到西湖的美景（图 3-4），这一方案与另一作品共拔头筹。次年，戴复东又接到任务，设计武汉东湖梅岭工程群，方案并非气派的巨型对称建筑，而是灵活地根据地形布局，以舒适宜人的空间尺度完成空间组合。其中，"小会堂"在细节处精心考虑，不设台框，使多功能厅的宽度与舞台开口一致；

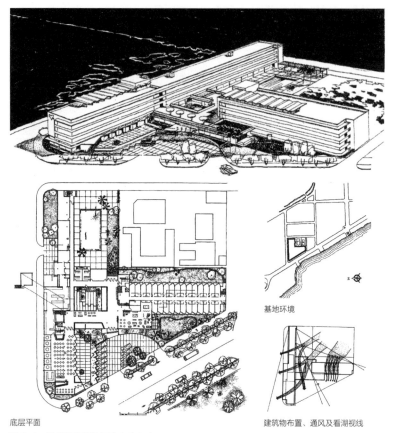

基地环境

建筑物布置、通风及看湖视线

底层平面

图 3-4 杭州华侨旅馆设计竞赛方案
图片来源: 戴复东. 追求·探索: 戴复东的建筑创作印迹 [M]. 上海: 同济大学出版社,
1999: 24-29.

同时,台唇可以被逐层拉出,形成多级踏步,为表演增添了互动性,并减少材料消耗。当时此做法并无模板可参照,戴复东回忆"我用上了我的全部建筑、构造结构、材料和机械知识"[1]。

---

① 王丛秀. 以平常心,做创新事 [M]// 郑时龄. 新中国新建筑: 六十年 60 人. 南昌: 江西科学技术出版社,2009: 14-15.

无论在最基层还是在设计院、高校，建筑师们离开书本做设计，即便在封闭的环境之中，即便需要面对来自各方的压力，但他们依旧乐观，只要有设计做，便是实现人生价值的途径，就是为国家建设添砖加瓦的方式。在国家尚处发展初期的时候，各方面都显得困窘，他们尝试以最经济合理的方式完成。"善材精用、低材高用"，本是不得已而为之，却也是建筑师们运用智慧攻克难关和主动的理性选择。各功能类型建筑的大量需求使得建筑师们必须在技术方面加以探索，这也提高了他们依据实际情况进行创作的能力。集体创作完成的一个个作品，既展现出空间创新与材料创新，又是对民族形式的现代探新。

（3）建筑技术

建筑技术涵盖多方面。在建造方面，蔡君馥曾于 1965 年主持新源里小区加气混凝土拼装大板试验楼工程，这也是该项技术在国内的首次应用[①]；在建筑物理方面，吴硕贤、王炳麟为建筑声学领域作出了卓越的贡献。

吴硕贤本有着当诗人、作家的愿望，但在苏联科技专家撤走之时，尚为少年的他感召到国家对全国青年向科学进军的号令，于是便向理科方向发展。1965 年，吴硕贤以全国理科状元的身份进入清华大学，其数学、物理均为满分，并被列为全校因材施教的重点培养对象，在提高班学习。然而仅 8 个月后便开始的"文化大革命"使其学业被迫中断，他也被分配到西安铁路局工地劳动，后任施工技术科科员，但他未放弃对知识的汲取，坚持自学建筑结构课程。直到 1978 年全国恢复研究生招生考试，吴硕贤再次考上了清华大学建筑学研究生，他感慨"百感缠绵疑是梦，众心憧憬

---

① 中国妇女管理干部学院编 . 古今中外女名人辞典 [M]. 北京：中国广播电视出版社，1989：13.

应成真"；他喜悦"清华二进值重阳，梦想成真喜欲狂"；他叹息"十年浩劫时辰误，一代蹉跎学业荒"；即便有"方为外语迷宫客，又作西符洞府神"的慌张，却有"别女离妻终不悔，书中景致赛阳春"的决心，终是赞这时代"决策英明崇知识，中兴教育补亡羊"[①]。他始终信念坚定，全身投入，就此开展对城市交通噪声问题的研究，并以《道路交通噪声的预报、计算机模拟及其在城市防噪规划中的应用》作为毕业论文，顺利获得博士学位。

　　无论专攻于哪一方向，建筑师们在出国留学前就已在各自的领域有所成就。机会永远眷顾有准备的人，当优秀已经成为一种习惯，追求卓越也就成了自然，出国留学获得更好的教育并非偶然，却是建筑师人生又一段旅程的开始。

第二节　突击

　　出国学习，语言障碍最先需要被突破。这一代建筑师，在外文学习上有所欠缺，"英语没掌握好就丢下了，俄语也没能真正掌握"[②]。他们于新中国成立之初接受中小学教育，有些在教会学校或在教育资源相对优异的学校里学习，外语便是必备的能力。但对于大多数建筑师来说，他们的外语学习历程则显波折。在幼时接触外文，"上来就是课文，又不懂音标，所以课本上注满了用中文标注的读法，如'贼死一死额布克

① 吴秋山，吴硕贤 . 松风集 [M]. 杭州：浙江古籍出版社，1995：115.
② 杨永生 . 中国四代建筑师 [M]. 北京：中国建筑工业出版社，2002：12.

（This is a book）'之类"[1]。在"为无产阶级政治服务，为国家建设和人民事业服务"的教育目标指导下，俄语教育备受重视，成为高等学校里的必修课。同时，自1952年开始，一场批判亲美、崇美、恐美的群众运动开始，"学习敌人的语言就是不爱国的表现"，直至1954年，仅有的外国语——俄语教学使得一代人放下英语，从头开始。虽然在之后的十余年里国际关系发生变化，外语教育受到重视，除俄语外的其他语种获得了极大的发展，但大部分第二代建筑师却也错过了学习外语的最佳时间。随即而来的"文化大革命"运动，更是使外语教育受到了破坏。在当年的岁月，聂兰生即将随河北省轻化工业厅设计院迁离天津，她将几本日文书视为珍宝，紧紧卷在棉衣里，不时偷偷拿出来翻看。它们曾陪伴她去过唐山，到过迁西，走过芦台，落户石家庄，直到1977年回到天津。因被多次翻看，书页早已发黄变旧。在那个年代，这可是要命的东西！[2]费麟回忆起自己当时学习外语的经历，笑称："学英文版的《共产党宣言》（图3-5）《毛主席语录》，这没问题吧？"[3]。另外，在参与援外项目的工作中，除严格细致地完成施工图纸，还需要把图纸等材料翻译成英文，这也成了复习英文的正当途径。

　　建筑师们一手抓本职工作，一手再次拾起外语学习。自学文法，四处求教，语言教学资源虽短缺，但学习的热情不减。建筑师们通过教育部外语统考、院内测评等考试选拔，有些获得全脱产到外语学校学习语言的机会，有些则参加单位组织的集中培训，甚至全靠自学。

---

① 　马国馨."泉城"度过的童年[M]// 金磊.建筑师的童年.北京: 中国建筑工业出版社、2014: 5-16.
② 　汤鹰、汤雁.您还在我们身边 [EB/OL]. (2021-04-03). https://mp.weixin.qq.com/s/5910CGpYQar QC9yIAJ79BQ.
③ 　根据费麟访谈整理。

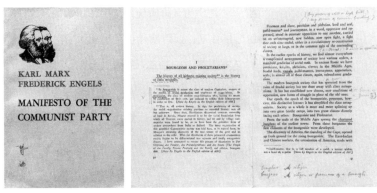

图 3-5　英文版《共产党宣言》
图片来源：费麟提供。

1978 年 6 月，邓小平同志在听取关于清华大学工作问题汇报时作出重要指示。次年，全国高校中即规划建立并直接管理 11 个直属外语培训部。部分建筑师即通过在外语培训部强化，短期内获得外语交流学习能力。以同济大学留德预备部为例，于 1979 年 3 月正式成立，是教育部根据中德两国文化协定设立在同济大学的留德预备学校，接受教育部和同济大学的双重领导，主要为赴德语国家学习工作的人员进行出国前的德语和跨文化培训。为去德国交流，郑时龄需要先到留德预备部学习一年德语，通过考试后方可到德国留学。但因留学名额变动，改为到意大利留学，他又到北京语言大学进行了为期半年的意大利语言学习和培训①。

曾前往比利时鲁汶大学学习的黄锡璆回忆："工作后抽空学，买一些活页文选、精读文选，加上以前有些基础，又在机械工业部合肥工业大学培训点和北京语言学院外派人员语言强化培训班，分别强化培训了三四个月。为了强化听力，我还向单位借了录音机，从学校借了磁带听。那时市

---

① 根据郑时龄访谈整理。

面上根本买不到磁带，语言学院更是把外语录音带当宝贝，每次只能借两盘，还不准转录"[①]。与之相比，到非英语国家留学的建筑师，学习任务就更为艰巨，如去日本研修的马国馨、柴裴义等人，使用的教材起初为自编的油印版，请到一位长期居京的日本老人来教授，后来才有了正规的日语广播教材。"虽然老师口语没问题，但没有教学的经验"[②]。再如赴法留学的栗德祥，选择边完成硕士论文边学习法语，未曾耽误论文进度。在"外语风"中，建筑师们跟着电视台每天播放的 *Follow Me* 学习，也求教于单位里会外语的前辈同事，就是在这样极有限的条件下，求知若渴的建筑师们临行突击，攻克语言关。

建筑师们出国留学去向与所学内容的选择，一种是由留学单位与所供职单位已达成的合作关系决定，建筑师将直接到对方单位，无需自主选择；另一种则需要自行查询联系相关院校，确定留学去向。由于中国几十年的隔绝状态，对西方社会的了解受到极大的限制，又加上所去往国家多为资本主义发达国家，同我国国情、社会制度文化等方面有着很大的差别，外部世界在此刻依旧遥远。面对珍贵的留学机会，面对各种建筑学科方向，建筑师在做抉择时，必须非常慎重。他们所能做到的，便是在踏上异国他乡前，在仓促的准备过程中尽可能地做到周全。

---

① 根据黄锡璆访谈整理。
② 根据马国馨访谈整理。

第四章

—————

异乡建筑师

第一节　去向

　　建筑师去往的留学地区和国家，以欧洲、美国、日本为最，这也清晰地反映出当时现代建筑及教育发展的世界中心。

　　美国的高等教育历史远不如欧洲久远，却在第二次世界大战之后飞速发展，占据了世界最领先的位置。19世纪以来，美国高校开创高级人才培养途径，通过投入大量资金，建立起世界一流大学，基础性研究和实用性研究获得质的飞跃。第二次世界大战前后，为躲避战乱及对知识分子的迫害，欧洲多国的学者远渡重洋，抵达美国新大陆，追寻更具尊严和更稳定的研究环境，美国也通过引进大量人才而大大提升了国力与经济实力，扩充了优质甚至过剩的教育资源。在冷战对峙时期，为发展国家军事科技力量，美国加强对尖端技术研究的投入，在高科技领域崛起，成为"超级大国"、世界一极。良好的教学条件、充足的经费保障，使各国专家学者心向往之。同时，美国社会与高校也以开放包容的心态，接纳多元文化，帮助本国获得更多经济利益。1977年5月，邓小平同志在谈话时讲道："我们要实现现代化，关键是科学技术要能上去……现在看来，同发达国家相比，我们的科学技术和教育整整落后了二十年，科研人员美国有一百二十万，苏联九十万，我们只有二十多万，还包括老弱病残，真正顶用的不很多。"[①]经历中苏关系恶化，

①　邓小平. 邓小平文选：第二卷 [M]. 北京：人民出版社，2008：40.

"小球推动大球"等一系列历史事件，中美关系逐渐向暖，中国留学生被派往美国学习，也成了发展两国关系中的重要一环，各单位也因此能够获得留美名额指标。在悬殊的人才差距面前，去往美国学习为建筑师们所向往，"在概念上就觉得美国比较先进"①，自然有大量建筑师赴美留学。

在 20 世纪 60 年代末至 80 年代初期，欧洲留学教育政策并不稳定，如非欧共体国家（现欧盟）的留英学生需遵循"全费政策"，这使得每位到英国留学的发展中国家的留学生，仅在学费上便需缴纳 1.3 万美元②。直至 20 世纪 80 年代中期，随着教育国际化的推行，欧共体各国对留学政策进行了相应的调整，政府机构和教育主管部门在对国际交流与合作问题探讨的基础上发表了《教育、科学和欧洲内部市场》《教育中的欧洲》等白皮书和政策研究报告，以进一步促成欧共体各国教育的一体化，以多层次、多形式的教育吸引发展中国家的留学生。

第二次世界大战后，城市重建成为欧洲建筑师们重点探讨的议题，而北美的建筑师已经开始着眼于对大尺度城市规划倡议、运用新技术和材料，以及体现个人设计创新。与之相应的是现代主义包豪斯的教育方法在美国得到极大的发展，布扎教育在 20 世纪 40 年代末基本已不再推行。先锋力量反叛历史和文化，他们提出以高技术建设未来建筑和城市的设想。英国建筑联盟学院（Architectural Association School of Architecture）等建筑院校和建筑研究所成为这些先锋力量实践和教学的集中体现。Team X、阿基格拉姆学派（Archigram）等，围绕技术对社会科技的提升进行探讨，"德州骑警"对实践进行历史性批判，并试图以重建现代建筑的理性方法和形式话语体系，以促进教育改革。

在欧美发达国家积极探索现代建筑之后的新思想之时，作为第二次世

---

① 根据项秉仁访谈整理。

② 黄新宪主编. 中国留学教育问题 [M]. 长沙：湖南教育出版社，1995：272.

界大战战败国的日本，凭借美国的扶持和本国人民的奋斗，逐渐跻身于经济大国之列。在留学教育方面，日本效仿美国对各国人才和留学生的包容态度，推行教育国际化。通过为留学生提供经济资助，改善居住条件，改进留学生的教育与管理体系等方式，吸引更多留学生。再加上地理位置较近等原因，赴日留学也成了中国建筑师的重要选择。受格罗皮乌斯、赖特、柯布西耶（Le Corbusier）等大师的广泛影响，现代建筑在日本获得了极大的发展，明晰的师承体系也已建立。对于如何引进现代技术、建筑风格等方面，日本建筑师进行了许多积极的尝试，"新陈代谢派"（Metabolism）等建筑师团体完善学说理念，并以作品实践佐证，这一过程孕育着对传统思考的成果，体现出建筑师对现代性的追求。

放眼现代建筑发展中心，即欧洲、美国、日本等发达国家和地区，建筑学教育在经历了第二次世界大战后现代主义的雄起阶段后，逐渐开启了20世纪60年代末期的思想再发展，现代主义不再"纯粹"，各类激进的、反叛思想使后现代主义逐渐流行。欧洲模式带有鲜明的先锋性，美国现代教育模式体现出强烈的实用色彩，日本模式则呈现出对传统的反思。

改革开放之初，留学人员派遣工作恢复，国家与单位期盼中国建筑师借此机会充分利用资源提升专业实力，接受当代建筑思潮，使其作为文化交流使者，投身于世界的现代洪流之中。一方面，他们能够从他国直接获取前沿的建筑知识，感知异域文化，扩充国内现代化建设人才队伍，以尽快提高我国的科技创新能力；另一方面，由于长时间的隔绝，中国同其他国家并非单向的不了解，而是双向的陌生与隔阂，通过打通交流渠道，借助建筑师的力量输出中国建筑文化，这在改革开放初期刚刚打开国门的时刻，具有重要意义。

第二节 亲历

历经波折终于抵达目的地的建筑师们，在旅途中曾心情复杂——有对陌生环境感到惴惴不安，也有走出多年封闭环境的欣喜胆怯。飞机的轰鸣声与紧张一路相伴，他们甚至经历转机延误、货车接机等意料之外的事件[①]。踏上异乡土地，看到美国直冲云霄的摩天大楼，令人炫目的商业街道，四通八达的高速公路；看到欧洲各式各样的教堂，看到那些在建筑史课本中熟悉而又陌生的"老朋友"，真是又讶异又感动。改革开放初期前往发达国家留学的建筑师们，体会到国外富足的社会环境与国内贫乏的物质生活条件形成了鲜明的对比。几天前在国内买东西还需要用"票"，眼前超市中的货物却丰盈得让人眼花缭乱。

对于这些远道而来的客人，东道主国家的人民普遍表现出欢迎的姿态。20世纪80年代初期，中国与他国恢复建交不久，长期隔绝后，国外社会对中国留学生同样持有好奇心，也欢迎中国留学生到来。有留美人员回忆，"长岛一共有三个来自中国大陆的学生，这里的美中友协特地为我们举行欢迎会，许多美国家庭邀请我们去做客，度周末。我校附近一位老太太出租房屋，条件第一是要中国人，第二要德国人。她认为这两国学生守纪律，比较可靠"[②]。正是这些来自中国的精英留学人员，感受着文化的冲突，调适着自己的心态，也以勤奋上进的表现为祖国树立了良好的形象，但却会受到一些同胞的冷落。如荆其敏等一行人在刚刚抵达美国后，从半夜等到天明，大使馆的人员才派人用货车来接。

在生活上，他们享受国家统一津贴。因国家经济条件所限，他们每个

---

① 根据荆其敏访谈整理。
② 张素初. 我在纽约做公务员：告诉你一个鲜为人知的美国 [M]. 北京：团结出版社，2006：133.

人的每月津贴数目较少，但为了能够再节省下一些，这些"假单身"的留学人员往往减少在衣食住行上的花销，减少娱乐活动，所有的精力都用来学习。建筑师们无论是在治学还是在工作当中，都取得了优异的成绩，在这段独特的人生经历中，明确人生追求。

（1）理论学术的新高度

1）访问学者

访问学者指以进修和研究为目标的留学人员。在 1978 年通过首次教育部统考的人员最初被称为"进修生"，直至 1978 年 12 月临出国时，改称为"访问学者"[①]，这一名称就此确定。访问学者是经严格选拔的各高校、各单位的重点培养对象。他们需在导师指导下，根据选派学校原定课题方向，制订学习和工作的具体计划，并切实按照计划完成预定任务，无须攻读学位。建筑师们在外留学期间，面对中外在各方面悬殊的差距，尤其针对建筑学科，进行了深入的调研走访。他们出色地完成了科研任务，也尽可能地利用闲暇时间想办法到新的环境中观察新建筑，并致力于推动中外友好交流活动。

无论所学方向是什么，所到国家是哪里，建筑学者们从未忘记自己留学的初心。沿着曾经的研究方向一路追踪，填补过去因环境受限而产生的空白，并展开更深层次的思考。路秉杰于 1980 年留学日本东京大学，师从日本建筑史学家村松贞次郎，研究日本近代建筑现代化过程，考察研究日本建筑、园林发展演变[②]。刘先觉自 1981 年到美国耶鲁大学跟随建筑史教授文森特·斯卡利（Vincent Scully）学习。同该校研究生共同学习《建筑理论》（*Theory of Architecture*）课程时才知道，"理论"针对的问题是为什么（why），怎么形成（how）。但在国内的时候，却以为建筑理论就是建筑

---

① 钱江.改革开放后首批公派留学生公开选拔记 [J]. 党史博览，2016（4）：21-23.

② 杨永生，王莉慧.建筑史解码人 [M]. 北京：中国建筑工业出版社，2006：246.

设计原理，如居住设计原理、学校设计原理……而"原理"解决的问题是什么（what），"理论"则是要解决哲学问题和方法论的问题，二者并非同一个概念。1989 年，项秉仁抵达美国亚利桑那州立大学，参与设计教学和城市设计课题研究，首次了解了在土地私有制的条件下进行城市设计的复杂性，体会到建筑师学习和掌握专业以外的社会知识的必要性。因亚利桑那州为炎热干旱的沙漠地带，更能让他了解到应如何结合当地地域特征，完成符合现代美国人生活方式的当代建筑。[①] 项秉仁参观了赖特设计的亚利桑那州立大学礼堂、西塔里埃森，以了解美国本土建筑文化与自然和谐相生的方式；到建筑师保罗·索莱里（Paolo Soleri）在菲尼克斯城北荒漠中兴建的城市实验室"阿科桑蒂"，考察这座生态城市的先进之处。

学习建筑专业需要不断地看、不断地思考，了解更多的建筑，见识更多的风格。但那时国家经济条件并不富裕，为留学人员提供的津贴均来自人民税收，在消费水平较高的发达国家生活，建筑师们只能通过节衣缩食，另想其他办法，如到外语系讲学，做零工兼职等工作获得相应的报酬，为自己争取更多学习和开阔眼界的机会。

华裔建筑师贝聿铭（Ieoh Ming Pei）于 1983 年荣获普利兹克奖，并于次年将 10 万美元奖金设立为"在美华人学者奖学金"，每年一名优秀在美华人学者可通过申请获此荣誉。首届奖金由戴复东获得（图 4-1），1992 年的奖金则由项秉仁获得（图 4-2）。那时国家发放给访美留学者的津贴为 400 美元[②]，2000 美元的奖金数额的确不少。他们并未用这笔钱添置大件电器，

①　滕露莹，马庆褘，曹佟，等．项秉仁建筑实践：1976-2018[M]．上海：同济大学出版社，2020：27.

②　根据项秉仁访谈，及卢永毅，王伟鹏，段建强．关肇邺院士谈建筑创作与建筑文化的传承和创新 [M]//陈志宏，陈芬芳．建筑记忆与多元化历史．上海：同济大学出版社，2019：89-104. 中关肇邺回忆，均为 400 美元；根据柴育英．建筑院士访谈录：戴复东 [M]．北京：中国建筑工业出版社，2014：166. 中戴复东回忆，"国家对纽约的访问学者津贴是每月 410 美元，但实发 390美元，20 美元留作急需用。因为纽约的生活费用较大，津贴也较高些"．

图 4-1　1983 年戴复东（右）拜见贝聿铭（中）
图片来源：引自戴复东，吴庐生. 戴复东吴庐生文集 [M]. 武汉：华中科技大学出版社，2018：封 3.

图 4-2　项秉仁（右）于 1992 年获贝聿铭中国学者旅美奖学金，与贝聿铭（左）合影
图片来源：引自滕露莹，马庆禆，曹佟，等. 项秉仁建筑实践：1976-2018[M]. 上海：同济大学出版社，2020：28.

也未将这些钱存起来改善生活，而是用于环美旅行，用脚步丈量美国各大城市，用相机记录优秀建筑与建筑师作品。戴复东选择独自一人去旅行，乘坐"灰狗"班车，在一个月的时间中共访问了 32 座城市。在旅行期间，他的头发长及肩部，浑身被晒得黝黑，也曾遇到过惊心动魄的事件，遇强盗、遇抢劫，甚至还需要故弄玄虚地摆出中国功夫的姿态吓退敌人。即便才在深夜化险为夷，但在太阳升起后，当他看到洛克菲勒个人投资建设的帝国广场，看到大学时在建筑渲染作业中所出现过的图景变成眼前现实，所有的惊惧早已被冲散，"……这让我一阵激动，睁大眼睛，前前后后，上上下下，左左右右仔细观察、体会，感到有说不出的舒畅"①。项秉仁在获得奖金后，选择与友人自驾并行，到纽约、波士顿、芝加哥等美国东部城市，参观了密斯·凡·德·罗（Ludwig Mies Van der Rohe）、菲利普·约翰逊（Philip Johnson）等著名建筑师的作品，尤其到访了其在国内攻读硕士学位时所研究的建筑师赖特的作品，亲身感受流水别墅的水声潺潺（图 4-3），体会罗比别墅的尺度细

---

① 柴育筑. 建筑院士访谈录：戴复东 [M]. 北京：中国建筑工业出版社，2014：164.

图 4-3 项秉仁 1990 年于流水别墅
图片来源：引自滕露莹，马庆褘，曹佟，等.
项秉仁建筑实践：1976—2018[M]. 上海：同
济大学出版社，2020：39.

图 4-4 项秉仁 1990 年于罗比别墅
图片来源：引自滕露莹，马庆褘，曹佟，等.
项秉仁建筑实践：1976—2018[M]. 上海：
同济大学出版社，2020：41.

图 4-5 栗德祥 1983 年于意大利圣彼得广场
图片来源：栗德祥提供。

图 4-6 栗德祥 1983 年于法国马赛公寓
图片来源：栗德祥提供。

节（图 4-4），看这些过去只能从书本上、照片上看到的作品，"这同在实际现场亲眼看到的感觉是很不一样的，会受到更大的震撼"[1]。远在法国的栗德祥，则是幸运地得到驻法使馆教育处刘参赞为建筑学生所争取到的一笔供参观考察的基金资助，利用暑假近两个月的时间，对法国、西班牙、意大利和瑞士的近 50 座城市进行了实地考察（图 4-5、图 4-6），拍摄了大量图片，"这次旅行对开阔眼界和我后来的学术研究产生了深远的影响[2]"。

所谓"学而不思则罔"，若只是走马观花，只通过双眼观察和相机拍照，便只能觉得眼花缭乱，依旧脑中空空。若仅从表面上看各个建筑

---

① 根据项秉仁访谈整理。

② 根据栗德祥提供资料整理。

的风格与装饰，简单地为其"贴标签"，也只能是机械而无意义的工作。只有结合文化背景、历史背景、在所处环境静心体会，反复阅读书籍，才能够使所学、所见皆成为所得，真正掌握更多。

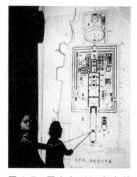

图4-7　罗小未1980年在美国华盛顿大学讲授中国建筑
图片来源：引自同济大学建筑与城市规划学院．罗小未文集[M]．上海：同济大学出版社，2015: 375.

因长时间的封闭，中外双方互不了解，在学习访问的同时，这些学者们也担负起传播中国建筑文化的责任。罗小未曾走访欧美国家的十多所院校，并采访数十位西方著名建筑师和建筑理论家。在此期间，开设系列中国传统建筑讲座（图4-7）。而在美国明尼苏达大学的荆其敏，也曾在多所学校开办讲座，发现美国师生对中国民居感到新奇（图4-8）。中国民居同南美洲、非洲等地的房屋相仿，都体现出对生态环境的关注，只是使用材料并不相同，中国民居多使用生土而非稻草等植物材料。通过交流，中外文化在这一过程中终于有了见面的机会，即便建筑师所讲并不深刻，却也能够让更多人了解遥远东方的瑰丽建筑文化，使得交流过程平等。关肇邺在麻省理工学院研修时，拜访在哈佛大学工作的费正清、费慰梅夫妇，他们是其恩师梁思成、林徽因的多年好友。彼时梁林二人已故，但费正清未忘记在战乱时刻，自己曾受托保管梁思成于抗战时用英文写就的《图像中国建筑史》手稿，但因语言障碍，这颇具学术价值的书籍无法发挥其作用。于是关肇邺在闲暇时便去帮忙整理书稿，顺利使 A Pictorial History of Chinese Architecture（《图像中国建筑史》）一书于1984年在麻省理工学院出版（图4-9），并荣获当年"全美最优秀出版物"。关肇邺本人也同费正清结为情谊深厚的朋友。建筑师所起的作用如同桥梁，连接中西，连接过去与未来，文字与图像穿越时间与空间，让文化与智慧源远流长，亘古不息。

图 4-8　荆其敏 1980 年在明尼苏达大学建筑学院和学生俱乐部作关于中国园林、住宅、庙宇和宫殿等系列讲座的海报及 1981 年 3 月在明尼苏达大学校园活动中心作《中国传统建筑》讲座的海报
图片来源：荆其敏提供。

图 4-9　*A Pictorial History of Chinese Architecture*（《图像中国建筑史》），Ssu-ch'eng, Liang / 梁思成（著）
图片来源：作者自摄。

2）攻读学位

与国内截然不同的教学体系、授课方式，都使得攻读学位的留学人员必须面对更大的课业压力，也需要以更开放的思想接受和适应。听懂课程、发言讨论、阅读文献、写就论文，无一不需要以极强的学习能力和抗挫能力应对。在国内，他们曾是高校中的骨干，是受人尊重的师长。他们再次转换角色成为学生，在强调独立思考，提出新见解的课程学习中，适应新的学习生活环境与方式无疑是巨大的挑战。在毕业的压力下，在理想的召唤中，他们不曾为困难所打倒——毕竟以前那些接受教育和改造，想读书而不得的日子更苦。中国人的傲骨与自尊便是支撑他们不断向前的动力，在不惑之年继续迎接新的挑战，并以优异的表现维护中国留学生在外的良好声誉。即便在异邦流过辛酸泪，但在艰难探索后，他们终能学有所成。

通过多次到北京图书馆及北京语言学院出国培训部资料室查询联系，黄锡璆选择师从比利时鲁汶大学戴尔路（Jan Delrue）教授，将祖国最需要的医疗建筑作为自己的第一志愿，并获得了单位总建筑师高锡钧及母校童寯、刘光华两位先生的举荐。其学习安排本来只是进修 2 年，即使考试通过也只能被授予硕士学位，但在后来的学习中，他萌生了继续攻读博士学位的想法。于是在入学一年后向导师提出申请，将第一年进修课程的学习成绩转换为博士资格考试学分，继续攻读博士学位（图4-10）。"选修课目如公共卫生是在医学院上，人类学则是由社会学

图4-10　黄锡璆1984年于比利时鲁汶大学留学时在住处前
图片来源：中国中元国际工程有限公司提供。

系开设，教授们上课时也会开列多本参考书目，鼓励自修阅读。这些提倡多学科、学科互涉及辩证分析独立思考的做法很有帮助"[1]。

　　1984年，仲德崑作为教育部公派的第一批攻读博士学位人员，前往英国诺丁汉大学。一般情况下，获得博士学位往往需要四五年时间，但由于经费原因，他必须在2年内完成学业。刚到英国的时候，他也曾感到紧张和彷徨，对于能否完成学业心中一点底都没有，但斗志一经点燃，他便付出了异于常人的努力。任何艰难险阻在"认真"二字面前，都已化为无物。为节省时间，在完成论文的9个月时间里，他每周都会抽出一天时间准备好一周的食物存放在冰箱，以保证每天工作14～16个小时。"这9个月相当艰苦，特别是最后四五个月，简直是用自己的性命在拼！"经过高强度的学习，仲德崑顺利获得建筑学博士学位，并成为诺丁汉大学历史上以最短时间完成博士学习的第一人（图4-11）。

图4-11　仲德崑获得博士学位
图片来源：仲德崑提供。

---

① 根据黄锡璆访谈整理。

傅克诚在清华大学建筑系学习任教 30 年后，于 1988 年赴日本东京大学工学部建筑系槙文彦研究室及高桥鹰志研究室做研究员。"我还申请了做博士论文，进行比较建筑研究。那时，我们的论文审查很严格，有 6 位教授来审。通过建立比较体系研究顺利，一年后拿到了博士学位"①。除在东京大学，她还曾在日本大学、千叶大学、东京艺术大学等校任研究员，对多位日本著名建筑师进行采访。

在这些攻读更高学位的学者身上，体现出的是相似的可贵品质，即珍惜时间，将每分每秒都用来学习，这种高度的责任感和勤奋精神如今看来更令人动容：因黄锡璆到图书资料室摘抄资料的次数太多，管理员便直接将图书馆的钥匙放在值班室墙上，由他自取；留学于日本的学者傅克诚，"最喜欢的就是图书馆，常常在研究室直到深夜"②。无论工作日还是节假日，无论白昼还是黑夜，凭着一颗积极向学的心，这些建筑学者忘记一切，只觉得该读的书实在太多，当时能够做到的，并不是对已经失去的时间扼腕叹息，而是点亮孤舟上的那盏灯，照亮书海，也照亮自己那颗追求真知的心。

（2）创作实践的新环境

1）与大师面对面

长时间未得到应有的重视，建筑设计也未被置于正确的位置。搞工程建设，投身工业发展，研究"化工厂建筑结构防腐蚀设计经验、耐酸地坪设计参考资料、X 光及 γ 射线防护设计资料汇编、山区建筑设计资料、机械制造厂建筑设计总结"③等工业技术题目，便是那个年代建筑师所完

---

① 根据傅克诚采访整理。
② 同上。
③ 王天锡. 建筑审美的几何特性 [M]. 哈尔滨：黑龙江科学技术出版社，1999：20.

成的工作，建筑艺术似乎已远在天边。第一代建筑师逐渐老去，作为后辈建筑师，他们同样也已多年未走出过国门，难以获知当时国外的建筑动态。在"极左移情"的束缚下，建筑设计容易囿于传统，集体创作更是扼杀了创新动力。在学习资源匮乏的年代，逐渐失去以外文原版杂志为途径，对欧美、日本等国家和地区的建筑发展进行追踪的机会，等到"文化大革命"结束，再接触到那些建筑期刊时，建筑师只觉相见不相识，脑海中的印象与国外建筑发展状况早已严重脱节，甚至会怀疑那些图片上的新奇空间是否为摄影幻象。于是，对西方现代建筑大师作品的好奇，想要学习以追赶世界建筑潮流的愿望便会更加强烈。

此时的世界建筑舞台上，活跃着各国的现代建筑大师，他们于第二次世界大战前后登场，相较于第一代现代建筑大师，他们来自世界不同的国家，经历也更复杂。他们热衷于第一代现代主义建筑，践行国际主义风格，同时也加入个人诠释。以这些世界建筑大师为标杆，中国建筑师们终于有机会与他们面对面，通过在其事务所工作，了解大师思想，感受工作环境，体会现代建筑发展。

令人瞩目的世界现代建筑，印证着发达国家经济、文化、科技的巨大进步，也成为建筑史上一座座里程碑。丹下健三、贝聿铭都是顶级的现代建筑大师，也都曾摘得普利兹克奖的桂冠。丹下健三因其作品代代木国立综合体育馆而广受赞誉，这一建筑也被评为"20世纪世界最美的建筑之一"；贝聿铭则出色地完成了美国国家美术馆东馆等一系列建筑作品，荣膺世界级建筑大师。马国馨、柴裴义与王天锡分别前往两位大师的建筑事务所，在日、美不同国度体会到不同建筑事务所的运行方式与设计思想。

1980年5月，以丹下健三为团长的日本亚洲交流协会丹下健三城市·建筑设计研究所应邀访问中国，并决定接受北京市派出的5名建筑师和规划师到其研究所研修 2 年。其中 2 名建筑专业人员即马国馨和柴裴义。当时丹下健三已将工作重点转移到海外，因此建筑师们前后所参与的十几个项目遍布新加坡、尼日利亚、尼泊尔等国家。"我们刚去的时候，正赶上做广岛的市政厅竞赛，丹下做了一个大厅，尺

图 4-12　丹下健三作品山梨文化会馆中包含"圆筒子"
图片来源：马国馨提供。

度实在是惊人，我当时吓了一跳，在咱们国家根本就没见过。"[1]丹下健三的建筑研究所是自上而下一人决定的模式，因此建筑方案都是体现个人意志，再由其他人员进行深入设计。在做新加坡办公楼的方案时，需要依据丹下健三从国外打来电话所指定的"圆筒子"形式（图 4-12）继续深化方案。在此工作期间，马国馨与柴裴义同其他日本同事一起"拼命" 30 多个小时，借助手工模型推敲建筑形体（图 4-13），逐渐摒弃空心板模数的限制，接受大师方案指导……快节奏的设计实践、大量细致

图 4-13　马国馨（左图）与柴裴义（右图）用模型推敲形体
图片来源：马国馨、柴裴义提供。

---

① 根据马国馨访谈整理。

的设计图纸、尺度巨大的设计面积，都是建筑师们未曾拥有过的经历，也让建筑师们感到从未有过的"年轻"。

图 4-14　王天锡（左）向贝聿铭（右）请教设计问题
图片来源：引自王天锡．建筑审美的几何特性 [M]．哈尔滨：黑龙江科学技术出版社，1999：52.

通过单位推荐与外语统考，王天锡获得到美国纽约贝聿铭建筑师事务所

学习的机会（图 4-14）。工作伊始，便确定其学习计划是为全面了解项目设计的全过程，或分别介入不同工程的不同设计阶段。于是，约一年的时间，王天锡作为香山饭店设计组中的一员，参加此项工程的施工图设计。在工作中，他得到贝聿铭的直接指导，完成最能体现中国建筑传统的中餐厅（图 4-15）、公共交通部分以及有特殊要求的家具、灯饰的绘制。之后转移到当时正处于设计发展阶段的新加坡来福中心设计组，并有机会进入达拉斯音乐厅设计组，真正从方案设计阶段的概念设计开始。学习期间，他亲自体验到贝聿铭设计思维的发展演变，体会到建筑构图的几何特性，并将之作为指导自己设计实践的一种信条、一种逻辑、

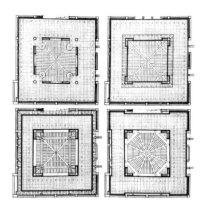

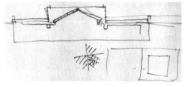

图 4-15　王天锡设计的香山饭店中餐厅吊顶平面（左图）及贝聿铭绘制最终方案手稿（右图）
图片来源：引自王天锡．建筑审美的几何特性 [M]．哈尔滨：黑龙江科学技术出版社，1999：35-36.

一条路径[①]。

刚到国外建筑事务所时，建筑师会觉得一切都很新鲜，并能立刻感受到我国与之存在的差距。在研修过程中，他们一边干工程，一边抓紧一切机会学习，"为了更好地翻阅各种建筑图书资料，每天我们都比别人早到一两个小时"[②]"感谢贝先生的安排，陆续参观了美国的一些重要城市……领略了其他一些著名建筑家的作品之独特风采"[③]。无论是在专业上，还是在生活中，建筑师们都感受到了来自大师的关怀，"（丹下健三）先生负担了我们在日本学习和生活两年间的全部费用，为我们的工作、学习、参观、生活都提供了方便的条件。当时我们住在市中心港区南麻布的有栖川公园旁边，许多日本朋友都很吃惊，因为那里是高级居住区，租金十分昂贵，先生考虑从那里上班比较方便。先生还细致地安排我们回国探亲或在节日时邀请我们去他家做客"[④]。"贝先生极力主张我住到一幢称为International House 的大厦里去，在那里可以与来自各个国家、求学于各个学校的留学生或访问学者有更多接触，还可以利用校园内的图书馆……在旧金山贝先生好意安排（让我）住在海特摄政旅馆，以使我不仅从专业的视角、而且从生活的角度去体验不同档次的旅馆"[⑤]。

在大师事务所中工作的经历，使中国留学建筑师们能够耳濡目染大师设计理念及方式，开阔眼界。曾经在国内的建筑语境中，现代建筑依旧模糊，如今能够参与其中并进行深入设计，这无疑具有相当的超前性，更在无形中使得建筑师们形成了做精品建筑的观念，明确优秀建筑的标准。

① 王天锡.建筑审美的几何特性 [M].哈尔滨：黑龙江科学技术出版社，1999：20.
② 根据柴裴义访谈整理。
③ 王天锡.建筑审美的几何特性 [M].哈尔滨：黑龙江科学技术出版社，1999：41.
④ 马国馨.长系师友情 [M].天津：天津大学出版社，2015：45.
⑤ 王天锡.建筑审美的几何特性 [M].哈尔滨：黑龙江科学技术出版社，1999：41.

2）设计公司体验

在大力发展工业生产的年代，中国设立起建筑设计院、建筑设计室。在当时的社会经济条件下，这些建筑设计机构"集中力量办大事"，显示出极大的凝聚力，自新中国成立以来，完成了数量、规模巨大的建筑项目。但在之后的"设计革命"运动中，政治思想运动冲淡了建筑本身的发展，建筑作品同样转向为政治服务。"文化大革命"后，面对新的建设热潮，无论是建筑设计单位体制，还是建筑设计实践，都急需改革再发展。走出国门的建筑师们不仅需要学习建筑设计，更需要考察国外建筑设计单位运行模式。

1981年2月，根据《中德科技合作协议》，费麟作为机械部设计总院派出的工程技术人员之一，前往联邦德国（西德）魏特勒工程咨询公司在职培训（图4-16）。7个月的学习过程分为三个阶段：在第一阶段了解该公司运行机制及研究图纸材料。第二阶段参加伊拉克巴格达理工学院设计组的工作，全面了解咨询工作。该建筑面积达17万平方米，包含教学楼、剧院、宿舍等多种功能的建筑单体。当时初步设计已定稿，但建筑师通过参与方案讨论会，参与设计，对他们的设计体制、程序、管理、理念、深度及方法等方面形成直观的认知。同时，通过到现场参观，了解到施工的进度安排。在最后3个月，也是第三阶段的参观访问中，通过走访德国多

图4-16　魏特勒工程咨询公司办公楼（左图）及费麟工作照（右图，左一）
图片来源：费麟提供。

处其他咨询机构，调研德国各地知名建筑，他对工程咨询内容有了更为深刻的了解①。

在结束亚利桑那州立大学的访问学者工作后，项秉仁将签证换成工作签证，由于良好的设计表现功底，多家公司向他伸出了橄榄枝，他曾分别在旧金山布朗·鲍特温建筑事务所（Brown Baldwin Associates, San Francisco）和TEAM 7 国际设计公司任职，工作期间获美国加州注册建筑师资格，并成为美国建筑师学会会员。他坦言，在新的工作环境中，曾体会到中国和美国的建筑设计体制之间所存在的巨大差异，体会到市场的残酷——只要事务所经营面临危机，立刻就会有人被辞退，无论工作有多么卖力，只根据业绩进行评判。为了争取更多的项目，建筑师必须投业主所好②。

通过亲身经历，建筑师们在国外设计单位获得与国内迥异的工作体验。在做方案的同时，更重要的是对不同单位经营模式的体验与学习，了解其利弊，这对于长期工作在国内设计院，以一种模式做设计的建筑师来说，能够获得更为开阔的思路，引发深入的对比思考。

改革开放后，留学政策的提出，为各大建筑设计院、高校中的出色人才提供了走出国门看世界的机会，最早有此经历的建筑师们便形成了该时期的特定群体，再次获得了弥足珍贵的学习机会。

初到异国的兴奋与不安，切身体验的欣赏与误解，获得新知时的渴望与压力，孤独奋斗的疲倦与思念，有所成就时的欣喜与宽慰③，这便是留学建筑师复杂心情的真实写照。从走出国门的那一刻起，建筑师们所面对的就不再是熟悉的环境，而是全新的世界，其中冷暖唯有自己知晓。他们将过往与记忆妥善安置，直面挑战与机遇，进入人生的又一程。

---

① 费麟.匠人钩沉录 [M].天津：天津大学出版社，2011：208.
② 根据项秉仁访谈整理。
③ 魏楚雄.在美国发现第三种历史：从"本历史"到"它历史"再到"大历史" [M]// 王希，姚平.在美国发现历史：留美历史学人反思录.北京：北京大学出版，2010：344.

第五章

归程，归成

第一节 改革

　　或长或短的留学时光结束，告别的时刻如约而至。建筑师们未曾忘记，国家的多项事业正急需建设，建筑教学及设计单位均面临着知识陈旧和人才缺乏的窘境。但面对发达的社会环境、优越的生活条件、便捷的研究资源，一些人会更愿意留下来，对比之下，则更能够凸显那些毅然回国人员的执着与担当。曾经，他们顺着改革开放最早的东风而来，如今再从繁华的世界回到熟悉的家园，却不再有封闭的藩篱。改革开放初期的留学人员被寄予了以先进知识推进中国各行业发展的厚望，建筑师们也成了引领中国现代建筑快速发展的时代旗手，带着几大箱资料、带着所收获的知识、带着深厚的友谊，建筑师满载而归，他们不仅成就了个人事业的传奇性发展，一定程度上也为开启民智和传播新建筑知识、新设计思想作出了卓越的贡献，从多方面促进建筑行业的狂飙式前进。

　　近代以来，第一代建筑师在归国后创立多所建筑师负责制的事务所，如吕彦直开办的彦记建筑事务所，其既任总建筑师，又任绘图员、会计师、审计员、工程监理等职，鞠躬尽瘁。但在新中国成立之初的三大改造中，私营建筑事务所均被改为公有制，由计划经济指导。依照苏联模式所建立的大型综合设计院中，建筑师与所做项目均由上级主管部门统一调配。建筑师的个人业务能力决定了其职务、职称、职业资格，等等。此时，建筑师和工程师的工作已减少到只有方案设计、初步设计和技术设计，前期及后期的各项延伸工作均不在其负责范围之内。改革开放之初，我国逐渐向市场经济体制转变，1979 年 1 月 6 日至 15 日，全国勘察设计工作会议提出设计单位要推行企业化、合同制。这成为改革开放后建筑设计业改革的开篇。同年开始施行设计收费制度，并于次年试行企业化取费，"大锅饭"的方式从此被打破。1983 年 3 月，建筑业改革大纲中明确了企业化经营的方式，并试行项目承包制。[①]

打开门户招商引资，意味着中国大型设计院想要走向世界，同国际接轨，转变为工程咨询公司便是重要途径之一。工程设计属于咨询的一部分，但长期以来，建筑单位的经营体制与现有的社会经济要求相悖。在全球化的进程中，各国均积极加入国际咨询工程师联合会（FIDIC），这已成为建筑行业整体发展趋势。

1980 年，美国、英国和德国的工程咨询公司的总工程师受邀来华介绍FIDIC 条款（图 5-1），这已成为世界多国建筑师所共同参照的国际惯例，代表团也对中国建筑师和工程师发出了邀请。因此机缘，前往联邦德国（西德）学习的费麟敏锐地感觉到，魏特勒工程咨询公司与其所在的一机部设计研究总院有许多共同之处，"都是本国的大型设计机构，都可承担工业与民用工程设计，也都是一个多专业的综合设计单位"。在培训期间，他亲身经历的外国建筑事务所或建筑设计单位所承揽的大部分项目都实行建筑师全面负责制和建筑师终身负责制，较我国当

图 5-1　FIDIC 白皮书
图片来源：费麟提供。

① 1979—2008：中国勘察设计行业大事概览 [J]. 岩土工程界，2009，12（1）：1-4.

时的建筑设计单位业务范围更大，也了解到咨询公司还涉及政策咨询、经营管理和产品技术咨询等相关业务，而工程咨询又分为可行性研究、工程设计和工程实施管理三个阶段①。归国后，费麟进而指出中国的建筑工程管理亟待完善，"双轨制"②下，企业资质评定与注册建筑师制度之间存在矛盾，于是多次发文呼吁中国亟须解决"两张皮"的现状。

在费麟刚回国后不久，与同事陈明辉写就《西德魏特勒咨询公司与瑞士摩托—哥伦布咨询公司介绍》一文，梳理了所考察联邦德国（西德）与瑞士的多个公司的情况，着重介绍了联邦德国（西德）魏特勒咨询公司与瑞士摩托—哥伦布咨询公司的特点，将其概括为一专多能、综合资讯、机构精炼、互利协作的运行机制。在设计竞赛、在职培训、重视情报、先进装备、弹性上班、人类工程等方面也予以详细说明。进而结合我国实际提出观点，认为我国需要对咨询业务专题开展可行性研究，在基本建设的程序中要设立可行性研究阶段，设立咨询工程师的考核制，迅速培训咨询专家，建立咨询情报网、出版咨询刊物，并实行统一的货币工作量核算制，充分重视设计竞赛，通过实践学习外国咨询工作的先进经验③。

自20世纪80年代至今，在这近40多年的时间里，我国的建筑体系逐渐发生变革。1992年中国工程咨询协会（CNAEC）正式成立，1996年中国正式加入国际咨询工程师联合会（FIDIC）；2001年12月11日，中国正式加入世界贸易组织，咨询工程FIDIC条款和WTO服务协议完全一致。在此期间，费麟对建筑师负责制的关注不曾间断。他自称"匠人"，以"梦言"

① 费麟. 匠人钩沉录 [M]. 天津：天津大学出版社，2011：208.
② "双轨制"指体制内设计院注册建筑师的图章有聘请公司的代号，注册建筑师本人不是法人代表，无权全权负责。而体制外建筑设计事务所的注册建筑师本人大多数就是法人代表，事务所的队伍精干，但是专业团队比较单一，经常要和体制内的设计大院合作设计，共同负责设计、建造过程。
③ 费麟，陈明辉. 西德魏特勒咨询公司与瑞士摩托—哥伦布咨询公司介绍 [J]. 机械工厂设计，1982（2）：20-27.

谈希冀，以"自白"话真心。他提出建筑师服务应遵循标准的服务程序，向设计阶段的前、后两方延伸，更要保证建筑师责、权、利的统一[①]。在形式上，中国的建筑设计院可将简单的"宝塔式"向"矩阵式"调整，即不同专业、不同项目、不同工程的人员进行调配组合。2003年，费麟所在的中国中元国际工程有限公司通过竞标，承接了中国驻美大使馆（图5-2）的全程"工程项目管理"任务，以初步设计作为招标文件，在后续工作中负责零标高以下的建筑工程设计；与合作设计方贝聿铭建筑师事务所共同深化方案设计，并完成全部施工图设计和现场监理工作。在项目的实施过程中，完全依照FIDIC条款，实践工程咨询设计全过程。建筑师也与设计组参加了在美国设计前期的设计联络工作，完成了工程咨询前期阶段实践[②]。

图5-2 华盛顿中国使馆入口大门
图片来源：费麟提供。

① 费麟.匠人建筑十梦 [N].北京：中国建设报，2015-10-12（004）.
② 费麟.匠人自白，白说也说 [M]// 金磊.建筑师的自白.北京：生活·读书·新知三联书店，2016：9.

曾经，一代建筑师的个性因"集体创作"和"方案综合"而被限制，在计划经济的模式下，国内设计院并无太大压力，"大锅饭""磨洋工"现象拖慢工作效率。但到国外私人建筑事务所的建筑师们却看到了一种全新的工作状态——更为积极，也更为高效。马国馨在日本研修期间，晚上十一二点下班是常事，最长的一次36个小时都未曾回家休息，项目结束如同打了一场胜仗。而事务所设置的人员激励机制，则意在激发所有潜能，从而在内部形成竞争氛围。通过不断优化设计方案，最终形成带有丹下健三个人风格的集体智慧的结晶。但在这样的"one man control"模式下，即便研究所中其他人有很多好的想法，也无法全部顾及。建筑师由此思考设计机制，批判地看待其长处与不足。这对于之后广泛进行的各设计院的合并与改制，即由事业单位转为综合企业化之后的内部管理与工作开展提供了极大的参考和借鉴。

制度的改革虽无法完成于朝夕，但正因为建筑师们的努力，让那些曾经看起来遥不可及的匠人之"梦"，正在逐步地转为现实。如政府法定统一的施工图审查制度正逐步取消；"全过程工程咨询"和"建筑师负责制"也于2017年2月在《国务院办公厅关于促进建筑业持续健康发展的意见》（国办发〔2017〕19号）中强调提出。为求发展，我国必然需要引进国际通行的游戏规则，对于体系和制度的完善，也在发展的过程中逐渐实现。

在大型建筑设计院进行改革的同时，思想上的解放使得私人小型建筑事务所再一次回到了公众视线。为繁荣建筑创作，推进设计改革，提高经济效益，1984年11月，经建设部批准，王天锡等人兴办北京建筑设计事务所。该事务所与次年1月经建设部和经贸部批准的北京第一家中外合作经营的大地建筑事务所，共同被载入改革的史册。

在事务所成立之前，相关部门领导强调要发挥知识分子的作用，并听取了王天锡就旅美2年后在建筑设计理论与实践方面以及组织形式与机构体制方面的总结汇报。经几番研究后，正式签发批复文件，并决定将该事务所作为体制改革试点。该所"属全民所有制性质，实行企业化管理，自负盈亏"。与其他建筑设计单位相比较，其特点主要表现在组织规模小型化、业务范围专业化，以及组织系统单一化。全所成员共 14 人，除 1 名兼职会计和 1 名概算人员外，其余均为建筑师，事务所的负责人要同时担负起技术和行政两方面的职责。通过直接与建设单位签订设计委托协议，再将结构、设备专业的设计工作分包给合作单位，或是合作单位分包工程中的建筑专业设计工作，以获得设计任务[①]。该所共完成工程项目 25 项，建造地点包括北京、天津、锦州、烟台、北戴河、南戴河，以及位于南太平洋的瓦努阿图共和国首都维拉港。1987 年，北京建筑设计事务所获得部颁建筑专业甲级（试点）设计证书，承担建筑工程设计任务范围不受限制。直至 1996 年，北京建筑设计事务所被撤销，12 年的历史戛然而止。

　　结束美国的旅行，项秉仁奔赴即将回归的香港继续职业建筑师的工作，在贝斯建筑设计公司进行了归国前的过渡。回到上海，对其经营个人事务所的想法予以践行，创办了上海秉仁建筑师事务所。项秉仁认为，集体创作的方式对于个人能力的发展会产生极大的限制，并且建筑师无法把控整个设计过程。比如在实际操作中，如果建筑师提出的设计创意需要依靠较难的技术方式，但工程师因能力欠缺或不情愿，便难以实现。然而，在国际通行的规则中，建筑师应是项目的主导，无论是创新设计，还是参与市场调研，同业主洽谈项目，维持公司的技术班底架构，等等，都需要协调维系好。在美国和中国香港工作时，其所供职事务所也都是采用此种经营方式。市场是决定建筑事务所发展的原动力。

　　在越来越开放的建筑设计市场中，生产经营模式的创新是一切创新的

---

① 王天锡. 新路初探：关于建设部北京建筑设计事务所 [J]. 建筑学报，1986（8）：2–5.

起点。企业化的建筑设计院与越来越多的建筑师私人事务所为建筑师提供了更多统筹和决策的机会，使其能够持续把控设计与施工的前期与后期，保证建筑设想的充分实现，修正偏差。过去长期被误解的建筑师，如今再也不必处处忌惮，强烈的责任感使其将国外从业时的所见所历引入国内，尽自己所能，倡导全过程工程咨询，推进建筑师负责制，提升建筑师的话语权。同时，这也规范和保证了建筑市场的公平性，来培养建筑师的国际视野。随着改革开放政策的不断深入，在"一带一路"的推进过程中，中外设计团队将有更多的合作机会，使用通行的"语言"才能够与国际惯例接轨，让中国建筑有更多的机会展示在世界舞台上。

与各建筑设计院体制改革同步，建筑师职业制度改革同样在如火如荼地进行。建设部于1984年提出，要试行建筑师项目负责制，并允许对个人收入进行浮动与分成，体现多劳多得的概念。除在收入制度上进行规定外，为进一步规范建筑师的执业行为与资格认定，并实现与国际市场接轨，建筑师管理制度相应为社会所需求。自1987年起，我国开始计划借鉴他国的注册建筑师制度来完善对建筑师的管理。1995年我国首届一级注册建筑师考试正式在全国范围内展开，二级注册建筑师的考试也于次年展开。注册建筑师制度于1997年1月1日正式在我国施行，一系列法律法规开始颁布施行，并得到逐步完善。

以上工作，离不开留学建筑师的贡献与推动，如费麟任注册建筑师考试命题与评分专家组副组长之一。2001年11月，《建筑时报》刊登文章，中美两国各10位建筑师被列入对方《认同书》名册。中方10位建筑师为：张钦楠、袁培煌、陈世民、费麟、胡绍学、张锦秋、孙国城、马国馨、郭明卓、崔愷，多位留学建筑师赫然在列。在注册建筑师制度创始阶段，建筑师们通过参照国外管理办法和试题，编译出版了多份参考资料，促进注册建筑师考试的规范化，得到国际建筑界的广泛认可。

项秉仁在结束了香港的工作后，于 1999 年回到上海，此刻的中国建筑设计界正逢前所未有的活跃，建筑也正呈现出崭新的气象，注册建筑师制度的建立便是其中的重要部分。项秉仁经历波折的学历、工作时间认证，通过 9 门笔试与口试，在美国加州考取了注册建筑师资格。回国后他看到中国注册建筑师考试同美国学习的痕迹，认为这是极好的发展方向，通过设立制度，保证建筑师的水平，从而对业主负责，也能够让政府更加严格地管理建筑市场。在他刚回国时，注册建筑师资格并不能通用，但在逐渐展开的国际交流中，终于也实现了资格互认。我国逐渐建立完善的注册建筑师制度，正是在学习、吸收的过程中，获得持续的良性发展。

注册建筑师执业制度在我国的建立和运行，经历了长时间的酝酿、完善。其中，无论是相关管理人员还是建筑师，都倾注了大量的精力和心血，留学归来的建筑师则引入了更多先进的经验。通过进一步深化设计体制改革，完善相关规定，提升建筑师素质，客观上能够保证建筑市场有序运转，保持经济稳定发展，不断开拓国际市场。

第二节　创作

（1）内涵延伸

改革开放之前，建筑功能单一，多为政府主导，"形式"为其所追求。但经济发展和城市建设使建筑功能类型不断丰富，人们对人居环境的要求也逐渐提高。改革开放之后，对空间的讨论再次成为重点，回归到对建筑本质的探讨，对人的关怀成为建筑师在创作中最重要的思想指导原则。留学、出访、考察，行至不同的国家，亲历其中生活，对比各国差异。现代化城市中摩登的旅游宾馆、大型商业设施着实让建筑师们大开眼界，而历史悠久的城市则能够提供旧与新的平衡启示。现代建筑注重功能性、经济性、植根当代生活，服务于现实需求。

走出国门，无论是一衣带水的日本，还是跨陆越海的欧美国家，各个国家、各个地区不仅在追求现代化，更是在追溯自己的历史，保持自己的文化特色。在丈量出先进与落后的标准后，才有助于找准自我定位，补己之短。建筑创作上的繁荣，最能够直接地反映出建筑设计思想的开放，多样的建筑类型既是改革开放后经济发展的体现，也是建筑师设计能力的反映，是为人民而做，为国家而做的直观表达。

1）体育建筑

体育建筑因体育活动的广泛普及和影响，成为现代建筑中的重要组成部分，其大多具有大跨结构、独特造型，因体量巨大而颇具气势。改革开放后，我国体育建筑获得了发展的新动力，以承办各类运动会为契机。伴随体育事业的发展与振兴，综合场馆或专用场馆逐渐增多，承载了建筑师丰富的创造力。

马国馨于 1983 年 2 月自日本学习回来后，即投入亚运会的准备工作。这是我国第一次承办大型国际赛事，在建设经验上较为缺乏，但时间的限制不容其有过多顾虑。即便如此，建筑师仍尽一切力量提升建筑品质。除作为体育馆、曲棍球场、练习馆的工程设计人、建筑负责人外，马国馨还独自承担着总图的设计工作。当时正逢各方对"创立我国现代的环境艺术体系"进行广泛探讨，在日本研修时，马国馨曾对环境这一课题产生浓厚兴趣，并收集了很多资料。他主张强调"环境设计"，在景观设计中，考虑人们的活动特点，结合路线展开自然景观和人工景观的配置；在人工景观中妥善处理建筑物个体和群体之间的关系，丰富景观元素，在色彩设计上进行统一规划和分区。在系统论的思想指导下，景观完整连续（图5-3），

2.7hm^2 的人工湖成为园区的中心，在提供良好景观的同时，也调节了局部气候。绿植、雕塑、铺装等相互配合，围合、渗透、对景、借景等手法的灵活运用与呈现，曲折相生的路径意趣独特。

对于建筑单体，其中由马国馨所负责设计的体育馆，是园中规模最大的单体建筑，总面积达 2.53 万平方米。在与整体环境相协调的思路下，建筑整体平面为六边形，南北跨度达 70m。其内部各类功能被妥善布置，并为残疾人观看比赛创造了无障碍环境。体育馆的凹曲形银灰色双坡屋顶在中间凸起，形如庑殿顶，屋顶如同被两侧高达 60m 的钢筋混凝土塔筒拉起，呈现力与美的张力。在结构上使用国内首创的斜拉双坡曲面组合网壳（图 5-4），为国内首创，屋盖平面尺寸达 80m×112m。其节点构造做法同为国内首创，使用钢拉索与立体桁架锚固。自建成以来，对建筑形态与整体效果的惊叹与讨论的声音在一段时间内不曾停息。人们知道马国馨曾在日本丹下健三处研修，而亚运会场馆与丹下最知名的作品代代木体育馆在建筑类型上相同，甚至在外形上也存在几分相似（图 5-5）。对于"是否有代代木体育馆的影子"这一问题，马国馨认为，代代木体育馆在地形

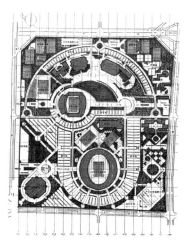

图 5-3　国家奥林匹克中心总平面图（左图）及鸟瞰图（右图）
图片来源：引自马国馨. 体育建筑论稿：从亚运到奥运 [M]. 天津：天津大学出版社，2007：70-72.

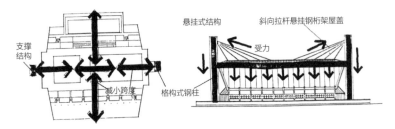

图 5-4 结构受力图示
图片来源：引自马国馨. 体育建筑论稿：从亚运到奥运 [M]. 天津：天津大学出版社，2007：70-72.

图 5-5 国家奥林匹克中心体育馆（左图）与代代木体育馆（右图）对比
图片来源：左图为作者自摄，右图引自马国馨. 走马观城 [M]. 上海：同济大学出版社，2013：73.

处理等方面为其设计提供了很大的启发，但在设计国家奥林匹克中心体育馆时，曾有多个方案，最终选定的方案或许是因屋顶形态让人产生与丹下作品相似之感，但二者所表达的文化是不相同的。建筑的屋脊、入口处红色网架的轮廓与挑檐下露明的网架节点（图 5-6）都易使人联想到中国建筑中的传统做法或构件，但已是现代建筑抽象化的结果。

每一位有建筑理想和追求的建筑师，都不愿人云亦云，对大师亦步亦趋。如印度建筑师巴克里希纳·多西（Balkrishna Vithaldas Doshi）曾供职于柯布西耶在巴黎所设的事务所，离开之时，已坚定创新的信念，"当我做出这一决定时，便只剩下精神与他同在，转而去创造性地表达比例、空间、

图 5-6　国家奥林匹克中心体育馆细部
图片来源：作者自摄。

韵律、色调。我的最大收获是找到了自由"。马国馨同样认为，"正因为
我在那儿学习过，所以从内心里是力图摆脱这种影响的"[①]。在大师事务
所研修的经历并非是局限，而是获得灵感的源泉与思考创作的起点。

2）交通建筑

现代世界的正常运转与各类交通方式的运行密不可分，交通建筑既要
保证旅客的舒适体验，又要保证其效率性和安全性。旅客每到达或离开一
个国家、一座城市，第一印象及最后的印象均是从交通建筑所获得。相较
于车站，机场建筑的规模更大型，乘客们不仅可以在地面感受其内部设计，
也能够从空中俯视欣赏。随着建筑设计和施工水准的飞跃提升，我国的机
场建筑设计取得突出进展，成为越来越开放的交流门户。其在规模上逐渐
宏大，在造型的处理上更体现出交通建筑的独特魅力。

建筑总面积达 32.6 万平方米的首都国际机场 T2 航站楼体量庞大，于是
在立面设计中，建筑师充分考虑到其地上仅三层的高度限制，力求实现低视
角下也能让旅客立刻感知建筑整体形象，及其所反映出的时代特征与我国经
济发展程度。建筑以柔和的曲线勾勒外形，同二层候机部分的银灰色的弧形

---

① 范雪. 从理想走向现实：访第二届梁思成建筑奖获得者马国馨 [J]. 建筑学报，2003（1）：
10-13.

图 5-7　首都国际机场 T2 航站楼鸟瞰图
图片来源: 引自第二届梁思成建筑奖获得者马国馨院士及主要代表作品 https://mp.weixin.qq.com/s/O6dOnQlNy3hUHNHL8s42AQ.

柱廊和谐相融（图 5-7）。航站楼建筑整体流畅，形成向上的动势和充满节奏感的律动。车道边的波浪形单层网壳与中央大厅的深蓝色屋面曲线相映，27m 的网壳杆件简洁结实[①]，富有张力，诠释出交通的快速、流通及导向性。

　　建筑设计者马国馨回忆当时的设计过程（图 5-8），"总共画了几十个剖面"[②]，以更准确、更完整、更清晰地表现竖向变化，交代建筑内部空间。这一习惯源于日本研修期间遵从丹下健三对于剖面设计的强调和要求。他认为，剖面最能够反映内部空间变化，所有竖向高度都应被明确标注。这是与国内截然不同的处理方式。国内建筑人员在画图时，一般只会将建筑最好表现、最易完成的地方进行剖切，完成剖面，只简单地将标高标示便完成，并不重视更多。但这并不利于各专业更好地进行协调，合力解决问题。

① 马国馨 . 建设空港新大门: 首都国际机场新航站楼设计 [J]. 北京规划建设，2000（1）: 51-54.
② 根据马国馨访谈整理。

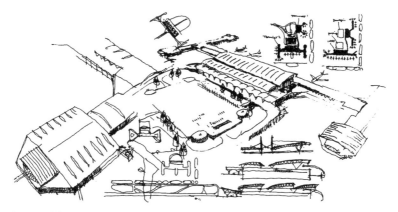

图 5-8　首都国际机场 T2 航站楼概念图，其中剖面绘于下部
图片来源：引自马国馨．老马存带：手绘图稿合集 [M]．天津：天津大学出版社，2016：195.

3）科教建筑

科教建筑反映教育思想，呼应校园规划，需要在历史与未来、本体与环境中找准定位。在我国经济尚未快速发展的年代，科教建筑常常面临投资不足的困难，建筑师却能够立足现有条件，在尊重现实的情况下探索求新，不仅使建筑类型被扩充，更实现了建筑内部空间的多样化。

从美国留学归来，戴复东设计的第一座建筑是同济大学建筑与城市规划学院教学办公楼，凝结着建筑师对学校及建筑专业的热爱，是其在摆脱特殊年代后"第一次为'自己'做设计"。在回国前，戴复东曾买到当时最新出版的《中庭建筑——开发与设计》（*Atrium Buildings: Development and Design*）一书，组织学生共同翻译出版，认识到"中庭是将室内变成了室外，也将室外变成了室内。"[①]"中庭"这一空间彼时曾让国内的建筑师感到惊诧——"第一次在杂志封面上见到由波特曼设计的 1973 年建成的

① 理查·萨克森．中庭建筑：开发与设计 [M]．戴复东，吴庐生，等译．北京：中国建筑工业出版社，1990：6.

旧金山海特摄政饭店的中庭内景照片时……那充满树木花卉、流水鸟笼的巨大空间使你说不清究竟是室内还是室外；那十多层高的空间使你怀疑根据以往的经验建立起来的尺度感；那本来实实在在的景象倒使你怀疑是否是某种摄影特技制作乃至幻觉"[1]。

行过万里路，复读万卷书，建筑师便能够在设计时笔笔落下皆起风雨。在新院馆的建设中，戴复东将中庭这一概念引入，使之成为建筑内部的显著特点。在二期工程中，尺度巨大的中庭位于底层图书馆之上，宽大的阶台逐层升起，采用透明的夹丝玻璃作为顶部材料，明亮的天光泻进室内。在功能上，中庭既可以为开报告会提供场地，也可以在日常为师生提供休闲空间，使建筑内外环境彼此融合。除中庭外，建筑中也相应布置多处共享空间，或开敞接待，或设置院落，即便建筑总面积仅 7790m²，但其不仅能够在功能上满足教学办公的使用要求，也成为师生沟通、评图展览、休憩畅怀的理想选择。在外形上，体量的浑厚却因弧线与底层玻璃的运用而不显沉闷，使用铁屑与陶土烧制而成的面砖作为饰面，暗红色的墙体展现科教建筑的气质（图5-9）。即便建筑基地较为紧张，投资经费也很少，但建筑作品实现了"普材精用"，体现了对低造价高品质的追求。

图5-9 同济大学建筑与城市规划学院教学办公楼中庭（左图）与外部（右图）
图片来源：作者自摄。

---

① 王天锡.建筑审美的几何特性[M].哈尔滨：黑龙江科学技术出版社，1999：20.

4）医疗建筑

相较于其他建筑类型，医疗建筑流线更为复杂，对设计有着特殊的功能要求——需为医患提供治疗疾病和预防疾病的场所，满足各类高度精确和复杂的医疗设备存放，守护人类生命健康。现代医疗技术的需求是建筑平面组织的起点，建筑师必须熟知就诊流程，合理安排流线，了解疾病诊治特点及医疗活动顺序，以满足卫生学的要求，防止院内交叉感染。综合医疗建筑的设计方案需要建筑师充分了解此类建筑特点，协同相关人员共同设计，才能够保障其正常高效运行。

在新中国成立初期，我国的卫生医疗事业发展相对缓慢，医院数量极少，医疗设备缺乏，人民健康水平难以保证。看到国家落后医疗状况的黄锡璆毅然选择到比利时鲁汶大学学习医疗建筑，四年学成归来，他希望尽快将所学运用到祖国的医疗建筑事业中。但受国内较为落后的医疗水平制约，用户或卫生部门常常不接纳他所提交的设计方案，甚至质疑"一个机械行业设计院出身的设计师能做好医院项目吗？"身边的朋友也劝他顾及自己的博士名声和单位效益，不要再做医院设计[①]。但黄锡璆并未因此而动摇做好医疗建筑的信念，他去到偏远地区，从承接小项目开始，一点一点地实现自己的设计理念，完成了金华、九江、宝鸡、淄博等地的医院方案投标和工程设计。虽然项目的建筑面积均较小，大多为 1 万平方米，其中面积最小的医院仅有 $3300m^2$，但这些医院均达到了良好的使用效果，建筑师也获得更多机会——先后主持设计了广东佛山医院等 120 多座医疗建筑。

2003 年"非典"疫情暴发，为缓解城区医院的救治压力，应急设施急需建设。在病毒传播途径未知，毫无血液、体液、分泌物、排泄物等疾病传播控制性医院设计经验，也未有应对烈性传染疾病的现成规范和

---

① 文爱平. 黄锡璆：仰望星空 脚踏实地 [J]. 北京规划建设，2015（3）：181–187.

资料数据的情况下，黄锡璆凭借过硬的理论知识和丰富的实践经验，在第一时间想到鱼骨状平面，带领团队按照最严格的标准设计，仅一夜内便探索完成 5 个方案。最终，方案将病人通道和医务人员通道严格分开，采用机械通风组织气流从中间走道进入缓冲间，再送入病人的病房并经外廊排出的方式，使用现成的板材或成品混凝土盒子结构拼装而成。在各界力量的共同配合下，小汤山医院仅在 7 天内建成，并及时收治病人，有效缓解了城市的医疗资源压力。在小汤山医院被使用的 51 天内，非典病死率不到 1.2%，医院零投诉，医护人员零感染，圆满完成紧急任务，书写了人类医学建筑中的重要一页。

17 年后，更为肆虐的新型冠状病毒袭来，为争取治疗时间，抢救更多生命，黄锡璆团队于第一时间向武汉提供了修订好的小汤山医院图纸，并将曾经的经验与需要改进的要点都悉数交代。仅仅 9 天时间，参照北京小汤山医院模式，同样采用鱼骨形平面（图 5-10），湖北武汉应急医疗设施火神山医院即完成了从建设到交付，为医治更多病患赢得了时间。应急医疗设施设计是极能够体现建筑师设计水平的现实题目，不合理设计的代价是被病毒传染后病人的生死未卜。以医患为主体，身临其境地构想建筑流

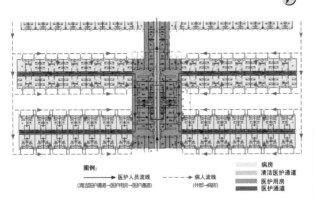

图例：

→ 医护人员流线
（污浊区护通道→医护用房→医护通道）

---→ 病人流线
（外部→病房）

病房
清洁医护通道
医护用房
医护通道

图 5-10 小汤山医院平面局部流线图

图片来源：中国中元国际工程有限公司提供。

线，设计应急医疗设施，这是黄锡璆交上的答卷。即便不曾着白衣，但却在用设计与技术实实在在地挽救着生命。这是属于建筑师的高光时刻，是耀眼的人性之光。

5）高层建筑

高层建筑体现现代建筑的技术进步，结构施工、设备配合，经济的快速发展与紧张的用地条件使得其建设已成为必然的趋势。高层建筑向上的动势体现时代精神，反映建筑发展的活力，这对于城市天际线的勾勒及城市形象的塑造具有举足轻重的作用，一座设计精巧的高层建筑甚至能够作为标志代表一座城市，塑造出城市的独特形象。20世纪末期，中国城市建设起步并逐步进入高速发展阶段，高层建筑在多方面并无规范可循，建成项目质量和案例质量也良莠不齐。

从香港回到上海后，项秉仁于1998年设计江苏电信业务综合楼，这为高层建筑开创出发展的新方向。建筑基地位于玄武湖和古城墙之西侧，周边已有多座高层和多层公寓。塔楼与街道呈45°角，界定场地内外，并产生两个广场，分别面对城市和内部，同时也为办公塔楼争取了最大限度的景观视野和朝向资源。轻盈明快的玻璃材质，圆润的椭圆形建筑体量，使得建筑整体均衡优雅。在建筑内部空间中，引入了当时国外较先进的空中生态花园的概念，以改善微气候。为建筑内部引入绿色景观环境的同时，也提供了高空中的室外公共交往空间，为高层建筑生态化设计的初步实践提供了宝贵的经验。建筑物外皮采用呼吸式玻璃幕墙，玻璃透明度不同，透映内部空间，高透玻璃和银色镀膜玻璃配以金属装饰构件，突显出建筑的科技感[①]（图5-11）。建筑整体剔透，合理的收分既使建筑避免了高层建筑易于显露的傲气，又体现出建筑的明快性格，同湖波相映成趣。

---

① 滕露莹，马庆禊，曹佟，等 . 项秉仁建筑实践：1976—2018[M]. 上海：同济大学出版社，2020：27.

图 5-11　江苏电信业务综合楼
图片来源：引自滕露莹，马庆禳，曹佟，等．项秉仁建筑实践：1976—2018[M]．上海：同济大学出版社，2020：164．

6）住宅建筑

在学习苏联的年代，我国也曾对居住区的建设予以极大的关注。在社会主义集体主义的思想指导下，"居住小区"模式被推崇。由政府出资，批量性地建设职工住宅这一福利性政策沿用至改革开放前，苏联模式下大批量建设经济的单元式住宅和居住小区，成为中国城市住宅的主流。其形态主要表现为周边式街坊住区布局，单元式住宅围合出绿地内院，但该种住宅布局使得近一半的住宅为东西朝向。结合我国条件，行列式布置大行其道，几乎遍及全国。居住区内每栋房屋层数相同，如复制粘贴般行列对齐，这不免令人感到乏味，同时低层住户也难以享受到足时的日照。

在住宅设计建设中，日本先行于亚洲其他国家。前往日本神户大学访问的聂兰生，认为日本在 20 世纪 80 年代快速发展的低层高密度住宅，许多设计是建立在对现状周密调查的基础上，再创造出具有地方特色的、优美的住宅环境设计，从规划到户型都对我国较为单一、呆板的行列式住宅有着极大的借鉴意义。在日本茨城县会神原等住宅小区中（图 5-12），

图 5-12　日本茨城县会神原小区住宅
图片来源：引自聂兰生．探讨：住宅设计中的厅、户型平面、总体布置 [J]．天津大学学报，1982（S1）：2-16．

图 5-13　廊坊香榭郦舍小区住宅
图片来源：引自聂兰生，徐宗武．营造有归属感的社区——廊坊香榭郦舍小区规划设计 [J]．新建筑，2007（3）：34-37．

建筑群组灵活布置，与绿地交融，每户日照时长较为平均。对于内部功能的划分，日本住宅中的南厅方案起居室较国内大多布置的北厅日照效果更好（图 5-13），面积较我国当时沿用的也更大[①]。

　　在那个住房极为短缺的年代，聂兰生深入研究日本住宅发展的理论实践，不仅关注日本住宅产业发展政策等方面的经验，而且尤为重视日本住宅设计中反映出的对经济、文化的双重追求。在其所完成的多个住宅项目规划中，"营造有归属感的社区"的思想始终能够体现。以低层联排式住宅为主，配以少量的独户式及双拼住宅所形成的廊坊香榭郦舍小区，小区由不规则路网分成 5 个组团，围绕中央绿地，在保证日照的同时，也形成形态多样的院落空间，跳出行列式布局的束缚。同时，每户拥有南北两个院落和多层次的绿地景观。在建筑单体设计中，户内功能分区明确，南向设厅，主卧独立，符合我国的居住习惯。居住区内户型多达十余种，空间多样丰富。正是通过这样的住宅设计实践，多种新的规划设想不断被总结，国内住宅"千篇一律"的设计也逐渐转向"琳琅满目"。

---

① 聂兰生．探讨：住宅设计中的厅、户型平面、总体布置 [J]．天津大学学报，1982（S1）：2-16．

归国后，建筑师们以更先进的理念指导出更多样的设计。围绕着现代主义、后现代主义、创作的主体性、环境艺术等主题，建筑与艺术两个藕断丝连的文化领域开始积极地在思想观念和创作实践等不同层面相互介入和影响[①]，逐渐渗透在设计过程当中。建筑师们开始更多地关注于使用人群的需求，着眼于建筑与环境的和谐关系，推进建筑空间体验感的形成……他们将在国外所研究的内容、设计方式灵活应用于实践，将所学转化为所做。

无论是何种类型的建筑，建筑师们在设计策略和设计方法上，都体现出超越先前的进步之处，紧紧围绕社会发展、改善人居生活状况而展开设计。伴随着建筑师知识储备的提升与对现代建筑认识的加深，中国现代建筑也正经历一场大规模的革命，通过各类建筑创作，建筑师不断积蓄力量。经济发展与社会需求是刺激建筑加速发展的强劲动力，保证建筑师的设计灵感源泉永不枯竭。辅以各种设计手段，针对环境条件和建筑性格施以恰如其分的设计方式，建筑师们着眼于现实，灵活运用所学，促进着各类建筑的繁荣创作。

（2）风格引进

第二次世界大战后，国际主义建筑风格风靡全球，设计均以朴素、简洁为基调。钢筋混凝土预制件和玻璃幕墙结构成为国际主义建筑的象征，并在20世纪60年代达到高潮，越来越多的建筑师或建筑事务所以明确的现代主义风格指导设计，开拓出更多的建筑类型。社会经济的发展促进更多杰出作品的涌现，丰富和扩充了现代建筑的范畴，一座座大体量、新高度的建筑拔地而起，谱写出现代建筑的恢宏史诗。现代建筑在美、日等国

---

① 周鸣浩.20世纪80年代中国建筑观念中"环境"概念的兴起[J].建筑师，2014（3）：51–63.

飞速发展，以西格拉姆大厦为典范的摩天大楼，以代代木体育馆为代表的大跨度建筑，都标志着现代建筑在各方面的进步。国际主义风格越风靡，反对的声浪也越强。人们质疑趋同的建筑形象、散尽的地方特色、乏味的建筑城市面貌。20世纪70年代，后现代主义出现，其中包含了现代主义之后的各种各样的运动，包括后现代主义风格、解构主义风格等。从"少即是多"到"少则厌烦"，转变时间不过几十年。后现代主义通过运用装饰牢牢抓住人的眼球，但其内核依旧是现代主义——强调功能的基本要素，高度理性化的观点并不能被轻易改变，仅仅是对现代主义建筑的修正。后现代倡导者查尔斯·詹克斯（Charles Jencks）也曾申明，"后现代主义是现代主义加上一些什么别的"，但后现代主义的基本立场是要与现代主义决裂。罗伯特·文丘里（Robert Venturi）设计的母亲住宅中的罗马山花墙、拱券，约翰逊在纽约设计的美国电报与电话公司大楼上的三角山花、拱券等历史符号，无一不是与现代建筑的分庭抗礼。但建筑界依然有相当的力量维护和支持着现代主义建筑，坚持自己所属的现代主义阵营，维护基本的原则和立场，并通过发挥现代主义自身的批判能力，实现完善和发展。20世纪80年代，在后现代主义发展的顶峰时期，新现代主义建筑与之共生，建筑评论家保罗·戈德伯格（Paul Goldberger）认为"新现代主义"是审美而非伦理意义上的，它试图重现现代建筑的面貌并融入其他非现代主义的元素。其与后现代主义成为两股彼此博弈的力量，以建筑作品来证明彼此的立场。

在我国建筑师于改革开放初期走出国门之时，也恰逢此刻建筑风格多样的年代，这也是一个百家争鸣、异彩纷呈的舞台。那些进入设计单位学习的建筑师，便是最直接接触到各类建筑风格的体验者，归国后，也是各类不同风格的践行者。在政策的鼓励下，进步的时代中，建筑师们再接触到久违的建筑艺术，自是欣喜若狂。逐步发展的中国现代建筑，并未仅仅沿着发达国家走过的老路前行，而是将新观念与新意识渗入，在工业社会和信息社会的新背景下，探索具备特色而又经济合理的发展新方向。

现代建筑偏爱纯粹的几何形式，并以此为特征。原始的形体因其能够被清晰辨识，而被视为美的形体。现代建筑便是将几何形体抽象为设计形式，使其能够与自然和场所产生共鸣，以简单而具震撼力的人工空间营造出不同的体验。现代建筑的忠实守护者贝聿铭，其作品被称为"充满激情的几何结构"，除去形体特征暧昧的部分，明确体量，使之呈现清晰、挺拔的轮廓。他尤其偏爱三角形，并通过菱形、梯形、五边形等形状，不断丰富几何语言，形成精致的复合组合形式。如贝聿铭的代表作美国国家美术馆东馆，如此精彩的建筑发端于概念草图（图 5-14），梯形用地被划为一个等腰三角形和一个直角三角形。在设计建筑形体时，建筑师既强调了建筑纯粹的几何特性，又对其进行了丰富，为三角形建筑构图提供了经典范例。

王天锡在同贝聿铭学习的两年中，敏锐地感受到建筑构图中几何特性的体现。他将"几何组成与填入功能"作为一项日常的"课程作业"[①]（图 5-15），并在参与达拉斯音乐厅项目时，亲身体会到贝聿铭设计思维的演进。

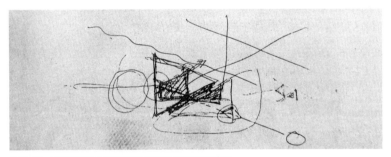

图 5-14　贝聿铭手绘美国国家美术馆东馆构图概念草图
图片来源：引自王天锡 . 贝聿铭 [M]. 北京：中国建筑工业出版社，1990：169.

---

① 王天锡 . 建筑审美的几何特性 [M]. 哈尔滨：黑龙江科学技术出版社，1999：40.

归国后，他将这种以几何学解决设计问题的方式运用于设计之中，所完成的各项建筑作品均有着明显的几何特征。如中国科学院古脊椎动物与古人类研究所标本馆，在一片杨树林的掩映下，作为主体的研究办公楼斜置于用地内，使新老两楼均可得到充足的日照。建筑师以半圆形、方形、三角形、圆形等形状划定平面，外观呈阶梯状后退。在平直的主楼立面设弧形玻璃幕墙，形象丰富多变的标本馆似从内部冲出（图5-16），主楼飞跨标本馆，不仅在形体、高度上有所区别，同时在色彩和质感上也产生了强烈对比，标本馆中彩色石板的使用与主楼外墙涂刷淡灰白色涂料的做法完全不同，更加强了同一建筑体量中戏剧般的冲突。

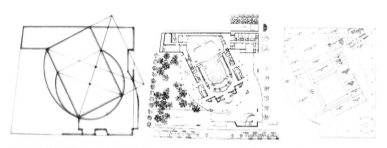

图 5-15　达拉斯音乐厅的几何图解、首层平面图及王天锡的"功能填入"练习
图片来源：引自王天锡.建筑审美的几何特性 [M].哈尔滨：黑龙江科学技术出版社，1999：40-41.

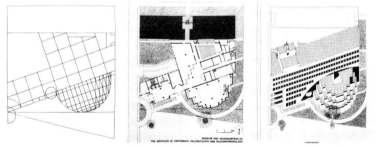

图 5-16　中国科学院古脊椎动物与古人类研究所办公楼及标本馆，平面几何图解、首层平面图及轴测图
图片来源：引自王天锡.建筑审美的几何特性 [M].哈尔滨：黑龙江科学技术出版社，1999：127-131.

王天锡设计的中国化工进出口总公司南戴河培训中心，平面上呈现的是平直线条的建筑与半圆形及弧线围合出的铺装景观，但在体量上，则是由长方体盒子分别插进三棱锥体块，体块中部的三角形成为整体的视觉交点（图5-17）。在室外，以三角形片墙围合出户外楼梯（图5-18），甚至室内也在墙上以三角形孔洞不断呼应着母题。再如烟台图书创作中心，其平面大致为三角形构图，其中东立面的设计则极易让人联想到美国国家美术馆东馆，似乎能够寻得"H"形的影子，但其立面设计方式同贝聿铭式的大虚大实手笔并不相同，并另外附加了各式建筑构件。究其原因，一方面是由图书馆建筑的功能决定，依功能需要进行开窗；另一方面，建筑师或曾受到后现代主义思潮的影响，将几何作为一种"符号"在建筑作品当中进行运用，如图书馆东立面中部开窗使用重复的三角形元素（图5-19）。前文所提到的南戴河培训中心，三角形从中间断开，这种"断山花"的立面形式曾被视作"后现代建筑"的特征。另有弧线、拱形窗，这些贴合在建筑体块上的装饰（图5-20），同样反映出一定程度的后现代主义的倾向。

虽不像贝聿铭对于"绝不能容许别人把自己纳入后现代主义建筑师的行列"[①]的坚决，日本建筑师丹下健三也同样反对后现代主义建筑，曾发表

图 5-17　矩形体块与三棱锥体块的穿插
图片来源：引自王天锡.建筑审美的几何特性[M].哈尔滨：黑龙江科学技术出版社，1999：90.

图 5-18　三角形母题的呼应
图片来源：引自王天锡.建筑审美的几何特性[M].哈尔滨：黑龙江科学技术出版社，1999：90.

① 王天锡.贝聿铭[M].北京：中国建筑工业出版社，1990：33.

图 5-19　烟台图书创作中心（现已拆除）东立面
图片来源：引自王天锡.建筑审美的几何特性[M].哈
尔滨：黑龙江科学技术出版社，1999：97.

图 5-20　京泰大厦东侧外观
图片来源：作者自摄。

过一些批判的文章和谈话，并提出"后现代主义没有出路"，并在很多场合都反复谈到他并不喜欢"后现代主义"的观点，但他也承认"在后现代主义新的手法和视觉语言中，还有些新鲜之处，或许对丰富下一个时代的设计语言有所贡献"[①]，因此其在设计时也并不执着于现代主义。有评论认为丹下健三的东京新都厅舍方案也体现了后现代主义，但他本人认为这只能是一种广义上的概念，其在设计中已转向对信息化社会的表现和应对。

　　柴裴义到丹下健三城市·建筑设计研究所时，参与设计了约旦大学中心区及新加坡、阿联酋等国的大型商务酒店和写字楼项目，亲历现代主义建筑实践，并对丹下健三、黑川纪章、槙文彦、矶崎新等日本现代著名建筑师的作品和理论进行研究，获得更为深刻的认知。1983 年从日本回国后，与其同行的马国馨着手亚运会场馆设计，柴裴义则开始设计

---

①　王天锡.贝聿铭[M].北京：中国建筑工业出版社，1990：10.

中国国际展览中心。该项目是我国为举办第一次大型国际展览会——亚太国际贸易博览会而承建，一期工程包括 2~5 号馆及其附属设施，共约 2.6 万平方米。但在短短几周内，方案设计即完成了。"整个建筑的造型设计，是现代建筑的表现形式，特别是学习后现代建筑中有益的营养成分，充实到设计中来。如丹下健三先生的核心体系设计思想、黑川纪章先生的第三空间理论……在本设计中都做了一些尝试……这可以看作是我自日本学习之后，充分吸收了在国外积累的关于现代主义建筑的认识和理解，并结合我国实际而完成的作品。它是我献给祖国的礼物。"[①]该建筑由 4 个占地 63m×63m 的展馆及 3 个中央大厅共同组成，在平面上将 300 余米的长条形场地分成多个部分，以充满韵律和节奏的建筑形态化整为零，避免了冗余感。建筑内部大厅中轴对称，展馆外围柱网向内退进 2.25m，使墙体与结构分开，向外出挑，二层形成环廊与展台。建筑外形不同于当时再度掀起的复古风潮，规避大屋顶，却也以对称形式呈现，仅在功能有需要的地方设窗，小面积玻璃的"虚"与大面积纯白的"实"相对比，玻璃的直线与顶板的弧线相对比（图 5-21），整体形象纯粹、简洁。在入口处，将门厅后退，雨棚伸出，半圆形雨棚原本如同与上部外墙连为一体，缓缓落至几根有力的圆形柱子之上，却又不在同一平面，阳光与阴影共同烘托出强烈的体积感，着重强调了这一空间，同时也形成了入口门廊的灰空间（图 5-22）。该项目在竣工后，一举获得了 1988 年国家优秀设计金奖等国内建筑行业的重要奖项，并入选"北京八十年代十大建筑"，体现了在中国大的时代背景和现代化进程中快速设计、快速表现、快速建造的时代"速度感"，表现了一种粗放型的设计语言[②]。在此之前，世界上的展览建筑大多是巨型厂房，在立面设计

① 根据柴裴义访谈整理。
② 徐丰.现代主义建筑思想在当代中国之演进 [J].建筑师，1999（6）：14-31.

图 5-21 中国国际展览中心 2 ～ 5 号馆
图片来源：柴裴义提供。

图 5-22 展览中心入口空间
图片来源：柴裴义提供。

中则以实为主，局部开窗，这一建筑的出现不仅丰富了展览类建筑，更令国内建筑界耳目一新，成为中国现代建筑探索中的重要指向。

在此成功设计的基础上，柴裴义在之后的工作中又完成了大量的建筑设计，仅以北京建材交易中心为例，该设计利用南北方向地段狭长的特点，将展厅与主楼并行排列，其高度分别为 24m 和 95m，展厅长为 144m。虽体量相差悬殊，但通过弧线过渡形成整体，二者又以纵向的直线和横向的曲线延伸形成强烈对比。在立面上，实墙似从透明玻璃幕墙中错动而出（图 5-23）。大手笔而不失细节的作品，大面积的虚实对比，都使建筑极富雕塑感，体现出材质和色彩间的对比。极简的建筑风格使建筑师成为"获奖专业户"，更使中国建筑和城市焕发出新的生机。

不同于王天锡、柴裴义，项秉仁出国时间较晚，20 世纪 80 年代初期仍在国内攻读研究生，此时后现代主义建筑思潮已开始在国内流行。这股思潮对于当时的建筑专业人员来讲，既很新奇，也很颠覆。曾经被视为金科玉律的现代主义建筑观念受到冲击，后现代主义足以引起建筑师的注意，并对此予以大胆的探索和尝试。在项秉仁出国留学前所完成

图 5-23 北京建材交易中心
图片来源：作者自摄。

图 5-24 马鞍山富园贸易
市场
图片来源：引自滕露莹，马庆
禳，曹佟，等. 项秉仁建筑实
践：1976—2018[M]. 上海：
同济大学出版社，2020：84.

的马鞍山富园贸易市场及昆山鹿苑市场等作品中，便能够看到其对于
建筑语言符号的运用，多方面体现出对传统的变形运用。如将传统施
色部位，涂色到相互变换的位置；以现代构成形式演绎传统四柱三楼
牌坊（图 5-24），并将平面的山墙断开；细部使用夸张变形后的传统
图案纹样。项秉仁在还未经历 20 世纪 90 年代中国建筑市场化的时刻
出国，远离了符号学的庸俗化趋向，进入后现代主义急速降温的美国，
在实际工程中探索建筑设计的职业伦理，认为建筑师应当始终为甲方
和社会的需求考量。后又到崇尚实用主义而基本未受到后现代主义影
响的我国香港，并最终将个人风格确定为"新现代"。

在香港及在回内地后的建筑实践中，项秉仁所承接的项目大部分都是办公建筑，这些繁忙而发达的大都市标志，精英高效的建筑代表，因合宜的设计方式能够回应文化传统与当代语境，在经济迅速发展的当代中国熠熠生辉。1998年，为满足业务扩张的需求，业主希望在基地一侧11层的电信业务楼旁增建南京电视电话综合楼。原建筑是中国改革开放初期预制装配式建筑的重要代表，在南京市中心已矗立近20年，对于新老建筑之间的关系处理成为设计中的重点。若全然不顾老楼兀自设计或完全复刻老楼立面，都不是适宜的设计方式，11层与30层的体量差异，需要以某种方式予以解决。于是，项秉仁选择使用连廊，在横向实现功能形态的联通。他从老楼立面中提取面砖颜色与材质，沿连廊向场地最东端的新楼蔓延，甚至沿垂直方向一直向上，新建建筑东侧整个立面均以该材质完成实墙，直至顶端，仅在中间设小面积开窗。塔楼整体以不同材质与形体共同组合而成，玻璃幕墙与钢桁架的组合使用使得建筑整体并不单调乏味，化解建筑平直的转角，形成视觉上的光带。塔楼上部的乳白色透明材质，在体量上较下部更大，向广场方向倾斜，在表达时代感的同时，于不同高度向旧建筑致意。塔楼因多种玻璃材质的运用而形成丰富多变的表皮肌理，纵横方向的多种线条配合（图5-25），使得建筑与城市公共空间相协调，并非建筑兀自向上孤傲生长，体现其观点"建筑思想活跃的最终结果是创造出符合人们物质和精神需求的形体环境"①。

在回国后不久，项秉仁完成的杭州富春山居别墅区，毗邻杭州市区的一处丘陵缓坡地带。当时杭州房地产业发展快速，城市建设已开始了住宅城郊化的探索。开发商认为，刚从国外归来的项秉仁会以做美式别墅的经验完成设计，期待中国土地上再次呈现西式风情的豪华别墅。但静谧山林，如镜湖面，分明是秀美绮丽的不同环境。本土文化为何不被重视？杭州居

---

① 项秉仁. 从二十年后的经济发展探讨我国建筑学的未来 [J]. 建筑师，1989（2）：26-30.

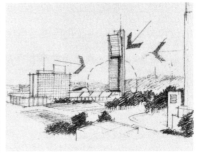

图 5-25　南京电视电话综合楼外观（左图）及设计草图（右图）
图片来源：左图作者自摄，右图引自滕露莹，马庆襦，曹佟，等．项秉仁建筑实践 1976—2018[M].上海：同济大学出版社，2020：168.

住文化传统缘何不为所用？沿承当地传统民居文化，结合现代规划理论，最终设计方案是以组团式规划模式梳理空间结构和道路系统，优化配套公建、交通体系与环境景观。从浙江民居中提取出美学价值与科学合理性，结合现代别墅特点，反映地域文化特质。挑台、毛石的呈现总能让人联想到赖特的作品。但相似的并非手法，而是应对自然的态度。顺应坡地的坡屋顶充分利用空间（图 5-26），也使建筑与自然生态完美融合。"这不仅是形态的问题，而且是一种关联和思想的支配。"[①]

　　进入更宽广的世界，建筑师们被新鲜事物所包围，感到从未有过的创造力。这一代建筑师对于外国建筑的了解主要来自教科书，虽然上学的时候在报纸、杂志和电影上有所见闻，但毕竟也只是"水中月、镜中花"。彼时的建筑师也在"中国社会主义建筑新风格"的探索中感到迷茫，不得不承认很多建筑都像是"同族兄弟"，让人们感到似曾相识，看多了则索然无味，和建筑现代化的要求相比，已取得的进步还远远不够[②]。他们急

①　项秉仁．建筑师的观念更新 [C]．// 东华大学．中国环境艺术设计·谈论：东华大学中国环境艺术设计学术年专家演讲集．北京：中国建筑工业出版社，2007：12.
②　王天锡．建筑随感录（续二）[J].建筑师，1985（1）：44-47.

图 5-26 杭州富春山居别墅区
图片来源：引自宗嘉．项秉仁：与
世界对话的中国建筑师 [J]．建筑与
文化，2004（5）：50-53.

切地想知道，别人怎样避免建筑的"千篇一律"？中国与外国的差距到底
在什么地方？[①] "方盒子"曾经成为以苏联为首的社会主义阵营的共同所
指，因而中国现代建筑发展进程缓慢。当走出国门，建筑师们所做项目更多，
规模也更大。除了留学期间亲历设计过程，最直接地掌握到好的设计方法，
建筑师们更能够亲自见识到各种"主义"的实践与争辩。这对于当时国内
的建筑发展语境来说，具有相当的超前性和引领性。现代建筑的合理布局、
精细构造，后现代建筑的大胆前卫、冲破教条……这些或经典或新潮的建
筑风格冲击着建筑师们的眼球，他们在回国后或对比其先进之处补己之短，
或选取精华之处得心应手地加以运用。

　　通过留学或向大师学习，建筑师所完成的作品一定程度上与大师的
设计手法相似，但大多是对于某一方面的重点学习，如王天锡关注于贝
聿铭设计手法中的几何特性，无论是在建筑设计的平面、立面，还是在
形体中均有体现（图 5-27、图 5-28）。这一学习经历启发思考，建筑师
在回国之后，通过结合国情、结合自身审美完成各类实践，践行个人创
作理念。

---

① 邹德侬．隔而不绝 交而待融：中外建筑文化交流 50 年 [J]．世界建筑，1999（9）：16-23.

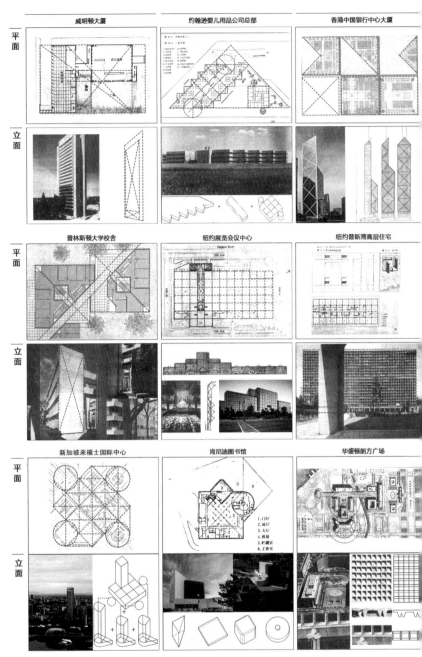

图 5-27　贝聿铭作品几何图解
图片来源：作者自绘。

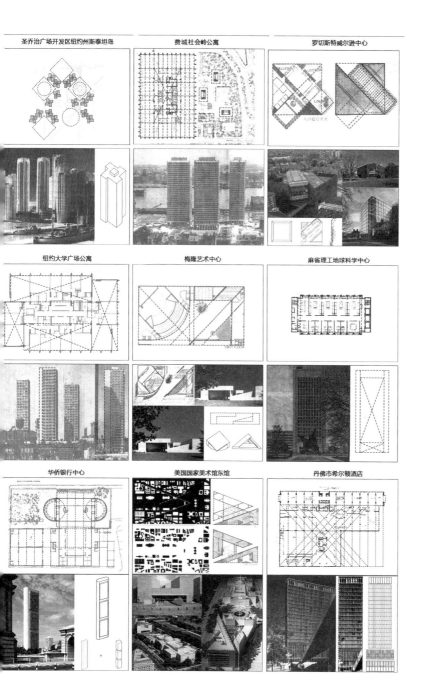

圣乔治广场开发区纽约州斯泰坦岛　　费城社会岭公寓　　罗切斯特威尔逊中心

纽约大学广场公寓　　梅隆艺术中心　　麻省理工地球科学中心

华侨银行中心　　美国国家美术馆东馆　　丹佛市希尔顿酒店

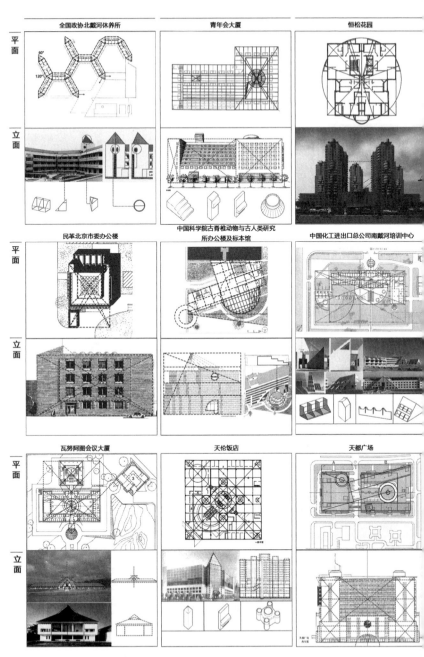

图 5-28　王天锡作品几何图解
图片来源: 作者自绘。

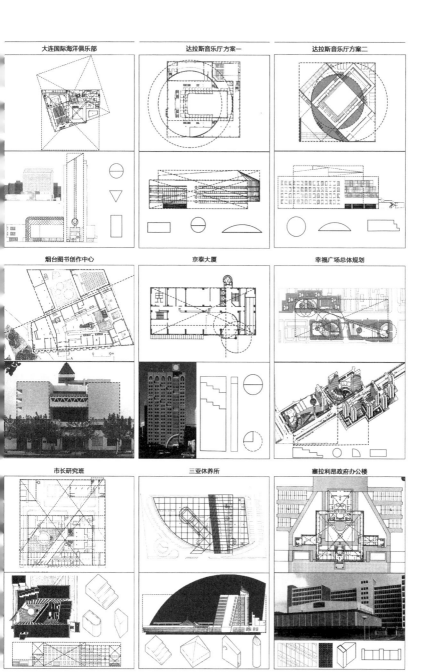

大连国际海洋俱乐部

达拉斯音乐厅方案一

达拉斯音乐厅方案二

烟台图书创作中心

京泰大厦

幸福广场总体规划

市长研究班

三亚休养所

塞拉利昂政府办公楼

改革开放初期，我国的经济条件和物质条件为建筑师提供了更多设计的机会和实现建筑构想的途径，在建筑思想上有了相当程度的解放，这种"解放"最直接的体现便是在建筑风格上。同前一时期相比，在建筑形态上的改变，似风向标般指向了中国现代建筑的下一个路口。即便思想上的解放从来都是一个渐进的过程，大多数本土建筑师完成的建筑依旧是在前一阶段的基础上进行提升，新风格、新思路的引进，很大程度上依靠的是交流归来的使者。这些建筑师通过国外的学习过程，或已寻找到自己所要追随的方向，或已在探索中形成个人的特色，但都是现代建筑的再发展，是结合地域环境、实际限定、技术条件等要素，从现实出发的设计方式。游历他国后，归乡情更浓，建筑师总是在建筑设计中自觉或不自觉地体现中国特色，无论是以怎样的方式，永远会是这一代建筑师身上所背负的使命。但在表达上，已明显体现出与之前的不同，那些陈旧的设计风格，如宏伟、对称的"苏式风格"，或无论建筑类型而通通被扣上的"大屋顶"，它们没有必要再出现，自由的环境为现代建筑提供了一方自由生长的天地，也为建筑师提供了一方耕耘创作的乐土。

（3）竞赛参与

随着社会秩序的恢复，中国建筑师终于有机会再次同台竞技。1979年2月，全国城市住宅设计方案竞赛再度拉开建筑设计竞赛的帷幕，但大多参赛人员依旧是以单位集体名义参赛。短短4个月后，一次"全国中小型剧场设计方案竞赛"激起了更多建筑师参与竞赛的兴趣。经历多年的压抑，分散在各地的建筑师们开始摩拳擦掌、踊跃参加，铆足劲全力备战。主办方共收到677个方案，3242张图纸。最终，629个有效方案中，一等奖空缺，二等奖方案5个，三等奖方案16个，佳作奖方案48个，鼓励奖

119 个[①]。两次竞赛，住宅与公共建筑，如里程碑一般，宣告了曾经封闭年代的结束，也昭示着一个新纪元的开启。在剧场设计竞赛的获奖名单中，那些熟悉的名字赫然在列——聂兰生获 2 项二等奖，1 项佳作奖；冯钟平、张敉、项秉仁、仲德崑获佳作奖……在留学前，再次获得竞赛的机会，这已点燃了建筑师们的斗志，不再被冠以集体的名义参赛，更提高了建筑师们的积极性。

待到留学归来，国际和国内所举办的建筑竞赛种类也更为多样，国际视野与外语能力使得建筑师们拥有了更为宽广的参赛平台。通过这一竞争方式，建筑师们不断活跃思想，提高创作水平。这不仅是建筑师完成"假题"，以不凡的表现力争荣誉来体现个人能力的有力证明，通过思考竞赛中的更多"真题"，以此作为公平获取项目的方式，建筑师们通过竞标，为所在单位带来经济效益，甚至为我国建筑发声，为实现新的建筑理想而不断争取。

中国建筑师有勇气参与国际竞赛，同各国建筑师在同一平台竞争。在日常工作中挤出时间思考、绘制，甚至愿意自付报名费和邮寄作品，这体现出他们的进取精神。在改革开放初期，建筑师们所参加的国际建筑赛事多为日本举办，也有部分竞赛是由欧洲等国家所举办。据不完全统计，在 1980 年至 1989 年中，累计 165 名参赛者参与各类国际建筑设计竞赛共 50 次，获奖 85 项，并且获奖数量随时间推进而不断增多，20 世纪 80 年代后半期的获奖数量甚至相当于前半期获奖数量的三倍，无论是参赛热情，还是参赛水平，都有着极大地提升。其中第三代建筑师已有崛起的迹象，而那些中年建筑师则宝刀未老，终于获得机会在世界建筑竞赛中崭露头角，为我国争得荣誉，也使中国建筑界为之振奋。这类赛事的参与自然少不了改革

---

① 全国中小型剧场设计方案竞赛评选结果 [J]. 建筑学报，1981（3）：2-3.

开放初期留学归来的建筑师们的身影。因语言优势、思路开阔,他们能够更快速地获取竞赛资讯,更准确地读懂竞赛要求,也有了更多获奖的机会。

日本《新建筑》杂志于 1984 年举办了一次题为"具有历史传统和地方风格的住居"的国际设计竞赛。芦原义信、大高正人、柯里亚(Charles Correa)、迈克尔·格雷夫斯(Michael Graves)、夏河道淳 5 人任评委,上交作品共 370 件,最终共有 22 份作品获奖。其中,荆其敏获佳作奖(总第 17 名),竞赛结果与获奖作品被刊登于《新建筑》(日文版)和《日本建筑师》(英文版)[①]。其作品是根据中国传统下沉式窑洞以及北方四合院民居所作的现代化覆土建筑。建筑整体维持了北方四合院正房三开间的传统格局,在地下庭院中设有厨房和储存粮食的仓库,设水井保障生活用水,并有棚舍以圈养牲畜。窑洞采用楼上楼下双层的形式,上层采用拱形薄壳结构[②](图 5-29)。

彼时的国际建筑界,新兴起对覆土建筑(Earth Shelter Architecture)的研究,国内大环境中也已意识到窑洞及生土建筑的价值。1981 年,在荆其敏到明尼苏达大学任访问学者之时,中国建筑学会窑洞及生土建筑第一次学术讨论会议召开。身在美国的他,也正在研究环境设计,关注自然生态。在明尼苏达州,覆土建筑已获得多次成功实践的经验,如明尼苏达大学曾于 1981 年在校园中建成土木及采矿系馆,建筑全部埋于地下,对多种新能源技术予以运用,如通过镜面把天然光引入深远的地下空间;设太阳能蓄热、冷热水循环、集热系统(图 5-30)……待到归来,荆其敏继续对覆土建筑展开研究,本次建筑竞赛便是一次创新设计的机会。通过近距离观察美国发展成熟的覆土建筑,他从中获得了灵感。中国传统窑洞建筑较少拱

① 严正.余晓白等中国建筑师在建筑设计竞赛中获奖 [J]. 建筑学报,1984(5):18-21,83.
② 《世界建筑》杂志社,李宛华.80 年代国际建筑设计竞赛优秀获奖作品 [M]. 深圳:海天出版社,1991:42.

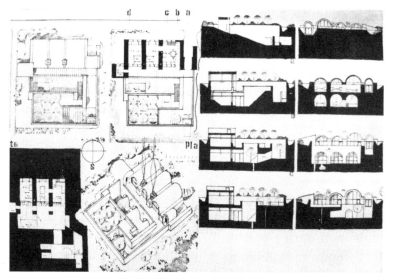

图 5-29　1984 年日本新建筑传统及地方民居国际竞赛获奖方案
图片来源：引自荆其敏 . 覆土建筑 [M]. 天津：天津科学技术出版社，1988：242.

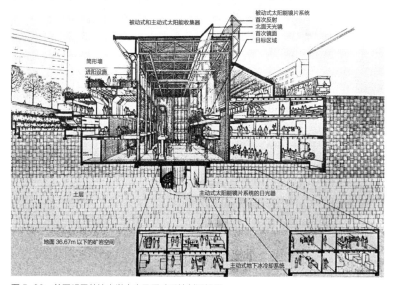

图 5-30　美国明尼苏达大学土木及采矿系馆剖透视图
图片来源：引自荆其敏 . 覆土建筑 [M]. 天津：天津科学技术出版社，1988：222.

顶，弧形屋面是用木模胎支撑屋面，砌筑土坯弧形拱，这种土坯拱窑洞的跨度不能太大。但荆其敏通过学习与运用美国对覆土建筑的研究革新中对结构的改进，最终方案体现出现代技术的作用，也保留着浓厚的地方气息和淳朴风格。更能引发荆其敏思考的是，同获三等奖的巴基斯坦建筑师亚历山大·托巴兹（Alexander N. Tombazis）设计的位于山托罗尼岛（Santorini）上的被动式太阳能山崖住宅，其中采用先进技术，用太阳能集热器把热量储存在地板之中（图5-31）。

初试牛刀后，荆其敏对于生态建筑的研究更为深入，对于留学期间所学所见的应用也更为具体和实际。通过与法国国际生土建筑中心

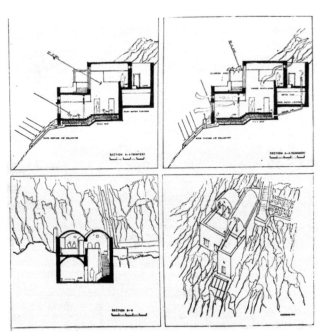

图5-31　竞赛三等奖方案，巴基斯坦参赛者亚历山大·托巴兹作品
图片来源：荆其敏．覆土建筑[M]．天津：天津科学技术出版社，1988：222．

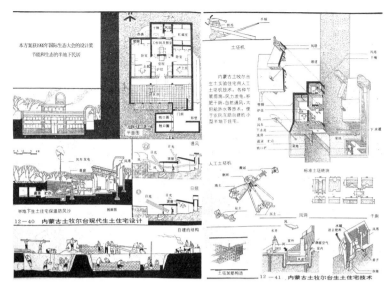

图 5-32　生态居住建筑设计内蒙古乌兰察布盟土牧尔台镇发展构想方案
图片来源：荆其敏，张丽安．世界传统民居图集：生态家屋 [M]．天津：天津科学技术出版社，1996：330-331．

（CRATerre）^①合作，联合开办研究中心，并在内蒙古土牧尔台设立研究基地，并完成一栋半地下土坯自建住宅（图 5-32）。1990 年，该设计于国际 UNCHS 第十三届居住委员会上作为获奖作品被展出，在此基础上，经过改进和简化，此作品再次获奖，于 1992 年里约热内卢世界环境大会上展出。基本的生活邻里单元组成居住社区，单体建筑中设地坑院，设采光天井解决大进深的照度问题；被动式风塔与主导风向一致；炊事余热成为炉灶、土炕的热源。就地取材，所使用的建筑材料是通过新技术制成的土坯。通过运用人工土坯机技术和各种节能措施，完成农民互助自建的小型半地下住宅。目前往明尼苏达大学进行交流，荆其敏便对覆

① 国际生土建筑中心（CRATerre）成立于 1979 年，总部设在法国格勒诺布尔建筑学院，研究生土建筑技术，并致力于探索环境和世界遗产以及环境与人类住房的关系。

土建筑、建筑环境进行持续关注和研究，于 1989 年成为中国建筑学会窑洞及生土建筑分会第三届委员会常务理事，完成了《覆土建筑》《生态家居》《中外传统民居》等著作，系统地展现其理论研究成果。而参加建筑竞赛获奖，则是对其研究成果实践的极大肯定，使中国建筑师拥有与国际建筑师一较高下的底气。

20 世纪 80 年代，所有聚光灯再次共同射向"民族形式"。1981 年，《建筑学报》两度发文，呼吁建筑师走向民间以获得创作灵感①，推动民居价值被挖掘，并应用于现代建筑设计之中。仅在次年，贝聿铭设计的香山饭店在北京建成，颜色淡雅、用料考究，几何转化后的细部装饰与传统文人建筑中的曲水流觞之景，和谐而安静地共同成就建筑，处在香山生机勃勃的山林之中。它的出现，为探索地域主义的再发展提供了重要契机。在之后的香山饭店设计座谈会中，有学者指出，该建筑向民居和园林的传统进行学习，而非师法"官式建筑"。似乎之前已对"大屋顶"使用过多，且屡屡激起争议，成为中国现代建筑探索中不可避免的矛盾点，因此，此时的建筑师们更赞同师法民居。但也正是此刻，后现代主义流行的环境中，建筑易成为一种符号，民居中独具特色的地域风情，小亭子、马头山墙等元素，也就常常被浅显地应用于建筑当中，甚至成为对后现代主义的误读，地域主义又有了另一个"枷锁"———大批"白粉墙""灰线脚"。在相关研究中，建筑师也往往习惯于以传统建筑设计思想介入，仅就空间形式、建筑构件等方面对民居进行思考。从技术方面入手，关注建筑节能，并在适宜地区进行建造，而非简单地打捞起一片浮萍，便觉得拥有了整片湖泊。跳出形式的束缚，真正从地域特色和建筑功能性考虑，在技术等层面进行更多尝试，提升人居环境质量，并促进建筑与

---

① 徐尚志.建筑风格来自民间：从风景区的旅游建筑谈起[J].建筑学报，1981（1）：49–55; 成城，何干新.民居：创作的泉源[J].建筑学报，1981（2）：64–68.

环境相融合，是对于民居现代转译的有益探索，在当年初兴的环境中，体现出超前的探索性。

广义的竞赛概念下，不为同一赛题，但在全国范围内评选最优秀的建筑，自然也为建筑师提供了一争高下的擂台。1980 年，《优秀建筑设计奖励条例（试行）》颁布，要求通过逐级推荐的方式，每两年评选出一批优秀项目（两年内建成并使用半年以上）。这些建筑作品是最能够体现时代特征与当代中国建筑设计的最高水平。以获得一等奖作品为对象，放眼 20 余年的发展历程，可以清晰地看到中国建筑师在代际关系上逐渐产生更迭。接力棒由第二代建筑师交付给第三代建筑师，这一交棒仪式似乎发生于新世纪之交。向前追溯，第二代建筑师抵住了改革开放之初振兴建筑界的压力，用作品带去欣欣向荣的新气象。在此之中，1986 年获奖的中国国际展览中心和 1991 年获奖的奥林匹克中心及亚运村在 20 世纪 90 年代之前的作品中，总能够显示出其特殊之处（图 5-33）。首先，建筑师年龄相对较为年轻，马国馨和柴裴义的作品能够同一众更为德高望重的前辈所设计的作品相提并论，必定有其独到之处。两人所在单位是北京市建筑设计研究院，能够使其接触到建筑体量达上万平方米的国家级建筑；而在建筑用途上，两座建筑均面向外界，担负着宣传我国形象的重要任务，甚至是借亚运会、国际博览会等机会向外界展现我国综合实力的重要方式，既同该时代的世界建筑发展趋势相吻合，又一定程度地表现出中国特色，这需要建筑师对中外文化进行综合运用，并转化成建筑语言进行讲述。中国国际展览中心曾获评"是最早引进西方现代建筑设计手法的、具有全国影响力的建筑，被人们誉为改革开放以后建筑设计领域的一枝'报春花'"。建筑内部以简单实用的空间完成，外墙仅饰朴素的白色，建筑仅依靠体块穿插形成起伏跌宕的气势，形成雕塑般的造型，为国内提供了现代主义建筑的样本。

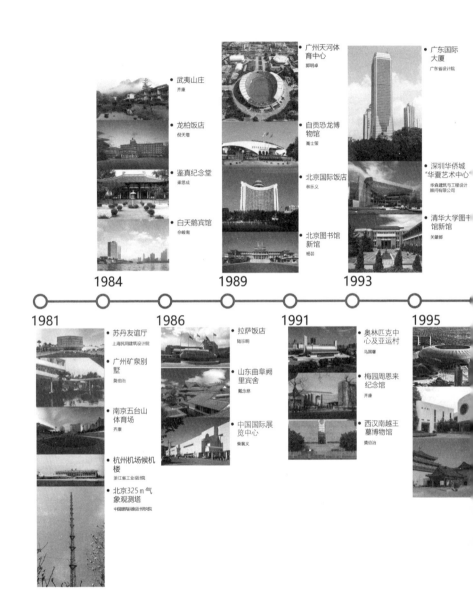

• 武夷山庄
  齐康

• 龙柏饭店
  倪天增

• 鉴真纪念堂
  梁恩成

• 白天鹅宾馆
  佘畯南

• 广州天河体育中心
  郭明卓

• 自贡恐龙博物馆
  高土策

• 北京国际饭店
  林乐义

• 北京图书馆新馆
  杨芸

• 广东国际大厦
  广东省设计院

• 深圳华侨城"华夏艺术中心"
  华森建筑与工程设计顾问有限公司

• 清华大学图书馆新馆
  关肇邺

1984   1989   1993

1981   1986   1991   1995

• 苏丹友谊厅
  上海民用建筑设计院

• 广州矿泉别墅
  莫伯治

• 南京五台山体育场
  齐康

• 杭州机场候机楼
  浙江省工业设计院

• 北京325 m 气象观测塔
  中国航海无线电管理研究院

• 拉萨饭店
  陆宗明

• 山东曲阜阙里宾舍
  戴念慈

• 中国国际展览中心
  柴裴义

• 奥林匹克中心及亚运村
  马国馨

• 梅园周恩来纪念馆
  齐康

• 西汉南越王墓博物馆
  莫伯治

图 5-33　全国优秀设计项目一等奖（1981—2005 年）
图片来源：作者自绘。

- 大都会广场及中国市长大厦
  何镜堂

- 中国轻纺城浙江大学职业技术训练中心
  李效军

- 清华大学管理学院伟伦楼
  胡绍学

- 珠海机场旅客航站楼
  陶郅

- 威海甲午海战馆
  彭一刚

- 西藏博物馆主馆
  赵擎夏

- 天津市示范高中第二南开中学
  刘祖玲

- 国家电力调度中心工程
  徐维平

- 北京首都国际机场扩建工程新航站楼站
  马国馨

- 清华大学设计中心楼(伍舜德楼)
  阴俗学

- 中国美术学院
  王澍

- 国际投资大厦
  叶依谦

- 望京科技园二期
  胡越

- 北京海淀社区中心
  祈斌

- 天津市耀华中学改扩建工程
  周恺

1998

2001

2005

2000

2003

体育馆

大学
楼

园酒店

- 北京国际金融大厦
  何玉如

- 潘家峪惨案纪念馆
  沈璇

- 上海体育场
  魏敦山

- 孟中友好会议中心
  秦黛义

- 清华大学附小新校舍
  王晓方

- 中国科学院图书馆
  崔彤

- 三亚喜来登酒店
  金卫钧

- 浙江省公安指挥中心
  任力之

- 联想研发基地
  崔强

- 同济大学图书馆改建
  吴杰

在世纪之交向后看，当新生代建筑师正式成为设计的主力之时，马国馨、柴裴义两位建筑师依旧宝刀未老，所设计的北京首都国际机场扩建工程新航站楼站和孟中友好会议中心依旧能够引领风潮，持续影响中国当代建筑。当昨日的建筑参赛者已成为评委，审美的方向将通过其他方式进行延续。

通过各类竞赛，建筑作品得到展示的机会，建筑师们能够同国内外的建筑师一比高下。通过竞赛所评选出的优秀建筑设计，不仅是建筑师个人能力的证明，更为该时代下的建筑创作提供了一定的参考性和导向性。也正是通过这种方式，新的建筑能够在新时代绽放，为中国建筑创作提供更多新的思路。留学经历使建筑师们开阔视野，所完成的高水平设计作品是他们学习成果的呈现，那些或明显或潜移默化的影响也正是通过作品进行反映。建筑从设计完成到建成，不仅为国内建筑界提供了风向标，也提升了国民的文化艺术素养。

第三节　理论

（1）著书立言

对西方现代建筑的轻视和排斥在全面学苏时开始，30 年间，国内的建筑史研究与教学曾经历了一段不寻常且充满坎坷的道路。无论是思想上的禁锢，还是信息来源和研究条件的限制，都使得史学研究举步维艰。改革开放后，建筑史学研究者终于有机会走出国门，到国外实地探访那些熟悉却又陌生的建筑，越过几十年的封闭，赏遍几百年间已建成的著名作品，待他们回来，以史书谱写、教育教学等方式，回馈给同样渴望获得建筑史知识的又一代建筑学人。在理论禁区被冲破之时，他们带回了来自西方的讯息，广泛介绍和讨论了西方建筑历史、思潮、理论……推动着国内建筑历史理论学科的向前发展，并对建筑遗产保护等相关工作提供了参考和指导。

在建筑编辑家杨永生的帮助下，一辑"建筑文库"丛书出版发行，每册仅百余页，书籍开本也仅是手掌大小，却是在种种困难下所完成的探路之举。在这一系列小册子中，大部分为第一代、第二代建筑师总结设计经验所写下的感触，或对建筑现象总结并进行评论，或对现代建筑大师及其作品进行介绍。其中，于1995年出版的该系列的最后一册书籍《意大利古建筑散记》是由陈志华所写（图5-34），所谓"散记"，是根据1981年冬至1982年夏在意大利罗马参加国际文物保护研究班学习时的见闻而写就。这"既不是学术性的著作，也不是文学性的游记"[1]，但详细记录了陈志华在意大利访问多座历史名城时所见到的，当地民众自觉发起的文物保护行为。即便巴拉丁山只剩下七零八落模糊难辨的废墟，即便阿庇亚大道上只有残破不堪的遗迹，但意大利人依旧以珍视的态度对待它们。书中

图5-34　陈志华著《意大利古建筑散记》
图片来源：作者自摄。

---

① 陈志华.意大利古建筑散记 [M].北京：中国建筑工业出版社，1996：题记 5.

更是生动地对《威尼斯宪章》等相关原则在意大利历史建筑保护实践中的具体体现进行描述，如当陈志华行至麦索拉的艾斯塔家的一座堡垒，正逢其大修，以新盖的钢结构屋架进行"干预"，屋架内部完全露明，不加掩饰，不充古董，体现出"真实性"这一首要原则。回国后，作者感慨于我国建设中那些因建设者或决策者无知而被破坏的珍贵文化遗产，这一小小文册实则蕴含着对中国城市建设和发展方向的希冀。

对于陈志华为建筑史学所作出的贡献，这本小书仅如沧海一粟。自其归国后，于 1983 年新开设文物建筑保护课程，将其在意大利文物保护研究班所学所见授于更多学子，并从未停下译著之笔，对多篇建筑遗产文献进行翻译，为建筑遗产保护培养出更多人才。

为了给建筑遗产的保护提供先进、可参考的理论，陈志华翻译了多篇权威文物建筑保护的相关论述，如 1849 年英国遗产保护专家拉斯金论文物建筑保护，1858 年维奥莱 – 勒 – 迪克（Eugène Emmanuel Viollet-le-Duc）论文物建筑的修复等，将预防性保护、保养与修复的观点如实呈现；并且，对保护文物建筑和历史地段的国际重要文献和权威性文件，陈志华也及时地翻译并引进，正如其在文章中所指出的，以下几份重要的文件，"第一是 1964 年 ICOMOS 的《威尼斯宪章》；第二是 1976 年 UNESCO 的《内罗毕建议》（《关于保护历史的或传统的建筑群及它们在现代生活中的地位的建议》）；第三是 1987 年 10 月在华盛顿通过的 ICOMOS 的《保护历史性城市和城市化地段的宪章》，也可以叫作《华盛顿宪章》；第四份目前还是草案，是 1987 年 6 月起草的 UNESCO 的《世界文化遗产公约》实施指南，它虽然是针对被列为《世界文化遗产目录》的小部分文化建筑和历史性城市写的，其实却是总结了《威尼斯宪章》中的科学成果的一份集大成的文件"[①]。

---

① 陈志华. 介绍几份关于文物建筑和历史性城市保护的国际性文件：一 [J]. 世界建筑，1989（2）：65-67.

陈志华率先认识到这些文件的重要性，认识到这些文件是欧洲人将文物建筑的保护工作科学化的成果，从而运用科学理论以替代并不科学的"中国式""工匠传统"或"以一个建筑师的口味和爱好去看待文物建筑保护工作"，避免建筑师"采取傲慢的轻视态度，仅仅从建筑学的专业爱好和知识出发，片面地追求统一、完整、和谐或者那个含糊不清且没有科学意义的所谓'风貌'，而置文物建筑的历史真实性于不顾。"①

通过与起草人交换意见，陈志华将文件译出并刊登，是为了尽快为国内引进先进的做法，所获得的效果也十分显著——"引起了许多读者的注意，目前已经渐渐被我国文物建筑工作者熟悉和运用"②。

在翻译的基础上，陈志华还发表了介绍、阐释、研究、评论论文和文章约40篇，多年中持续关注研究建筑遗产保护进程，以辛辣的笔触批判，并为遭到损坏的遗产价值感到痛心。在建筑遗产保护方面的文章中主要涉及其个人见解、乡土建筑遗产保护和北京古城保护三方面。尤其是在他前期所写的文章中，能够清晰地反映出其对于重视文保工作意义的呼吁。他痛斥一味地拆除。无论是因不懂文物建筑的价值而为，还是因十分急速的城乡建设使这种拆除变得更加普遍，甚至是因旅游公害和错误的修缮③，都会对文物造成不可逆的伤害。

在陈志华的文章中，并非只是理论的说教，他得心应手地举出多个实例，以系统地阐述权威性文件中的相关条例。如在《新旧关系》一文中，他对《威尼斯宪章》进行解释，便是为了打消建筑师对于景观不统一的顾虑。从旧梵蒂冈宫的扩建、圣彼得大教堂旁新建的音乐厅、卢浮宫新

① 陈志华. 介绍几份关于文物建筑和历史性城市保护的国际性文件：一 [J]. 世界建筑，1989（2）：65-67.

② 同上。

③ 陈志华. 谈文物建筑的保护 [J]. 世界建筑，1986（3）：15-18.

建的玻璃方锥体、蓬皮杜文化中心，到埃及金字塔前的古船陈列馆、华盛顿美术馆"东馆"，鲜明的风格丰富了建筑景观；而对那些刻意为之的"假古董"，则评价其为"死气沉沉"和"停滞"[①]。这些或亲眼所见，或从资料中了解的建筑实例，让他对相关文件的理解层次更深。也正是通过其进一步的思考与输出，他让更多人了解并接受到更科学的文物保护理念，身体力行地在乡土建筑中践行保护理念，俯下身，敬畏、判定、抢救那些"脆弱"的遗产。

也曾到罗马国际文物中心研修的吴焕加，回想留学经历，认为这对其学术观点产生了很大的影响。在最初任教之时，也正是全国上下反帝反美的高潮时期，为顺利讲好西方建筑史课程，需要翻遍仅有的西方建筑史文献以确定课程内容，同时还需要寻找到正确的政治立场，只能够再从《延安文艺座谈会讲话》《苏联早期文学斗争史》中确定无产阶级的立场和感情。直到改革开放，能够亲眼见到那些熟悉的西方建筑"老朋友"，才真正转变思路，认识到应以客观心态对待分析，而非一味地批判。这种思想上的转变是明显的，从他所写就的文章便能够体现。曾经一篇《西方现代派建筑理论剖析》于 1961 年刊登于《人民日报》；1963 年，《光明日报》上刊登了《混乱中的西方建筑艺术潮流》，从古典建筑出发，认为西方现代建筑"样子怪""不正经"，又同西方现代文化加以联系，只说坏，不说好，即便曾对爱德华·斯东（Edward Durell Stone）设计的美国驻印度大使馆进行了公允的评价，却招致了许多批评与麻烦。在吴焕加回国后，所写下的文章已更新思想，他称赞工业化发展技术进步后新建筑的处理手法，包豪斯的建筑观念，客观地分析大量西方经典现代建筑。

在建筑遗产保护问题上，吴焕加曾是最早将该学习理念引入国内之人。

---

① 陈志华. 新旧关系·关于《威尼斯宪章》的一点说明 [J]. 世界建筑，1987（1）：74.

对于北京城改造的问题上，受留学时文物遗产保护观念影响，他以一篇《北京城市风貌之我见》发出了不同的声音，甚至同其老师梁思成所持观点相反，认为拆除胡同和四合院等旧建筑并非不利于城市发展。反而认为，若长期持有保守观点，中国建筑将会停滞不前，这更将令人感到惋惜。北京城市、建筑面貌发生改变非今日为始，也非新中国成立之后。自清朝国门被迫打开，东交民巷、王府井等地就已经开始出现了各式西方建筑，潮流不可抵挡。同时，城市因人的存在而富有生机，当代人的需求更需要以新的方式来满足，与时俱进。若企图将旧北京作为一个历史文物整体保存，并不具现实性。仅将一部分重要历史建筑遗产保存，以供人们怀旧伤逝即可，最终实现新中有旧，有保有拆。也正是在"保护和发展不应冲突"的理念下，吴焕加力排众议，为2000年国家大剧院的方案投上了一张赞成票。他认为，该建筑并不在中轴线上，向后退的位置将其隐藏，同时它以圆弧形和中性样式，代表着未来、新颖和高技术[①]。即便与周围的中国传统建筑相比，并不一致，但"和谐"并不一定是整齐划一，也可以通过对比实现，即"和而不同"。正是在这样的建筑遗产保护思想下，吴焕加并不悲观地认同"中国已经成为国外建筑师的试验场"，却自信于中华民族特有的传承能力和包容胸襟，进而学习和创新，既需要尊重古人之智，更要满足今人之需。

曾赴日本师从建筑史学家村松贞次郎的路秉杰，在归国前，获村松先生及研究室所赠予的《日本之民家》和《日本之城镇》二书。《日本之民家》为巨型豪华版，大8开，共八卷400页，在当时的定价折合人民币近8000元[②]。待其留学归来，正逢学林出版社策划出版《中国民居》，两册日文书籍便成了组织行文的重要参考。通过挖掘中国民居在建筑、艺术以及文

① 吴焕加.我投一张赞成票：关于北京国家大剧院设计方案 [J].南方建筑，2000（2）：39-40.
② 路秉杰.故园情深：谈《中国民居》[J].瞭望新闻周刊，1995（21）：36.

化学、民族学等方面的价值，不以"装饰就是罪恶"的现代主义建筑视角品评，结合他多年的实地考察结果，成体系地展现出丰富多彩的中国民居，引领对该领域的研究。中日建筑曾拥有同源的文化背景，留学而获得的广阔视野、命题方向，开拓着他归国之后的研究工作，对两国建筑文化、建筑遗产进行对比分析，追溯考证成了其研究工作中的重要环节。如路秉杰结合上海真如寺大殿中的殿身、斗栱等位置的特征，对中日禅宗样式建筑特点进行总结，对比现存禅宗样佛殿之最巨大者，同上海真如寺大殿原貌极其相似的，在正面留有一间开敞空廊的日本广岛不动院金堂、已日本化但在前侧具有敞廊禅宗样式佛堂这一中国风格的岐阜永保寺观音堂，提出中日禅宗建筑之间所具有的独特亲缘关系[①]。又如其在浙江永嘉花坦村"溪山第一门"上，发现了华栱连续出六跳拱的斗栱，证实了被称为"日本建筑第二次革命的天竺样（后称大佛样）"起源于中国的说法，并考证出这是由日本和尚重源与宋朝明州匠人陈和卿合作的产物，因此建议将"大佛样"改为"重源和卿样"[②]。另外，他也通过结合相关历史背景，梳理出"建筑"这一词，从日本引入我国出现使用之始末，为学科发展的历史研究作出卓越贡献。

除积极对中日建筑进行比较研究，引入日本建筑史、园林史等相关内容外，在文物保护工作中，路秉杰还为研究生开设"日本的文物修复技术"等课程，以学促研。按照村松的启发，路秉杰对上海的多座教堂开展调查，分析各座教堂的建筑手法特征，并对其价值予以关注。他在对位于上海西郊的息焉公墓堂这座东亚地区最高级别的英国哥特式

① 路秉杰.从上海真如寺大殿看日本禅宗样的渊源 [J].同济大学学报（人文·社会科学版），1996（2）：7-13.
② 路秉杰.日本大佛样与中国浙江"溪山第一"门 [C].// 中国建筑学会建筑史学分会，清华大学建筑历史与文物建筑保护研究所.营造：第一辑（第一届中国建筑史学国际研讨会论文选辑）.北京：北京出版社，文津出版社，1998：10.

教堂进行保护时，针对教堂恢复情况、功能改变情况及拆除必要性等不同条件，对其保护方式也相应地提出了建议。于日学习的经历，为路秉杰提供的不仅是某些特定的知识，这种影响已经潜移默化至其研究的每一个阶段之中，寻找到中日建筑之间的联系，为其多项修复工程提供了坚实的依据。

同样研究中国建筑历史的学者吴庆洲，长期致力于城市与建筑防灾研究，并以"中国古代城市防洪研究"顺利获得国内首个建筑历史与理论的博士学位，获评"填补了城市建设史研究中的空白""填补了中国古代城市防洪研究这一科技史上的空白"，其论文中所提出的"六字方略（防、导、蓄、高、坚、迁）和措施原则，其中的基本原理，即使对现代的城市防洪规划与设计原则，也仍有重要的参考价值"①。1987年底，已到达牛津理工学院的吴庆洲，将其论文译为英文版，之后该文被刊于国际灾害研究与管理的杂志 *DISASTERS* 第13卷第3期（1989年）的首页上。在英国期间，吴庆洲自然会对其研究方向进行更深入的研究，其视域从中国古代建筑转向世界，从伦敦泰晤士河挡潮闸到伦敦大火灾后重建，从经典建筑圣保罗大教堂到整个伦敦城市的规划建设，吴庆洲到实地，将其中所涉及的防灾措施记录分析，同已完成的中国相应方面进行对比，不断充实对城市与工程减灾基础相关内容的研究。

每一位建筑史学者、建筑理论家都深知，无论是中国建筑史还是外国建筑史，无论是古代史还是近现代史，建筑史学研究仍有许多空白，这些空白仅通过翻阅有限的参考书籍不足以填补，需要身临实际建筑去体会、去感受，利用更为便捷的资源完善相关研究，引申更多思考，站在另外的立场上再看曾经熟悉的内容，补充更多观点，挖掘更深内涵，拥有更广视

---

① 杨永生，王莉慧.建筑史解码人[M].北京：中国建筑工业出版社，2006：303.

野。他们将过去蒙在外国建筑，特别是世界建筑历史上那些重要的经典建筑之上的神秘面纱揭去，使得更多建筑学者能够对那些经典建筑与建筑师的名作耳熟能详，甚至在国际交流中如数家珍，促进着外国古代、近现代与当代建筑历史知识的普及。他们以自己的亲历介绍经典现代建筑及其脉络，辅以大量照片，或翻译当代理论著作，精心编撰的课本为后辈建筑师翔实还原外国建筑史的真貌。但却又不仅限于此，其中所涉及的社会背景、风格流派、建筑师与建筑思想，均体现着作者的见闻与立场、研究与思考。

对于建筑史学本身及建筑遗产保护，其历史叙述事实上本就是多样的，建筑也并不应该以阶级思想去过分解读。在过去的理论研究中，在信息封锁的情况下，这一代建筑师所提出的某些立场曾经已成为国内建筑历史与理论界的权威，具有不可替代的价值，但通过留学经历，这些建筑师们在豁然之后，更愿意博采众长，以此形成我国建筑师自己的叙述方式，能够为过去不全面、有失公允的理论进行调整，努力吸收国外的优秀方面，补充建构历史阶段、历史人物、风格演变、思想实践的深层次关联，从建筑的物质形体出发，解码建筑史学，在一个更为开放的时代促进思想的交流，在争鸣中探索新旧之间的平衡。

（2）信息传译

随着中国社会转型期的到来，建筑文化伴随思想的开放呈现出多样性，中国本土的建筑期刊，作为纸质媒体时代思想交流的最新阵地，介绍新建筑作品的设计理念，传播西方传来的建筑思潮，为建筑理论的发展提供了宽松开放的环境，也为各类言论、各类观点提供了发声的平台。留学归来的建筑师则是其中的一股重要力量，海外学习成为他们建筑事业的又一起点，边实践创作边总结理论，加之客观上的有利条件和国内学科急需充实的状况，建筑师们归国后在各类出版物上发表言论，阐述观点，记录思考。

他们利用外语优势，传译国外建筑理论与建筑师思想，介绍优质建筑，或将自己在国外的所见所闻整理，结合我国实际情况总结提升。建筑类期刊即成为建筑师们发表新思想的阵地，以汲取国外理论的先进之处，结合中国城市和建筑的发展现状，不断丰富建筑学科理论体系。

仅以《建筑学报》《建筑师》《世界建筑》《时代建筑》四本核心建筑期刊为代表，便可窥视该建筑师群体对新建筑理论传播所起到的重要作用。四本建筑期刊的发展依托于时代，伴随改革开放政策进入繁荣阶段，在中国建筑界具有重要的学术分量和广泛的影响力。《建筑学报》由中国建筑学会主办，在经历动荡之后，于1979年复刊，国内外重要的建筑实践在其内容中所占比例相当。不同于《建筑学报》，自1954年创刊，已有几十余年的发展历史，另外三本期刊则均于改革开放之后创刊，在办刊理念上各有侧重，《建筑师》偏向于建筑理论争鸣，尤其体现理论史料挖掘深度；《世界建筑》为国内建筑界提供了瞭望世界建筑作品动态走向的重要窗口，中英双语的排版更方便读者对照获知原义；而《时代建筑》则更能够体现出研究内容的时代价值和前瞻性。无论是哪一本期刊或书籍，都是以开放胸怀放眼世界，将各类建筑理论及现象呈现，建筑师书写其收获及思想片段，吸收其中具有价值的内容，并为更多建筑学人提供参考与启迪。

以建筑师留学归来后10年为时间界限，对四本建筑核心期刊中建筑师留学归来后所发表的相关文章中，对涉题建筑与建筑师介绍、思考引申、文献翻译三部分予以统计，如图5-35所示。

在这些丰硕成果中，赴外见闻部分能够最直观地反映出建筑师在到达各地进行考察学习时的体会。建筑师初到新的环境中，无论是自然风貌还是城市规划或建筑设计，都能够为其带来新奇的感受，他们将这种新奇之感如实记录在文章中，也激动并慷慨地将其与更多人分享，这些文章多被

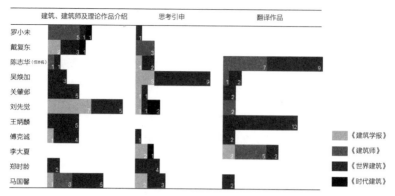

图 5-35 建筑师于四本核心期刊中所发表的相关文章统计
图片来源：作者自绘。

刊登于《世界建筑》中。如孙凤岐在到达北欧瑞典斯德哥尔摩中心区时，所记录下的当时情形——"傍晚，飞机从斯德哥尔摩的上空，徐徐下降。北欧夏季的白夜，八点钟天还很亮。金子般的晚霞，照得这个由十四个岛屿组成的城市像是漂浮在大海上。湛蓝的海，翠绿的树，色彩浓郁的古建筑，教堂闪亮的钟塔，川流不息的车辆、游艇，构成了一幅很有生气的画卷"[①]。又如吴焕加所写下的在刚到达巴黎之时，"离开机场以后，汽车沿着高速公路向巴黎市区疾驶。田野、森林、村镇、工厂都沐浴在初夏明亮的阳光之中，到处是一种懒洋洋而又欢快的气氛"[②]。这种随笔式的记录，是建筑师当下或日后回忆起来最为深刻的印象，在其行文中甚至会用第二人称，如"当你步入广场时，首先看到的是那五幢高耸挺拔的板式办公楼，依次错列，统贯全局。干净、洁白的色调就像北欧的鸥鸟一样。这是 1962 年建成的，反映了当时'国际式'建筑的一股潮流"。这使读者仿佛能够借由建筑师的笔触，同他们共同前往异域，见作者之见，感作者之感，在

① 孙凤岐. 斯德哥尔摩中心区 [J]. 世界建筑，1981（4）：79–82.
② 吴焕加. 巴黎随笔 [J]. 世界建筑，1981（3）：52–56.

那个尚只有少数人才能有出国机会的年代，阅读便是弥补的最佳方式。但仅依靠建筑师亲身前往考察所有建筑，这并不现实，依靠各类建筑资料获知建筑信息，再介绍于他人，也是建筑师群体丰富建筑理论的重要方式。于是，国内读者便也在阅读之中"见到了"那些或经典或时尚的建筑，想象在不同空间中的感受，获得身临其境的效果，并发出共鸣。文中对于国外建筑作品的分析与展示，也已构成了建筑理论中的重要部分。建筑师们在文章中所展现的不仅为某一国家的知名建筑，通过对留学国家的多样与多种建筑的走访，大大扩充了建筑信息，尤其对那些国内还未有资料介绍的建筑予以更多关注。这种呈现非一般意义上的简要介绍，而是辅以图纸的详细说明（图 5-36），在其中渗透建筑师个人对空间感受的描述。在信息交流尚不发达之时，能够在第一时间有效向国内输入信息。

未曾接受完整的现代建筑教育，成为一代建筑师的憾事。为实现"补课"，大量外国建筑理论被引进国内，赴国外留学的建筑师也为此贡献

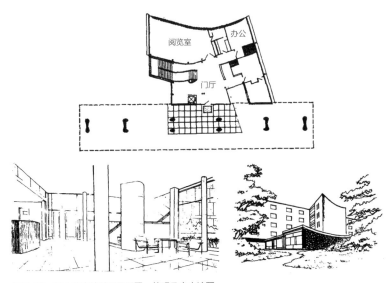

图 5-36　瑞士学生楼首层平面图、外观及室内速写
图片来源：吴焕加.巴黎随笔 [J].世界建筑，1981（3）：52-56.

了极大的力量。经历出国前对语言的突击补课，建筑师们能够应对国外日常的工作与生活，但为了学到更多，他们充分利用广博的图书资源，在空闲时间翻译文字，并且这一习惯也延续到了回国之后。译文的刊登不仅使国内建筑师能够对建筑作品有更好地了解，更为学者研究西方建筑理论和思潮提供了便利。《世界建筑》《建筑师》中曾大量刊载译文介绍国外建筑、经典著作及建筑理论，如《世界建筑》中的"设计选例"和《建筑师》中的"国外建筑师介绍""国外建筑介绍"等专栏，都是为介绍与引入国外建筑理论而专门设置，使全球建筑发展状况和水平能够为中国建筑界所了解。在建筑师译者群中，王炳麟持续贡献着质量上乘、准确精到的译文，仅在《世界建筑》中就刊登了13篇。他虽研究建筑技术方向，专攻声学环境，但他充分利用留学日本的语言优势，同样也热心关注着对建筑作品的引入。大量译文的刊登，体现出建筑师的主动性与责任感，每衔来一根枝叶，便是在为筑就中国现代建筑理论与实践之巢贡献自己的力量。

多篇译文在期刊上连载之后，部分由出版社整理成册，如20世纪80年代中国最早出版的一套译文图书"建筑师丛书"，每一册的厚度仅不足百页，但它却凝结了建筑师的无数心血，也似报春花般，体现出引入新理论的价值。"乍暖还寒"时节，有远识的出版界人士联系到留学建筑师，邀约之下，他们以满怀的责任感完成了翻译的工作。如1982年李大夏在美国明尼苏达大学学习时，收到中国建筑工业出版社编辑王伯扬的来信，先向国内邮寄了最新版的 *The Language of Post - Modern Architecture*，随即又收到翻译的任务，便着手开始此项工作。面对詹克斯那"辞藻华丽，文笔酣畅"的语言，那些"时髦而生僻"的新词汇，李大夏带的《英汉词典》甚至都不够查找，还需要去借助《英英词典》《德英词典》《法英词典》《大英百科全书》。那崭新的内容，背后蕴藏的广泛背景，使建筑师感到兴奋，

图 5-37 李大夏摘译《后现代建筑语言》
图片来源: 作者自摄。

更愿意为其付出时间，探究奔波。这本中文版也曾由李大夏当面送给詹克斯本人，虽得到"呵，这可是我的书最小尺码的译本"的评价[1]，但在当时的国内环境下，能够出版，已是非比寻常的成就。也正是这本小小的中译本（图5-37），引发了当时国内追踪最新建筑理论的热潮，将"后现代"这把火，燃向建筑界甚至文艺界。

在西方世界正经历文化思潮、艺术时尚飞速变幻发展之时，不止建筑师，各路人士纷纷站出，为建筑评论界带来了许多新的声音。如美国新新闻主义之父汤姆·沃尔夫（Tom Wolfe）于1982年出版的 From Bauhaus to Our House，其首次发表于1981年的 HARPER'S 杂志。"它问世两年来在美国建筑界引起了很大反响，一时成为人们见面时集中议论的话题……人们普遍认为这是一篇重要著作，甚至认为它是建筑领域进入八十年代以来最重要的著作。"[2] 此刻也正是关肇邺在美国做访问学者之时。他深知传播途

---

[1] 李大夏.默默的耕耘者: 两本书背后的故事 [C]// 第二届世界建筑史教学与研究国际研讨会: 跨文化视野下的西方建筑史教学会议论文集.上海: 同济大学建筑与城市规划学院，2007: 47.
[2] 汤姆沃尔伏.从包豪斯到现在 [M].关肇邺，译.北京: 清华大学出版社，1984: 125.

径的局限使国内的建筑学人无法获知更多，而能够接触到的理论却又不可避免地具有片面性，即便是"正统现代建筑"。面对书中反映美国文化的大量典故、比喻、双关语和俏皮话，他在翻译时尽可能地对其还原，保持原著风格，并附注释。如"Stochastic，按数学用词意为'随机'，现把它改为按前后两段分译，合为'间歇打击'，可作为人们不能理解的现代派音乐的讽刺"[①]。

由此可见，译者为将原作"原汁原味"地呈现，曾做过大量工作，即便如此，他也依旧为无法百分之百地还原书籍的情绪价值而遗憾，如书名译作"从包豪斯到现在"，因无法体现其单词谐音，译者称其"很没有特点"，并在2013年正式出版时再译为"从包豪斯到我们的豪斯"。在1983年译成后，次年本书便得以出版。对于当时的国内建筑学科而言，"包豪斯"同现代建筑一样，如同一道耀眼的光，它的突然出现让建筑学人，甚至让所有从事设计专业的人员都为之兴奋。同时，其"神秘"却也让人晕眩。其原因不外乎信息来源少，包豪斯吸引着设计人员如饥似渴地搜集并抄阅相关的书籍资料。这本由关肇邺翻译的《从包豪斯到现在》（图5-38），该书的讽刺意味着实让人震惊。或许在当时，本书翻译与出版的意义实则更多在于批判性与启发性。

图5-38 1984年版《从包豪斯到现在》封面
图片来源：作者自摄。

在最先被引进国外建筑理论的书籍中，部分是由各高校的一些教师用油印文字和手绘插图自发出版的国外建筑动态和翻译著作，之后另有成规模、成体系的"建筑理论译丛"和"国外著名建筑师丛书"出版，这些书籍的出现曾为国内带来了极大的震动。起步曾万分艰难，但令人感动的是，这一建筑师群体对改变和进步所付出的不

---

① 汤姆沃尔伏.从包豪斯到现在 [M].关肇邺，译.北京：清华大学出版社，1984：126.

图 5-39 部分"国外著名建筑师丛书"
图片来源：作者自摄。

计成本、不计代价的努力。备受国内学界瞩目的"国外著名建筑师丛书"（图
5-39）中通过介绍和论述几位著名现代建筑大师的作品及观点，为广大建
筑学人打开了一扇观察国外建筑发展的窗。著写《贝聿铭》的作者王天锡、
《赖特》的作者项秉仁、《路易·康》的作者李大夏、《阿尔瓦·阿尔托》
的作者刘先觉、《雅马萨奇》的作者吴焕加、《黑川纪章》的作者郑时龄等，
均有过海外留学经历，甚至其中有多人曾与大师零距离接触，这样难得的
机会使他们能够掌握到第一手资料，完成西方理论的译介。

　　相较于中国第一代建筑师，第二代建筑师在上学时未能直接接触国外
建筑学说理论。又因获得外来信息的途径缺乏，于是当这些留学建筑师有
能力将外文译为中文，便不遗余力地投入其中，还原外国建筑师所处社会
生活背景，呈现其思想与观念。其意义已超过书籍本身，也超过该建筑师
群体留学本身，而更多在于后世影响——引领更多后辈建筑师了解外界，
让那些曾经在时空上遥不可及的理念，启蒙新一代建筑学人，推动了中国
现代建筑向更广阔的领域发展。曾于 1980—1982 年在美国贝聿铭建筑事务
所工作的王天锡，在书中展示了贝聿铭早期所取得的成就，并探索了其获
得成功的关键所在。以大量建筑实例和图纸真实地将贝聿铭及其作品介绍
于国内更多建筑师（图 5-40），生动诠释了"空间与形式的关系是建筑艺

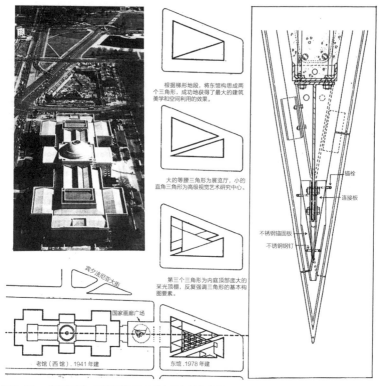

图 5-40 《贝聿铭》中对华盛顿国家美术馆东馆的介绍
图片来源：引自王天锡. 贝聿铭 [M]. 北京：中国建筑工业出版社，1990：28，37.

术和建筑科学的本质"的贝氏思想。并在日后所组建的北京建筑设计事务
所建筑设计实践中予以充分运用和发展。

　　译著是最为直接的引进，但这些建筑师们对建筑理论的贡献并非仅限
于此，更为后人受益的，是他们基于海外留学经历引申出的更多思考。对
建筑基本理论的探究、对中国特色建筑理论发展的挖掘、对建筑创作的评
价与反思、对建筑历史的回顾与总结、对建筑美学哲学的引申、对建筑技
术的关注及对建筑师职业的思考等多方面成为理论研究的重点，并由此开
辟多领域研究方向。

20世纪80年代，世界后现代建筑理论风头正盛，距离詹克斯宣判"现代建筑已死"过去约10年，但国内建筑界才刚刚开始对现代建筑补课。对这两种建筑风格理论的引入是同步进行的，同一时间的涌入，使得整理相关理论的工作显得尤为重要，也正是通过这些理论梳理者的工作，国内建筑理论逐步从脱节的状态步入正轨，避免了只见其"形"而不知其"因"的不良发展路径。一些建筑师能够在国外留学时接触到更多书籍，甚至直接同一些理论的提出者有直接的接触，这也使得引入的过程减少了一些不必要的误读。按照其导师，著名建筑史学者文森特·斯卡利对于"建筑理论"这一问题所列出的众多参考书，刘先觉一本本地研读，为曾经使其困顿，甚至使一代建筑师困顿的问题一个个地寻找到答案。"在国内从来没有接触过什么亚历山大模式语言理论、行为理论，根本就不清楚，国内当时就没有人知道"①，在阅读的同时，将其消化整理，并在回国后初拟提纲，又付出10年时间慢慢雕琢，将引进理论逐渐整理，详细阐述，并结合教学过程中的思考收集更多资料，终于完成《现代建筑理论》。这一由100多万字、600多幅插图构成的"大部头"一经面世，便因其丰富的内容获得国内建筑史学界的广泛关注，从对当前国际建筑界理论的进展到对未来的走向预测，从理论和流派到各类"主义"，甚至结合计算机技术辅助，此书成为"国内第一本系统地、全方位地研究现代世界建筑主要流派和新理论动向的学术著作"，也是"第一部由教育部推荐的建筑类研究生教学用书"②。

自李大夏将詹氏的后现代理论翻译引入，即引发国内对后现代主义的各式探讨，并在建筑创作上有所体现。但忽然见到这样不同寻常的建

① 卢永毅，王伟鹏，段建强.关肇邺院士谈建筑创作与建筑文化的传承和创新 [M]// 陈志宏，陈芬芳.建筑记忆与多元化历史.上海：同济大学出版社，2019：89-104.

② 我国首部建筑类研究生教材《现代建筑理论》出版 [J].东南大学学报（哲学社会科学版），2000（1）：50.

筑设计方式，在对其源头"现代建筑"还未透彻了解的情况下，对于国内建筑师，既是新奇，却也是对其建筑审美发起的挑战，于是批判的声音不绝于耳。在好不热闹的各式观点中，需要更为客观的立场。也正是在外留学之时，部分建筑学者同后现代建筑师曾有过交流。罗小未在美国时亲自访问过几位后现代建筑师，如格雷夫斯、彼得·埃森曼（Peter Eisenman）等，甚至参与过文丘里的生日会，听到其对"后现代建筑师"这一身份的否定。通过直接的对谈，她体会到，随着后现代主义的出现，建筑已逐渐脱离现代主义当中的一些教条原则的羁绊，这是时代与社会发展的必然结果。经过客观的思考分析，罗小未撰文《当代建筑中的所谓后现代主义》①，文章明晰了后现代主义的由来、内容等，肯定了后现代建筑存在的价值，不否认其创作的缺陷，同时也指出了现代派自身的发展趋向。这样的文章，无疑能够缓解国内有失公允、有失偏颇地看待后现代主义的方式。

有学者指出，在中国社会观念转型和西学东渐的背景下，20世纪80年代中国当代建筑创作观念可分为两个方向：一是在文化层面的对传统与现代—后现代（继承与创新）之间关系的论争；二是由于经济改革和思想解放而引发的对人的生活世界（世俗生活—审美感性）的重新关注②。在理论界，这两种思想同样能够概括该时代下的显著特征。究其原因，依旧缘于"文化大革命"之后思想上的解放。改革开放之初的十年之中，"文化热"是中国社会发展的重要特征，这决定于当时的主流意识形态和革命的正统思想。同时，在面对西方文化的涌入，人们是以既吸收又抵制的心理应对。长期浸润在爱国思想与民族形式中的建筑师，在面对新事物之时，也会自然而然地将之与中国传统文化中的已有部分进行对

① 罗小未.当代建筑中的所谓后现代主义 [J].世界建筑，1983（2）：33-38.
② 周鸣浩.20世纪80年代中国建筑观念中"环境"概念的兴起 [J].建筑师，2014（3）：51-63.

照。寻找现代与传统的结合点，成为一代建筑师不约而同，甚至深入骨髓的共同使命，这一点尤其会在留学建筑师身上有所体现。在看到中国同其他发达国家之间的差距后，他们作为亲历者，相信中国建筑最终会赶上"现代化"的列车，并身体力行地助推这一进程。同时，他们又强调中国建筑的地域性与民族特色，这种对本民族文化的自信力，使得其在对现代建筑理论进行阐述时，不曾脱离中国国情与实际政策。于是，建筑师自发地进行对比和批判，选择与建构，西方建筑观点或为建筑师在该时期内的建筑理论建立提供了素材与依据。

在回顾留学经历中所见到的印象最深的建筑时，留美建筑师提及最多的是流水别墅。这一建筑为中国建筑师带来了各方面的思考，最核心的便是建筑与环境之间的关系。独特的设置方式，使其与环境之间的关系并非简单的"相近"，而是真正的"相融"，这同建筑师以往所见到的、所设计的建筑均不相同。对流水别墅的偏爱，似乎也能够映衬当时建筑师复杂的文化心态。如吴焕加在面对流水别墅时，会联想到宋代的山水画，其中也有木构建筑以木柱将其支撑在水面上，与流水别墅如出一辙。在大力发展风景旅游建筑的政策推动下，国内已开始出现对"环境—建筑—人"的建筑实践，如葛如亮所设计的天台山石梁瀑布风景建筑，石梁瀑布被引入建筑中，流经庭院，使得三者彼此相融。只是理论的总结总是在实践之后，存在一定的滞后性。也正是在这样的时代背景下，中国留学建筑师在直面西方现代建筑及技术时，能够以较为平稳的心态对待，延续同自然亲切的思维方式和审美特点，这甚至也成为部分建筑师未来的理论立足点之一。加之中国刚刚从"文化大革命"中走出，倡导自由的西方文化为中国社会提供了灵活的思考余地，为习惯于接受和服从的人们解开了思想上的枷锁。关注到现代建筑的核心应当遵循的首要价值，应是对人的关切，对自我价值和生存意义的探寻，这也终于成了建筑理论与实践的主题。

在此阶段，对于建筑设计方法论的讨论也已逐渐展开。以引进国外已有概念为主，同时结合我国建筑实例，归纳总结。在强调理性和科学的设计方法论之后，对人文精神的吸纳，对提升人居环境的理想，使得感性与理性和解，为20世纪90年代更为广义的设计方式和强调特定场所中人的空间知觉提供了铺垫与启迪。建筑创作领域的创新乏力，建筑理论界对于"千篇一律"的声讨，同过去较为薄弱的理论不无关系。对于中国长时间未能够产生引起世界瞩目，甚至在能够被载入现当代建筑史册的作品少之又少的情况，至少有一点可以归结于建筑创作者对建筑理论的茫然。在动荡年代中，搞建筑理论，常常易被打成"封资修"，封闭环境中的建筑师们，也习惯于看图识字，按图索骥。若长时间以此方式进行，只是盲目地追求形式上的模仿，却不关注作品背后的思想，尤其不注意这一思想发生、演变的脉络，以及其在今日创作中所处的位置，便无法对建筑创作中的理论线索深刻洞察，误读、误解在所难免。

无论建筑师于何领域躬耕，在理论方面均有所建树，这是他们思考的结晶，是对那段宝贵经历的反思、再现与创新。荆其敏归国后所完成的《中国传统民居百题》《现代建筑表现图集锦》《现代建筑装修详图集锦》《覆土建筑》《生态家居》等著作，直接体现其所研究的生态与建筑关系等相关的内容，但也有《建筑学漫笔》《西方现代建筑和建筑师》《城市母语：漫谈城市建筑与环境》《情感建筑》等中外比较思考或杂文随笔。即便舟车劳顿，他却始终笔耕不辍，几十部专著论文，无数张手绘画稿插图（图5-41），幽默而又平实的语言论述……今日看来，不仅惊叹于建筑师倚马可待的创作效率，更敬佩其在出访多国后，迫不及待地想将相异见闻、所学理论记入脑海，刻成文字，为更多人所看到，共享于更多建筑学人。尤其对于新一代初叩建筑大门的学生来说，更具启蒙意义。

许多建筑理论因这一代建筑师的努力而实现从无到有，从浅入深地逐

图 5-41　荆其敏所著《城市母语：漫谈城市建筑与环境》手绘稿"人是空间的主体"
图片来源：荆其敏，张丽安．城市母语：漫谈城市建筑与环境 [M]．天津：百花文艺出版社，
2004：324.

步探索。建筑师们也成了建筑相关专题研究的领军人物，授予更多建筑学人以建筑知识，以研究方法，以严谨态度，以广阔视野。进而深层探讨建筑自身要素，探讨建筑与人、自然、社会或营造之间的关系，将国外优秀的建筑实践经验加以总结，呈现建筑发展的走向与规律。

（3）技术总结

建筑完成的基本要素和手段，一方面在于材料，另一方面则是技术。中国建筑界长时间习惯于对建筑艺术进行讨论，但扎实的物质基础才能够为建筑艺术发展提供基础，建筑的物质要素和精神要素正是在营造中得到实现和统一[1]。在经济尚未快速发展的年代中，有限的物质条件一方面限

---

[1] 吴良镛．广义建筑学 [M]．北京：清华大学出版社，2011：81.

制了建筑艺术的进步；另一方面也促进了中国建筑师在极其严苛，甚至依照设计标准下限的条件下进行技术方面的实践。我国的工业革命发展和科学技术的变革较西方发达资本主义国家晚了百余年，科学技术的进步与生产力的局限使得技术方面相对落后，只集中在结构技术为主导的基本建造技术中。这一情况在改革开放初期有所好转，但整体来看，在相当多的领域依旧薄弱落后，甚至是空白的状态。虽然学术界已活跃起来，但在引入西方建筑理论思潮时，信息却并不平衡，甚至过于强调建筑的形式功能，未注意同时介绍发达国家重视建筑技术科学的一面，偏艺术、轻技术[①]，甚至不免有"风""热"病[②]。

改革开放后，不同于建筑设计的蓬勃发展，国内的建筑技术发展相对较缓，与此同时，外来建筑师在作品中却也开始运用多种现代建筑技术。如 1983 年由美国贝克特设计公司完成设计的长城饭店，在高层建筑中使用了大面积的铝框玻璃幕墙，开此类做法之先河。即便这仅仅是在材料、设备上的突破，却也为当时的国内建筑界打开了创作的思路。与国外建筑师作品进入中国同步，中国建筑师也在改革开放后去往他国留学，虽然建筑技术领域人才相对较少，但他们早已敏锐地察觉到世界建筑发展同建筑技术之间的紧密联系，并通过留学经历了解到国外建筑技术的发展程度，并以此指导、开拓归国后的深入研究。

前往美国亚利桑那州立大学之前，蔡君馥在国内已开始关注建筑节能技术，在《能源节约与建筑设计》一文中指出，许多资本主义国家面临资源问题，对如何在建筑中保存和节约能源，以及利用新能源的问题，已作了各方面的探讨，通过加强建筑外围护的结构以及设置太阳房的方式解决。由于工业还未快速发展，我国的能源消费水平还很低，每人年平均耗能大

---

① 吴硕贤. 重视发展现代建筑技术科学 [J]. 建筑学报，2009（3）：1-3.
② 吴良镛. 广义建筑学 [M]. 北京：清华大学出版社，2011：81.

约只有 0.6t 标准煤，约等于全世界平均耗能量的四分之一，能源问题并不突出。但建筑师已意识到这一世界问题的严重性，并指出，利用发达国家的经验发展和解决我国将存在的问题，为时并不早。于是在留学期间，通过大量阅读，实地参观，对被动式太阳能采暖建筑进行学习，并整理成文，以手绘图示被动式太阳能原理，辅以建筑图片及实验测定数值，体现相关研究所取得的进步。经过多年的持续观察，蔡君馥不仅意识到西方国家在建筑节能方面有所成就，同时也关注其存在的问题。距离在《世界建筑》创刊号发文声明能源节约之重要性的 10 年后，她再度发文，以各国政策为立足点，总结出相关工作的重点，同时也肯定了我国在这 10 年中在相关领域中所取得的成就。不一味地夸赞西方国家的成绩，只取其优秀之处进行学习和利用，这是建筑师所秉持的态度。

前往法国巴黎第六建筑学院进修的栗德祥，将"太阳能利用"作为自己选修的课程之一，归国后结合我国学科发展及社会发展现状，在《建筑学的千年涅槃——建筑的学科困境与自我拯救》一文中提出，传统的建筑学专业在解决当前复杂的城市问题、应对全球生态挑战等方面已捉襟见肘[1]，并结合对法国各地的建筑调研，启发其之后所提出的"学科交叉"思路。沿着生态建筑的研究方向一路延伸，栗德祥翻译了《生态建筑设计指南》《生态设计手册》等书籍，并作为主编，带领团队出版城市与建筑生态设计理论及实践丛书，包括《生态设计之路——一个团队的生态设计实践》《欧洲城市生态建设考察实录》《气候变化与城市绿色转型规划》等。也正是改革开放初期的留法经历使其认识到开阔眼界、借他国成熟经验以指导本国建设有着难以估量的作用。于是栗德祥多次率领团队赴他国——对德国弗莱堡等生态城市建筑进行考察学习（图 5-42），启发团队生态设

---

[1]　栗德祥，周榕.建筑学的千年涅槃——建筑的学科困境与自我拯救[J].建筑学报，2001（4）：4–6.

图 5-42 考察德国生态城市弗莱堡（左图）、瑞典马尔默明日之城（右图）
图片来源：栗德祥提供。

图 5-43 北京科技大学体育馆外景（左图）、室内（右图）
图片来源：栗德祥提供。

计思路，《欧洲城市生态建设考察实录》便是对其所行所思的真实记录。其行走所见同样也继续被运用在实际创作当中，如北京科技大学体育馆，该建筑作为 2008 年北京奥运会柔道跆拳道馆（图 5-43），运用光导管照明系统，中心场地内安装 148 个直径为 530mm 的光导管，节省日常开灯电耗能，年节约电费约 20 万元。通过在屋面上安装 860m² 的太阳能集热板，获得日产 80m³ 的 40～60℃的生活热水。座席与热身场地均能够在赛后拆除，迅速转换为其他场馆设施。这些关键性的技术策略，充分体现出对绿色奥运技术策略的运用。该设计于 2009 年获全国优秀工程设计二等奖。因栗德祥带领团队在 2008 年北京奥运建设中所作出的卓越贡献，他也受邀作为奥运火炬手，参加了在丽江举行的绿色论坛和火炬接力活动。

作为国内第一位建筑声学博士，吴硕贤曾于 1987 年赴悉尼大学任博士后研究助理，并于 1991 年赴因斯布鲁克大学任高级访问学者。在国外，他利用更为优质的资源，继续对建筑声学问题进行深入研究。去到最负盛名的悉尼歌剧院，他赞叹其形"在万顷熠熠波光的衬托下，显得那么庄重而又富于动感，仿佛是蕴含明珠的丛生的蚌壳，又好像是举帆待发的多姿的帆船"[①]，更对其结构与声学特性进行关注，并在归国后总结 20 世纪 90 年代中期以前已建成的国外建筑，包括 40 座音乐厅、11 座歌剧院及 24 座多功能厅的一些重要技术数据，供观演建筑设计人员及声学顾问参照。在国内攻读博士学位时，通过自学，他运用计算机编程模拟车流噪声，并用计算公式预报噪声。在留学归来后，他始终紧密追踪世界相关领域研究动态。1992 年，正是吴硕贤在奥地利时，其与合作者首次阐明声学虚边界原理（虚墙法），在诗作《赴奥地利合作研究纪事》一篇中写道：

"友邦邀我越重洋，合作论文共考量。

樗栎中西无大用，骊珠迟早显华光。

噪声预测仿真确，音质评估弗晰详。

国际会坛惊四座，难题解决赖虚墙。"

诗末"虚墙"便是这一重要发现。回国后，他即刻将这一研究成果发表，为声学理论界作出了巨大的贡献。之后，他推导出混响场车流噪声简洁公式，解决了这一曾令众多国内外专家困扰的难题。通过将其运用于上海延安路越江隧道等国内外隧道工程中，推动该领域的创新发展。在其撰写的

① 吴硕贤 . 班尼朗岛上风帆正举：记悉尼歌剧院 [J]. 艺术科技，1996（2）：20–21.

文章中，参考文献已是国外当时最新的研究成果，在此基础上，他触及更高的高度，不仅促进建筑声学学科发展，同时也为更为健康的人居环境理念、更为节能的生态建筑观点提供依据。

西方发达国家较我国更先面临资源的问题，也更先对新材料、新技术发展和建筑工业化等方面加以重视。在国外已发展30余年的"高技派"渐入中国，法国蓬皮杜艺术中心、德国国会大厦等一些高技术建筑引起中国建筑师的注意力，甚至效仿，尤其是对玻璃幕墙的运用。但这种实践大部分依旧停留在注重形式、模仿外形上。通过留学，身临各国，观察思考，以研究建筑科技为己任的建筑师们对科技本身的进步更为关注，为建筑本质"创优"才是他们的责任与追求。

在1992年联合国召开世界环境与发展大会后，我国于1994年制订的《21世纪议程》，将可持续发展列为国家重大战略决策，并在1999年颁布的《北京宪章》中强调应再次回到对建筑本质的关注。在信息技术快速发展的背景下，多种自动化系统使得建筑随环境特征进行调试，但更应记得，研究建筑技术科学的建筑师们，始终是以专业知识为节约能源和保护环境这两大主题贡献出自己的力量。这种促进的过程是从理论到实践的指导，从国内到国外再到国内的学习创新，在此基础上完成的实践也不断丰盈着理论。那些实验计算、公式推导的过程，在旁人看来无趣，但建筑师们却自得其乐，他们从未关心流派的纷争和大规模市场化后商业主义的文化炒作，只醉心于实现对建筑创作原点的"有机重置"，甘愿做奉献科学的工作者，做中国建筑技术科学与绿色建筑的积极倡导者。

第四节 合作

（1）交流走访

为提升建筑设计、研究能力，中国建筑师大步走向世界，获得了与其他国家建筑师并列站立的资格，也在交流与走访中收获更广阔的视野。曾有过海外留学经历的建筑师，往往会代表所在单位与国外设计单位、各高校商议合作事宜。在此过程中，他们充分保证我国所占有的主动权，在吸引外资进入的同时，利用合作机会，开辟交流渠道，让国内更多建筑师也能够走出国门，通过考察出访以开阔眼界和适应新形势，不再只凭经验主义"吃老本"。许多高校教师在首次前往其他国家之后，即成为本校与国外其他高校联系的直接纽带，许多青年教师所获得的第一次留学机会，便是前往上一代建筑师已建立合作关系的学校或机构，继续双方的交流。

20世纪90年代是中外建筑项目合作的首次高峰，大量出现的国际设计竞赛和招标为建筑界所普遍接受，上海大剧院、浦东国际机场、东方音乐厅等一系列国际招标工程的成功完成，成为国际文化交流融合的良好开端。上海作为经济中心、对外开放的窗口，更是踏出了先行的步伐，仅在1992年至1997年的5年时间，就已建成合作设计项目120余项，超过30家经常性的境外合作设计单位[①]。

在合作完成建筑设计的过程中，除专业交流外，建筑师往往承担起了促进双方沟通的责任，为中国建筑师设计能力正名。1994年，从加拿大留学归来的许安之时任深圳大学建筑系主任，在其引导下，深圳大学与

---

① 贾东东，吴耀东. 总结经验 提出问题 找出差距 促进发展：第二次中外建筑师合作设计研讨会召开 [J]. 世界建筑，1997（5）：7-8.

SOM 公司合作完成深圳对外贸易中心设计的竞标方案，参与设计的青年教师也有机会多次赴美讨论方案，在此过程中学习到国外建筑事务所的先进设计方法，反馈至设计及教学之中，所做方案也最终获得第一名的优异成绩。

在日渐活跃的中外建筑交流中，展览是直接而重要的方式。通过开办文化盛会，建筑师以作品相会，因文化结缘。1995 年，曾赴法访学的栗德祥与法国建筑艺术协会（A3）、中国建筑学会共同策划筹办了北京"当代法国建筑家作品展"及学术研讨会（图 5-44），众多法国当代著名建筑师来京参加，向中国介绍法国最新建筑理论与实践成果，引起巨大反响。次年，又策划筹办了巴黎"中国传统建筑文化及当代建筑展"及学术研讨会（图 5-45），并同柴裴义、张锦秋等作为中国建筑师代表团团员，在时任建设部副部长毛如柏为团长的带领下共同访问法国、意大利的多座城

图 5-44　"当代法国建筑家作品展"及学术研讨会
图片来源：栗德祥提供。

市（图 5-46），同时出版发行《中国著名设计院建筑设计作品选》中法文对照本，对中国传统建筑文化和当代建筑作品进行展示和推广。

1999 年 6 月，在万众期待下，国际建协第 20 届世界建筑师大会（UIA）于北京隆重召开，栗德祥协助法国建筑艺术协会（A3）、FRAC、中国建筑学会成功举办"当代建筑艺术与遗产"

图 5-45 巴黎"中国传统建筑文化及当代建筑展"中的部分展板
图片来源：栗德祥提供。

主题展，获时任建设部部长叶如棠"点睛之笔"的盛赞。大会期间还首发了其与法国建筑艺术协会（A3）会长单黛娜共同主编的《法国当代百名建筑师作品选》（图 5-47）。此书编撰期间，栗德祥曾亲赴法国，通过走访这些建筑，总结出建筑师创作追求与建筑思想，为国内带来法国当代建筑发展的新消息。通过组织多次展会、报告，栗德祥将法国建筑介绍给更多的中国建筑师，促进中法之间的建筑文化交流，并于 2002 年荣获法国政府

图 5-46 中国建筑师代表团（后排右二为栗德祥）
图片来源：栗德祥提供。

图 5-47 《法国当代百名建筑师作品选》，（法）单黛娜（Diana Chan Chieng），栗德祥主编
图片来源：栗德祥提供。

颁发的"文学艺术骑士勋章"，以表彰他在中法建筑文化交流中所起到的巨大推动作用。

通过中外建筑师的共同努力，中国建筑界与外界交往不断扩大，通过建筑师的桥梁作用，使得我国同他国的故交与新朋之间的情谊不断加深。在此过程中，专业方面的交流与合作不断升级，建筑师们为市场的开拓贡献了巨大的推动力。中国建筑师的自信心与专业能力不断提升，吸收各国文化与先进的设计经验，也充当着使者的角色，促进各国建筑文化交融与发展，增进彼此互信，实现共赢甚至多赢。

（2）会议建言

一次次中外建筑师的携手合作，不仅为中国当代建筑创作创造了引人瞩目的成就，也促进了建筑师的反思与总结。留学建筑师有机会与国外建筑师零距离交流，甚至直接负责建筑项目。于是在一次次的研讨交流会中，他们建言献策，以期对未来的建设起到更多的指导作用。对于愈加频繁的中外建筑师交流合作，建筑师们也在不断对其进行反思。曾经的留学经历，再加上回国后多年参与的中外项目合作，使他们能够更清晰地认识到合作中的经验与挑战。

1993年，首届海外和我国港台建筑师在大陆作品研讨会于广东佛山召开，四年后，第二届会议于上海举行，各省市的建筑师会聚一堂，对合作交流项目中的各类现象进行讨论。多位赴外留学建筑师，如马国馨在这两次会议中均有参与，并作题为"近代中外建筑交流的回顾及其他"的汇报或主持会议，郑时龄、罗小未、费麟、李大夏等参加会议并发表观点。

在研讨会中，多位赴外留学建筑师的发言内容不约而同地关注到外国建筑师对于细节的追求。对比之下，我国在设计中则过于粗放，甚至成为"快餐设计"——建筑平、立、剖面图一出来，几十万平方米的工程就算完成。

或因为不熟悉先进材料的运用和做法，在细部设计、详图绘制方面习惯运用老做法，也曾使设计的质量受到影响。然而，许多中国业主请来外国建筑师参与设计，却只看重方案阶段，但后期施工图等内容的推进并不能将原本的思想贯穿，对于建筑的实质反映并不能一以贯之。在建筑体制、设计机构人员设置等方面，建筑师通过结合自己在国外留学考察的见闻，进行对比思考，认为我国缺少有梯队的人才组合方式，更需要逐渐增强建筑师培养意识，确定更具效率的建筑方案深化方式，并学习他国建筑设计机构的优秀设计方法。也正是在合作中，中方建筑师逐渐暴露出问题，在反思中了解和明确我们该在什么地方加强，思考改进的方式。

设计方法只是完成方案的工具与技巧，更重要的是要将先进的设计理念吸收，增强环境意识，关注城市整体，在设计当中渗入对先进科技的关注，制定并依照相关法律法规，规范竞争与人才培养，提升服务水平，等等。建筑师们发现，在合作中，外国建筑师重视国内设计规范，逐字逐句推敲，甚至比我国建筑师更认真。因此，留学建筑师更倡导建筑设计规范需要及时随时代发展进行更新，以适应新的要求。

国外建筑师进军中国市场，带来了新的血液，促进着合作的深度和广度，但在改革开放初期，处于交流的大门正在打开之中的特殊阶段，不免有人的心态出现偏差，对国外建筑师产生盲目崇拜。中国建筑师既面临着适应外来文化的挑战，又不得不面对国内社会的再审视。面对一些完全不予本土建筑师机会的投资规划设计项目，面对一些明显将天平倾斜于国外建筑师的不公平现象，面对一些中国建筑师已中标却屡次被推翻的资源浪费情景，甚至面对相差悬殊的设计费用供给，建筑师们很困惑，不免也有些心寒，他们期待更为宽松、更为公平的竞争环境，也是除去炒作行为，与外国建筑师平等合作的机会。合作应视为双方的，学习也是，我国建筑师所设计出的作品绝不可能一无是处，建筑师们呼吁要以平稳心态对待，中国建筑师才能真正走向世界，走向挑战与机遇，竞争与联手并存的设计舞台。

自 1993 年首次探讨与海外建筑师合作的相关议题，再至 21 世纪，各类建筑会议举办，其中不乏对合作交流项目的深入探讨，改革开放初期留学建筑师同样积极参与。《时代建筑》杂志于 2004 年所举办的"海归论坛"、2009 年所举办的"建筑中国 30 年论坛"等活动，为建筑师提供了发声的机会。抚今追昔，共同探讨中国在打开市场加大合作之后的得与失。

在改革开放的浪潮下，合作成为共识，中国潜在的巨大市场吸引着全球各地的建筑师。通过招商引资，越来越多的外商进入中国开展建筑建设项目，而国际招标也成为竞争的重要途径。新旧城市交替于建设狂潮之中，海外建筑师也开始进驻中国。在规模宏大且壮观的城市景观中，最引人瞩目的段落往往因中外建筑师合作而诞生书写。宾馆、展厅、学校、剧场、医院、住宅……各类建筑是当时跳动最为强劲的脉搏。一时间各种观点也随之而起，但唯一肯定的是，大多数人都对新血液的注入与加速流动而振奋。即便不可避免地存在过学步模仿、复古再现的路数，但从整体来看，向前的趋势仍势不可挡。市场经济下，任何国家都不可能闭门造车，中外建筑师的合作将成为取长补短的必经之路。在此过程中，改革开放初期海外留学的建筑师不仅扮演着参与合作的身份，同时也在观察，在反思，在为更好地交流和优势互补创造条件。

第五节 组织

（1）组织组建

建筑学科在中国落地生根后，建筑师队伍逐渐壮大，也成立过多个不同类型的建筑师行业组织。追溯至 20 世纪 20 年代，张光圻、吕彦直、庄俊等第一代建筑师于留学归国后已准备发起组织，共同成立"中国建筑师学会"。在新中国成立后，中国建筑学会于 1953 年成立，集中了最优秀的中国建筑从业人员，其中第一届理事会成员大多来自中国营造学社[①]。在逐渐的发展过程中，中国建筑学会完善组织，个人与团体会员共同为推动中国现代建筑发展作出了极大的贡献。

行业组织的建立使中国建筑师以集群的形象参与社会生活，使建筑师的力量更为凸显，并促进学术和业务能力的提升。留学建筑师因眼界开阔，始终是建筑专业组织中的重要力量，改革开放初期的留学建筑师同样发挥着重要作用，在中国建筑学会下设组织中，利用各自专业特长，推动建筑不同领域的前进。

1984 年 4 月 20 日，"现代中国建筑创作研究小组"（The Contemporary Chinese Architecture Research Group，简称 CCARG）成立，是民间的群众性的建筑学术团体。一个月前，该小组筹备会议在北京香山别墅召开，所参加人员中，有多位刚从国外留学回来的建筑师，如：马国馨、王天锡、傅克诚、鲍家声等前来参会。会议讨论并修改了《小组公约》和《中国现代建筑创作大纲》，为小组的建立做了组织上的准备。小组公约中明确本小组成立的目的是"在突破部门、体制上的局限，加强中青年建筑师之间的横向联系，

---

① 中国建筑学会秘书处 . 中国建筑学会简介 [EB/OL].(2020–04–07).http://www.chinaasc.org.cn/news/16. html.

发挥集体的智慧和力量，在建筑理论与设计实践两方面深入地进行学术交流与探索，致力于把我国的建筑创作水平尽快提高上去。为产生中国自己的、能够正确指导当前建筑实践的建筑理论，为创作一批无愧于我们伟大时代的建筑，为锻炼出一批高水平的建筑师贡献力量。并以使现代中国建筑树立于世界建筑之林为最终奋斗目标"[①]。至21世纪，该小组更名为"当代中国建筑创作论坛"（The Contemporary Chinese Architectural Forum，简称CCAF），吸引了大批优秀的建筑师和建筑理论家，并为繁荣创作、丰富建筑理论作出了卓越贡献，并不断活跃着创作的气氛。在这20年来，该论坛坚持以提高中国建筑师的创作与学术水平为宗旨，以倡导学术民主、创作自由的学风为己任，推动和繁荣了现代中国建筑事业，具有广泛的影响，其也在改革开放的不断推进中，为建筑业的快速发展作出了应有的贡献。

中国建筑学会建筑师分会于1989年成立，作为中国建筑师的最高学术团体，对行业发展作用巨大。这一组织的成立，也极大地推进了国际之间的建筑师学历互相承认的进程。自成立至今，在历届成员名单中，改革开放初期的留学建筑师占有重要位置，如关肇邺、李大夏、费麟等。马国馨自1993年加入，成为第二届委员会理事后，又连续担任两届理事长。他们积极推动各类学术活动、国际交往等，对注册建筑师制度进行学习和研讨，组织配合开办各类专题学术交流会与国际学术研讨会。

1999年国际建筑师协会第20届世界建筑师大会于北京召开，也是首次在亚澳地区举办，大会以"面向21世纪的建筑学"为题。针对分题"建筑教育与青年建筑师"，曾于英国获得博士学位，时任东南大学教授的仲德崑发表演讲"向学习化社会迈进——21世纪的建筑教育和青年建筑师"。在发言中，仲德崑首先对中外建筑教育历程予以回顾，提出建筑教育所面

---

① 屈湘铃，雷东升. 繁荣中国建筑创作20年：从"现代中国建筑创作研究小组"到"当代中国建筑创作论坛"[J]. 中外建筑，2004（2）：22-24.

临的共同挑战，对新世纪建筑师作为提出希冀。在科教兴国和可持续发展的基本国策指导下，建设学习型社会势在必行，而全新建筑教育策略和制度建立的重任，解决改变观念这一核心问题，建立新的文化维度，依旧落在这一代建筑师身上。

这场盛会为中国建筑师、建筑学生提供了直面大师、倾听观点的机会，更为中国在新世纪的建筑发展问题提供了走向。中国建筑师终于站在国际性的平台与国外建筑师相互交流，在世纪之交总结与展望。在这场盛会中，留学建筑师或作为组织者精心策划，或作为与会代表精彩发言，这些均体现出他们对新世纪中国建筑发展的殷殷期望。

随着中国建筑学会的逐渐发展，下设二级组织机构日臻完善，许多改革开放初期留学归来的建筑师加入已有组织，如1979年已建立的建筑史学分会；或开创新的机构，如2017年成立的建筑评论学术委员会。无论是建筑实践还是建筑理论，建筑师组织群体的诞生与发展都为中国与世界建筑界的沟通架起桥梁。建筑师们以专业组织为阵地，关注城镇化转型进程与全球化竞争激烈的现状，贡献个人之力，让世界听到中国建筑师的声音。

即便这一代建筑师已渐渐老去，但他们对中国建筑发展问题的关切不减。在改革开放初期去往发达国家留学的建筑师们，亲身体验过多座经典现代建筑，在归国后注意到国际社会已开始对这些建成距今时间并不长的20世纪建筑加以保护。如联合国教科文组织于1987年已将建筑师迈耶设计的巴西新首都巴西利亚（1960年）列入世界文化遗产名录，1994年世界遗产委员会也已提出了关注"20世纪建筑遗产"的倾向性政策，此后著名建筑师维克多·霍尔塔（Victor Horta）、密斯、约翰·伍重（Jorn Utzon）、路易斯·巴拉干（Luis Barragan）等设计的知名作品陆续被列入世界遗产名录。相对来说，中国社会还未建立起对20世纪建筑遗产的关注，但已有觉醒者。1997年4月刊发在第75期《建筑师》中，邹德侬首次提出要保护 20 世纪建筑遗产①，领先分析了 20 世纪建筑的重要价值，及其对今天的作用。之后，在第二十届世界建筑师大会中，马国馨作为中国建筑学会建筑师分会理事，就曾向大会发出要"大力保护中国 20 世纪建筑遗产"的倡议，并于 2004 年 8 月向国际建协等学术机构提交了"20 世纪中国建筑遗产的清单"，关注于那些易被忽视，但已存在损毁危险或需要立即得到保护的建筑。此举引起建筑界与文物界的共同关注，2014 年，酝酿已久的中国文物学会 20 世纪建筑遗产委员会正式成立，并于次年评选出 98 项"首批中国 20 世纪建筑遗产项目"。截至 2024 年 4 月，已评选出九批共 900 项中国 20 世纪建筑遗产项目。

无论是委员会成员，还是之后所评选出的九百项遗产项目，留学建筑师与之作品都位列其中。曾经，他们以建筑作品引领时代风潮，经历时光的磨砺，建筑的魅力并未褪去，其历史价值与文化价值再度被发掘，成为 20 世纪最后 20 年当代中国建筑创作者能力的展现。留学前后，建筑师所完成的许多作品被收录，时代的记忆被定格，反映出改革开放前后城市化发展的巨大差异。建筑师于留学前参与集体创作的"十大建筑"，留学归来后创作的中国国际展览中心等建筑，都反映出当时建筑的最高成就。在那些横跨半个世纪的创作历程中，无数传奇式的，交织人文色彩的作品，如今终于被记载于文化与科技的史书之中。这是几代中国建筑师的智慧与底气，也是回顾过去，瞩目当下，启发未来的中国建筑文化的自信与见证。

（2）组织参与

在联系日益紧密的世界整体中，加入世界组织、参与国际活动是中国建筑师的必然选择，以智慧推动现代建筑发展也是中国建筑师的担当。在

---

① 邹德侬. 未来的历史是今天——紧急呼吁保护 20 世纪 50 年代以来的现代建筑遗存 [J]. 建筑师, 1997（4）：109-112.

参与国际专业组织的同时，建筑师能够熟悉国际建筑师规则，从而适应世界整体发展趋势，及时对本国建筑师规则进行调整，同时也能够为中国建筑师与中国现代建筑发声，加强同世界各国之间的建筑合作交流，体现主动性甚至主导性。

但在建筑市场刚刚开放之时，中国建筑师所面临的困难依旧超出想象。从茫然到有序，通过加入国际建筑师协会，建筑师得以了解国际标准，进而能够同国外建筑师在业务合作中平等对话。1999年，许安之就任职业实践委员会中联席主席，并将第二版《UIA建筑实践的职业主义推荐国际标准认同书》译为中文，使得中国建筑师能够更好地理解章程[①]。

黄锡璆任国际建筑师协会（UIA）公共卫生建筑学组（PHG）中国成员，并任美国建筑师协会（AIA）联系会员，也是世界医疗保健设施建筑教育大学项目（GUPHA）成员。他曾带领年轻建筑师共同参加过多次会议，并借机会参观菲律宾、瑞典、日本等国的建筑。2008年UIA-PHG会议原本计划在南非举办，但承办方临时说明其无力承办，于是黄锡璆大胆提议在我国举行。即便刚刚动完手术，他依旧积极联系，妥善安排会务。开会期间，安排参会人参观奥运场馆外部，到颐和园领略中国园林文化，并到北大第一医院、北京友谊医院新区等中国医院建筑进行参观。黄锡璆回忆"记得到友谊医院的车程是走北京的三环路，路上能看到很多高层建筑，参会成员私下用英文议论：'这是不是故意安排的，故意给我们看城市好的一面？'我就解释道：'我们国家这几年发展很快，这些都是中国城市普通的街景。'"[②]正是通过国际之间的交流，中国建筑师走出去，国外建筑师请进来，彼此之间增进了解，所交流的内容也许并不局限于某一专门建

① 庄惟敏.全球化趋势下我国建筑师职业实践所面临的挑战：国际建协职业实践委员会发展历史沿革及建筑实践职业主义推荐国际标准[J].南方建筑，2009（1）：8-11.
② 根据黄锡璆访谈整理。

筑种类，针对某一问题，或某一国家的环境特点进行探讨，在此过程中也能够让中国的发展被更多人所看到，改变其偏见与轻视。

留学只是建筑师们走向国际的一小步，在之后的建筑生涯中，他们迈出的脚步更加稳健，所见所闻也更加丰富。其成就为各个国家建筑师所认同，也为各个国家所瞩目，代表中国在国际建筑界立足。如吴硕贤，不仅是中国科学院院士，同时也是美国声学学会会员，美国科学促进协会会员，先后应邀到 23 个国家和地区讲学、合作研究及在重要国际学术会议上作邀请报告，并被推选为国际会议主席和国际会议分会场主席。如此种种，数不胜数。在刚刚改革开放时期，中国建筑师曾一度处于失语状态。在与国际社会脱节太久后，终于同世界间的触媒联通，真正参与到国际专业组织之中，运用同一套"语言"对话，中国建筑师便能够正确认识世界，并且被世界所熟知，以足够的勇气去面对外来文化的入侵，延续地方文化特性，寻找持续发展策略，在国际合作中维护我国建筑师的创作权，保障执业中的合法权益。

第六节　分享

归国后，建筑师愿意将留学所经历的种种分享，但这种分享并非单纯地讲述其经历与故事，更多的是建筑师对所见建筑与人文景观的思考。或许在他们看来，这段短暂的留学，并不是一件需要大肆宣扬、着意渲染与炫耀的事。出国前，国家社会环境、经济发展状况、建筑学科发展程度……一幕幕不停地在其眼前流转，责任的千斤重担压在他们肩上，这份重量显得那么真切。

与在高校工作的建筑专业教师相比，在建筑设计院工作的建筑师，他们的"演讲"场合似乎极少。当时正逢改革开放后的建设热潮，国家大量建设项目急需人才，于是他们俯首作图，仅能用挤出的时间去思考，并以文字形式体现。但大多数情况下，他们还是将所见转化为个人的创作手法，在建筑创作实践中加以运用，使中国建筑呈现新的面貌。

曾经的访问学者归来，回归教师的身份，他们有更多的机会分享，于是在会议、讲座上，以及日常的课堂上，他们乐于也急于将那些新鲜的见闻讲于其他师生。他们侃侃而谈，但绝无骄矜，分享是为了介绍国外的天地，更是为了让更多国内的建筑同仁也能抓住机会，去看看外面的世界。

对于研究西方建筑史学及建筑的学者而言，有机会看到更多书籍，有机会见到实物，这曾让他们惊喜异常，他们也多次在公开场合表达自己对于留学访问这一过程的认同，以及对更多年轻人走出国门的鼓励。在第二届世界建筑史教学与研究国际研讨会上，许多教师不约而同地提到了"读万卷书，行万里路"的意义。如李大夏认为当时的中国建筑理论界，图书和文献资料的缺乏是不得不承认的尴尬，曾经的封闭环境下，不少学术价值很高的建筑理论书籍没能及时进入，即使进来了一些，一度也因种种政治上的规定而被束之高阁。一些国外大学建筑系学生的必读参考书，如 *Theory and Design in the First Machine Age*、*Space, Time and Architecture*，不少学者都是到了国外才读到的[1]。而刘先觉则生动地将知识比作水源。他认为，作为外建史教师，当要给学生一杯水的时候，自己至少要有一瓶水，当学生还需要水的时候，教师就可以再给他一点，而这一瓶水，便是教师

① 李大夏 . 西方建筑史的中国语境：以及对西方建筑史课程的一点建议 [C]// 第二届世界建筑史教学与研究国际研讨会：跨文化视野下的西方建筑史教学会议论文集 . 上海：同济大学建筑与城市规划学院，2007：43.

在阅读书刊后获得的。他也强调，在有条件的情况下，研究者最好能到国外进行实地考察，"百闻不如一见"，见了实物，就会觉得身临其境才其乐无穷，研究者才能把历史读活，才能融历史与设计为一体，才能使历史与理论结合。①

在外拍摄的照片，便是最直观的西方建筑景象，也是教师们在课堂上最好的教学补充，以及聚会上最新鲜的谈话主题。访美归国后，戴复东曾在许多场合演讲介绍美国建筑。"1986年冬天某日，戴先生和我带着幻灯片，专程去吴景祥先生家汇报。那个下午，谭垣、黄家骅、金经昌等前辈都来聚会，在座的还有吴老弟子陈一新同学。戴先生的幻灯片一直放到天黑，老先生们则打断提问、开玩笑。"② 曾经封闭的日子里，老一辈建筑师同这一代建筑师均受条件所限，无法到西方学习，即便有些老先生真正在西方接受了完整的建筑教育，如金经昌曾毕业于德国达姆施塔特工业大学（Technische Universität Darmstadt）等。但多年已过，世界早已是另一番景象，或许这些新建筑对他们来讲也有些光怪陆离吧？几代建筑师兴趣勃发，围绕他们挚爱的建筑事业探讨，想必这样的温馨场景并不在少数——留学归国的建筑师不曾忘记向前辈致敬。

留学建筑师感召于拳拳报国之心，乘归国热而回，改革开放后，在中国现代建筑发展的进程中发挥着不可替代的作用，取得了令人瞩目的成就。他们奋战在设计一线、教育教学等各个岗位中，全方位地同建筑专业发展进行着互动。并凭借其在建筑学科各个领域中的杰出表现，推动着行业的快速进步。

① 刘先觉. 外国建筑史教学之道：跨文化教学与研究的思考 [C]// 第二届世界建筑史教学与研究国际研讨会：跨文化视野下的西方建筑史教学会议论文集. 上海：同济大学建筑与城市规划学院，2007：35.

② 薛求理. 心香一烛：怀念戴复东先生 [J]. 时代建筑，2019（1）：184–187.

在归来建设中，留学建筑师不负众望，担负起引进和拓展现代建筑发展的重任。本章所列贡献或曾只是留学建筑师对中国建筑发展贡献的片段，正因为留学的经历，接受相异教育与文化感染的建筑师们，在各自岗位上努力实现个人价值，以此方式深刻影响着中国现代建筑的变革。他们带回了新理念、新技术、新方法，成就了跨越世纪之时的建筑学科的飞跃。

第六章

人梯之力

第一节　体系

在封闭多年后，各学科终于迎来了改革的机会，也终于能够依托创建世界一流大学、促进我国现代化发展的时机，引入新的教育体系和科学的教育方法，培养新一代人才。我国的高等教育评估工作于1983年开始，之后大规模展开，发挥以评促建、以评促改的作用，更激发了各级学科、各个单位探索进步的热情。

恢复高考之初，中国建筑学教育重新回到正轨。面对百废俱兴的现状，各高校将建筑学专业调整为四年制，以缩短培养年限，尽快满足市场需求。而多年的空白使得各校教学只能够延续"文化大革命"之前的方式。在两代建筑师青黄不接的时刻，各大高校派出教师以访问学者的身份到他国，学习先进的教学思想和内容，并在归国后，将留学考察所获知的各国建筑教育体系和方式进行总结，为我国建筑学科评估发展积极建言献策，促进建筑教育继续向前推进。

作为改革开放后建筑学领域首先出国的访问学者，荆其敏曾于1980年赴美国明尼苏达大学建筑系研究环境设计（图6-1），并在1984年再度访美，1986年又访问了法国和联邦德国的诸多院系。在多次出访后，他总结出美国建筑教育的经验，首先便是学科评估制度。他向国内介绍了负责美国建筑教育质量的机构——美国国家建筑学认证协会（NAAB），结合报表和走访，每五年开展一次评估。美国建筑教育施行更为严格的筛选制度，将学生的学

图 6-1 荆其敏作为明尼苏达大学中国校友的证明、明尼苏达大学建筑学院颁发其"优秀学者"证书及表彰"荆其敏对促进美中友谊作出重要贡献"的证书
图片来源：荆其敏提供。

习年限和培养目标紧密联系，六年至六年半的本硕学习时间安排，使得本科与研究生教育之间不至出现断档。通过亲身经历，他看到真正学分制下更自由的学术氛围，体会到更亲密的师生关系，更成体系的培养方案。另外，与社会联系更密切的建筑课程安排，更简单的行政管理编制及更先进的辅助设计技术，更使其体会到我国建筑教育的差距。1986 年 10 月，以"空间与实践"为主题的国际建筑教育研讨会在联合国巴黎教科文总部召开，荆其敏也对会议情况进行了详细的记录，反馈会议中的内容。除此之外，他还融合环境观念，选取具有代表性的建筑教育方式进行详细介绍，如对美国内布拉斯加林肯建筑系设计基础教学大纲进行评介，完整呈现该校建筑教育理论与方法。他深知，未来将交给新一代建筑师去设计，自己与其他同代建筑师需要做出抉择并改革，使教育体系同时代发展相适应[①]。

———————————

① 荆其敏. 建筑设计中的图形语法——评介美国内布拉斯加林肯建筑系设计基础教学大纲 [J]. 华中建筑，1996（1）：68-72，76.

20世纪80年代至90年代初期，正是建筑师将各国建筑教育先进方式引入国内的高潮时期，无论是依靠自己的外语能力阅读文献获知，还是亲身去往国外考察学习，建筑师们都怀揣着极大的热情将国外建筑学科评估制度、建筑课程、培养方式介绍引进。迫切需要了解外部发展的中国社会，也正是因为这些声音和建议的存在，才能够真正反思本国建筑教育所存在的局限性，也能够通过比较，选择学习符合我国国情、适应社会发展的建筑教育方式。

在各方的共同推动下，建立建筑学专业教育评估和建筑学职业学位等事宜开始被提上议程。之后，建设部组织的以清华大学李道增为团长的建筑教育代表团访美，并收集专题资料[①]。在归国后成立全国高等学校建筑学专业教育评估委员会，根据资料起草文件，并于1991年首次施行。这也成了"我国建筑教育史上的一件大事"，足以载入我国建筑教育史册。留学建筑师在前期积极提议，并亲身参与到评估事业起步当中。如荆其敏等随团访美，鲍家声等成为首届评估委员会委员。建筑师们充分发挥自身力量，通过规范制度从根源上推动建筑学专业教育的改革，促进各高校提升专业水平和质量，并为注册建筑师的选拔创造条件。

这种推动作用不只针对建筑学科已有较大发展的老牌建筑高校，更为其他发展相对缓慢、地处较为偏远的建筑院校注入发展动力，带去先进理念，开辟未来方向，将建筑学科发展的种子播撒在每一寸土地上。1983年，深圳大学成立，与城市共同成长。初设的建筑学专业，所依靠的力量只有从各方汇聚而来的英才，这些建筑师们兢兢业业，使出浑身解数，为深大的发展、为特区的发展、为祖国的发展奉献所有。建筑系第四任系主任、建筑与土木工程学院首任院长许安之，领导建筑系顺利在1996年通过本

① 高亦兰.我国建筑教育史上的一件大事[J].建筑学报，1992（9）：50–51.

科教学评估，同特区一起飞快成长。许多建筑师在归国后，立刻投入到一线教学当中。自"文化大革命"时期支援边疆，肖铿便来到内蒙古，并于1986年创办包头钢铁学院（现内蒙古科技大学）建筑学专业，扎根西部地区艰难办学，围绕内蒙古人居环境进行研究，凭借坚韧与梦想，发展带有浓烈地域特性的建筑教育。

老一辈建筑师为逝去的青春伤怀，却也充满信心。因为在新的时代背景下，新一代建筑师将弥补他们过去的遗憾，于是他们更愿意做探路者，并将之视为自己的责任使命，倾尽全力以育新人。留学建筑师们，更是将自己在海外留学所见所学传授于后继者，以人梯之力弥补断代之痛。归国后的他们，从建筑教学入手，抱着不破不立的决心，大刀阔斧地进行改革，力求中国建筑高校能够尽快跻身于世界高水准行列。

戴复东曾与学生共同上课并参与课程设计，因此对该校建筑学院办学理念体会更深。通过研究建筑与规划学院院长杰姆斯·斯蒂华·波歇克（James Stewart Polshek）撰写的《学院的哲学与目的》一文，对于其中所提出的"建筑、规划等学科要研究和探讨的问题是人与环境的问题"这一点而深受启发。文章中指出，该校建筑与规划学院的五个专业均是围绕人及环境的不同方面展开，"五个学位的学习在一个单一的学院中，能使不同实体的理解进入环境的创造之中，并保持各实体的相互独立和依存"。回国后，戴复东即担任同济大学建筑系教授及系主任，他建议在原有专业建筑学、城市规划、风景园林之外再增设工业造型设计和室内设计专业，最终仅室内设计专业未能实现。这些专业实际共同探讨人与环境间的关系，而非仅仅限于研究空间。除此之外，在教学改革中将一年建筑设计基础课改为两年，建筑学制由四年改为五年，使教学评估能与国际接轨[①]。以此

---

① 柴育筑. 建筑院士访谈录 戴复东 [M]. 北京：中国建筑工业出版社，2014：164.

可见其胆识与魄力——只有放眼世界，与各国站在同一赛场，才能进行真正的学习与竞争，才能够全方位地培养专业人才，让中国建筑师有机会在世界舞台上占有一席之地。

戴复东提出的全面环境观，便是受到西方思潮直接影响后所形成，不可忽视的是国内正在兴起的对环境的重视。20 世纪 80 年代，通过疏通与西方建筑思潮之间的隔阂，中国学界开始对曾经年代中的不合理现象进行反思，建筑界亦然。阿尔温·托夫勒（Alvin Toffler）所著《第三次浪潮》成为国人争相阅读的第一本西方流行著作，其中对系统论所进行的阐述，即注重事物的结构、关系和主体，为思考提供了新的方式。推之于建筑中，缺少逻辑的思维方式已引起建筑师的觉醒，伴随《广义建筑学》的出版，"环境"的概念已逐渐注入建筑学科，促使其成为系统科学。正是在这样的社会背景下，建筑教育改革被加速推进，环境的观念也开始深入地影响到中国建筑学专业，为其发展拓宽道路，也为我国建筑学专业学位、文凭、学历等与其他国家和地区达成协调与相互承认并进一步对外开放创造条件。

第二节　教学

受学院派影响，国内大部分建筑院校一直是以渲染和图纸表现为核心作为入门基础课程，对现代建筑的训练通常也从其外部形态及表现切入，仍存在"图面建筑""绘画建筑"的问题[①]。针对于此，建筑师们在教学

---

① 钱锋. 现代建筑教育在中国：1920s—1980s[D]. 上海：同济大学，2006：163.

过程中尽力规避对形式的过度追求，引导学生注重现代建筑设计从功能入手的本质。

对建筑专业学生来说最为重要的建筑设计课程，无疑成了建筑教育改革的重心。南京工学院教师杨永龄回忆，他在美国伊利诺伊大学建筑系攻读硕士学位时，师生对环境的重视为其留下了最为深刻的印象。在做模型时，基地周边的建筑同样需要被做出，设计全过程都借助模型制作的方式来完成。每一阶段学生都需要对方案进行答辩讲解。在毕业设计的前期分析中，学生们对环境等各方面都做了细致的分析，并完成总结报告[①]。在回国后，他便积极主张学生在做方案时通过模型进行推敲，并推行答辩制度。1981 年在麻省理工学院建筑系参与过三年级课程设计的鲍家声，为该校灵活的任务书安排所触动，学生需要对基地环境进行自主调研，确定建筑功能定位，安排建筑面积。"这不同于我们统一设计任务书，每个房间都固定面积，学生缺乏主动权，这也与我后来的教学改革有一定的关联。"[②] 参与过美国高校教学的郑时龄，看到教师鼓励学生放开思路，在设计初期的时候做出更多的方案，再从中选择更好的方案进行深化，在每个阶段都要对方案进行讲解，进而提升个人表达能力。于是在教学时更注重鼓励学生表达方案，深入思考，但反对学生在一段时间后依旧每次都拿出新的方案，做表层功夫。

在改革开放之初，国内外已逐渐兴起建筑设计竞赛，这成为建筑学子们在课程设计之外争相参加的学术活动。通过建筑设计这一窗口，学生们初登舞台亮相，以思维火花点燃灵感。作为建筑教师，能够给予学生的不只是鼓励，鼓励其积极参加，全身心投入，挖掘自己的所有潜力，更期待

① 东南大学建筑学院教师访谈录编写组 . 东南大学建筑学院教师访谈录 [M]. 北京：中国建筑工业出版社，2017.
② 同上。

其能够做出富有新意的设计作品，跳出本校的圈子，同更多参赛者一较高低，并补上不足之处。他们尽心辅导学生，利用语言优势，帮助学生理解国际建筑竞赛要求。全国工程勘察设计大师、梁思成建筑奖获奖者、天津华汇工程建筑设计有限公司总建筑师周恺回忆，在学生时代参加过多次日本举办的建筑竞赛，"但是最大的问题是不懂日文，所以会去找聂兰生先生翻译。其中有一个《新建筑》杂志举办的住宅竞赛，通过聂先生翻译，才知道是要用 $2m \times 4m$ 的矩形来做建筑，最后还得了一个佳作奖。还有日本日新工业建筑设计竞赛，黑川纪章等著名建筑师当时是评委，我一共参加了三次，其中一次（第十六届）获得了佳作奖"[①]。改革开放初期赴海外留学之时，建筑师们看到国外已形成的建筑竞争环境，在归国后便也更关注本国建筑设计竞赛发展，他们为学生最大化地提供指导，也成了大学生建筑设计竞赛等各类竞赛的评委，如戴复东、钟训正、鲍家声、栗德祥等。建筑前辈们悉心培育出闪耀新星，也以慧眼识英才，发掘出更多具有创造力和代表性的建筑作品，从学生时期便培养其竞争意识和创新意识，使学生平稳过渡到从业之后的竞标，始终积极保持求胜的姿态。

为了能够让学生们更多了解外部世界，与其他国家建筑学生有更多交流，各高校积极搭建桥梁。曾经留学的教师们，便是这桥梁建设者的中坚力量。通过与之前访学所在学校进行洽谈对接，建立友好合作关系，邀请国外教授来校讲座、学生互换交流、作业办展评比等多种方式，使得中国学生能够走出国门，惜取少年之时，亲自去经历、去体验外面的世界，了解自身优势与不足。同时，也让外部世界了解中国文化，交流建筑观点，以开放的姿态面对新的时代。以下仅以天津大学建筑学院改革开放初期对外交流为例，以窥建筑高校与对外交流盛况。

---

① 根据周恺访谈整理。

荆其敏多次邀请其在明尼苏达大学的导师拉普森（Ralph Rapson）教授来校讲学（图 6-2），并在 1981—1992 年十余年间共主办了 11 次中国建筑参观研究工作坊。该工作坊早期主要邀请的便是明尼苏达大学的师生。首批有 29 位学生来访，由拉普森亲自带队，这也是新中国首次在国内邀请美国师生来华学习和考察中国古建筑。在 3 个月的时间里，团队对中国古建筑进行了学习和绘图分析，对北京、天津、上海、杭州、西安、承德等地的建筑进行参观走访，工作坊所完成的成果最终被结集成册（图 6-3）。历次来中国考察访问的师生，不仅为中国传统建筑文化所触动，同时，他们也带来了欧美分析古今经典建筑的图解方法，如在 1982 年的工作坊中，其中一位来自美国哥伦比亚大学的同学查理士·多戴（Philippe Charles Dordai），对烟雨楼的建筑空间进行分析，以图解方式将其与西格拉姆大楼对比，认为二者在内外空间层次的处理手法上竟然有诸多相似（图 6-4）。这种对现代建筑分析方法的运用，为中国建筑师生提供了新思路，其价值

图 6-2　1981 年美国明尼苏达大学拉普森教授来天津大学讲学
图片来源：荆其敏提供。

图 6-3　学习和参观课程成果图册及内页
图片来源：荆其敏提供。

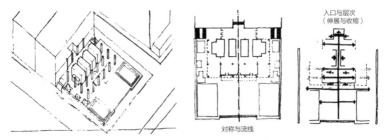

图 6-4　美国哥伦比亚大学学生将烟雨楼与西格拉姆大楼进行对比分析
图片来源：荆其敏，张文忠 . 美国研究生分析中国古建筑：天津大学部分留学生作业简介 [J]. 建筑学报，1982（12）：46-51.

不仅在于分析建筑，更在于指导设计实践，提升对建筑基本原理的认知程度。

　　1992年，荆其敏同天津大学师生一行共11人组成"汤若望学习小组"，乘火车穿过俄罗斯和欧洲大陆，抵达德国亚琛工业专科学院进行教学交流活动（图6-5），开国内建筑院校之先河。了解到该校对学生方案设计的要求需要达到能够付诸实施的程度，建筑的节点设计、构造大样甚至包括水、暖、电的设计均需要进行考虑。此次交流活动在亚琛和天津两地产生了巨大影响，成为德国媒体争相报道的盛事，同时也为日后天津大学建筑学院与德国院校的学术交流奠定了良好的基础，推动了此后长期的互访交流。

图6-5　师生出访德国 .
图片来源：天津大学留学通讯，1988（2）：插页。

曾经的艰辛年代中，"多快好省"限制了建筑的创作，结构师主持建筑工程，建筑师与建筑学都为社会所轻视。荆其敏回忆，在天津大学这样的工科大学里面，当时有很多人看不起建筑学专业。建筑系附属于土木建筑系，建筑专业排名靠后。但正是通过改革开放后所举办的这些交流活动，"大家的眼界开阔了，知道了外面的情况，外面也知道了中国的情况，相互之间收获很大，是教育界很大的进步。建筑学也终于重新地、正确地立足于大学教育中"[①]。

　　在与欧美多校展开联络的同时，天津大学也同日本高校开展系列交流活动。天津市和神户市于 1973 年 6 月 24 日正式结为友好城市，开启中外友好城市建立之先河。天津大学与神户大学就此开展合作关系。1980 年，神户大学建筑学科副教授多渊敏树到天津大学建筑系参观座谈，双方决定交流两校教学计划，并决定在神户和天津两座城市举办两校建筑学专业学生作业展览会[②]。同年秋，神户市即举办了学生建筑设计作业交流展，内容丰富。1983 年夏，第二届两校作业交流展开办，参展作业都是由恢复高考后（1977 级后）的学生所完成的，还包括天津大学建筑系在全国大学生建筑设计竞赛中获一等奖的作品，因而在数量和水平上都有大幅提升。聂兰生始终热切关注着两校的交流合作，利用日文优势，反馈翻译前两次展会所获的评价。在 1989 年第三届展会中，其与黄为隽、肖敦余三位教授作为代表参加（图 6-6、图 6-7）。恢复高考后首届学生，现任中国建筑设计院有限公司名誉院长、总建筑师、中国工程院院士崔愷回忆，"聂先生带着我们的作业去日本神户大学交流，我的一张手绘图还被选用为展览的封面。聂先生回来后说日本的教授对我们天津大学

---

① 　根据荆其敏访谈整理。
② 　肖敦余.神户大学、天津大学建筑系学术交流活动 [J]. 天津大学学报，1982（S1）：152–155.

图6-6 展览现场
图片来源：聂兰生. 话旧80年代天津大学建筑系学生作品海外展 [EB/OL].(2019-07-23).https://mp.weixin.qq.com/s/JHUlwvp-ye5RuVllbFpuyw.

图6-7 天津大学教师代表（从左至右依次为肖敦余、聂兰生、黄为隽）
图片来源：聂兰生. 话旧80年代天津大学建筑系学生作品海外展 [EB/OL].(2019-07-23).https://mp.weixin.qq.com/s/JHUlwvp-ye5RuVllbFpuyw.

同学的作业很惊讶、很欣赏，我们听了都倍感振奋，很有成就感！"[1] 前文所提到的赴德考察参观的"汤若望学习小组"短期学习作品《汤若望纪念广场》，原稿虽留在德国，但拷贝作品也成为在展作品之一[2]。

因展览的公众性，建筑作品所具有的艺术性，每届展会都有众多市民光顾。几届学生展览后，天津大学和神户大学彼此间有了更深的了解，学生通过展评方案，对自身优势与不足也有了更多的认识。同时，也因为天津大学建筑系学生的优异表现，使得日方对我国建筑教育发展大加赞扬，

① 崔愷. 怀念聂兰生先生 [EB/OL].(2021-02-18).https://mp.weixin.qq.com/s/bOTpfsy5094c9yN80DJOVw.

② 根据天津大学建筑学院教授梁雪提供信息整理。

并欢迎更多学生留学日本，如东京大学建筑学科主任大谷幸夫教授在参观展览后表示，在全国建筑设计竞赛中获奖的天津大学学生，可以到东京大学免试进修硕士学位，并授奖学金①。

改革开放后，国内各大建筑院校迅速与世界各国建立友好关系，开展多样学术交流活动。这与曾经教师个人联系访学院校，根据国家安排以短期进修留学的方式不同，已拓展到院际、校际范围。在此过程中，改革开放初期留学建筑师群体，他们曾是受益者，此刻又成了拓路者。沟通往来，联系组织，一次次国际活动的举办参与，打开了本校与他校之间交流的大门，为建筑教学不断注入新的内容，让更多年轻人直接接触到国外现代建筑动态，为新一代人才培养倾尽全力。

第三节　更新

改革开放初期去往国外留学的建筑师群体中，高校任职的教师占相当的比例。他们求学时信息短缺，无书可读便是治学最大的障碍。但他们也正身处建筑教育改革的漩涡正中，为新一代建筑学人传授最新的知识，谋求最大的便利，他们将此视作义不容辞的责任。将国外先进建筑教学内容引入，结合自身海外留学见闻，扩充课堂内容，也成为他们的共同选择。

建筑师们归国时，各类生活用品均可以不带，但必须要带回的是书籍。各类原版建筑书籍，最新杂志期刊，都使得更多建筑学子们能够了解到国

① 周祖奭.天津大学建筑系发展简史[M]//宋昆.天津大学建筑学院院史.天津：天津大学出版社，2008：11.

外建筑动态。李大夏将归国带回的书籍全部捐赠给内蒙古工学院建筑工程系，以建立图书馆。这一义举为本校甚至外校的众多学子提供了查阅建筑资料的便捷途径，了解到建筑发展的世界动向。

课程安排依旧最令建筑教师们关心，除热心而详细地介绍各国建筑学课程及课时安排外，他们也创造性地开设新的理论课程，以使学生学术视野广阔。在国外，面对那些或精彩或新奇的建筑，建筑师们曾感到眼花缭乱，于是也用"另一双眼睛"拍下，想要立刻让更多国内的建筑学子们有机会也看到这些建筑的真貌。关肇邺回忆："当时在美国非常省吃俭用，又有机会出去挣一点钱，所以拍 color film（彩色胶片）很多……那时也舍不得随便拍照，一卷胶片只有 36 张，想方设法挤出 37 张。一卷相当于我好几天的饭费。"也正是这些幻灯片，成为关肇邺归国后新开设的"建筑评论课"的教学案例，使学生大开眼界。去往日本的聂兰生在回国后开设"日本当代建筑思潮及作品分析"研究生课程，吸引无数学生"蹭课"，成为天津大学建筑系最受欢迎的课程之一。通过引入、借鉴日本神户大学经验，聂兰生所在的以彭一刚为学术带头人的建筑设计与理论研究室成功培养出天津大学建筑系第一位博士研究生徐苏斌。其研究方向为中日近现代建筑史，既出于本身的兴趣，也离不开精通日本建筑的聂兰生老师的帮助[1]。身为师者，通过启迪学生，督促其阅读原文自我探索，从而引导学生在学术方面寻找到兴趣所在，吸纳各国建筑理论与实践经验，对知识进行发散性思考，拓展知识广度。现北京建筑大学建筑与城市规划学院院长、清华大学建筑学院教授、全国工程勘察设计大师张杰，原为聂兰生的学生，回忆自己在读硕士时："聂先生让我把日本建筑师东孝光的私人住宅设计作品的一些英文资料翻译成中文。在这次翻译工作中，我第一次较为系统地了解

---

① 彭一刚．沉痛悼念聂兰生教授 [J]．建筑学报，2021（3）：115–116．

了日本城市住宅用地制度和居住状况，也开始意识到现代住宅不只有行列式这一种形式；在现代城市中如果条件合适，住宅仍然是反映社会文化最基本的要素。"①

20世纪80年代，正是国际上信息技术高速发展的阶段，在建筑工程设计领域，CAD等技术已开始应用和推广，成为建筑设计的又一次革命。这一进步不只限于技术，同时也为建筑设计带来了新思路，极大地促进着建筑设计步入计算机应用的时代，加速了后现代主义的多样呈现。此刻赴外留学的建筑师们，已开始接触到与之相关的课程及应用。戴复东在哥伦比亚大学上"计算机入门"课程时，因没有计算机，也无多余的钱付费上机，即便羡慕他人能够使用软件CAD、3DSMAX画图，但只能下"死功夫"，阅读计算机应用普及的教材，并记下一厚本笔记。在其归国后，便立即为同济大学积极引进设计制图技术，在本科生中率先开展计算机辅助设计课程②。也正是在留学建筑师的积极推动下，国内建筑高校开始引入计算机服务于教学。纵然中国在当时还未加入世贸组织，硬件仪器和设计软件的采购工作因而常受限制，且在人才方面也极为缺乏，但终究还是为这项工作开启了篇章，为30年之后的以数据为媒介、以工具发展为动力、以智能算法为核心的数字设计与建造一体化的新型范式埋下伏笔③。

技术与思想的双重革命，为建筑教育提供着新的出路，建筑师们意识到建筑学科已不再仅仅是单方面的建筑设计，"弥补传统建筑学缺陷的唯一途径是学科交叉，即借助来自建筑学系统外部的助推力，来促成建筑学

---

① 张杰.追忆导师聂兰生[EB/OL].(2021-02-18).https://mp.weixin.qq.com/s/w9HqTcuYevOXKTncz5zWyA.

② 柴育筑.建筑院士访谈录 戴复东[M].北京：中国建筑工业出版社，2014：192.

③ 袁烽.性能化视角下的数字建造前沿[J].建筑技艺，2019（9）：7.

自身的更新改造"①，如此才能以更长远的目光看向未来。如此论调并非空想，尤其那些致力于建筑技术领域的建筑师们，他们更能够体会到国外对技术所给予的重视，不仅在于能够为研究者提供更为优质的条件，更多体现出的是一种意识，一种将传统建筑学与其他新兴学科共荣共进的意识，它注重借鉴其他学科的成果和知识。在学位授予和课程设置中，都有着更为细分的安排。但这种意识在国内曾颇受阻力，在建设浪潮中，从事建筑设计工作收入高，相对而言，从事科研技术相对枯燥而清贫得多，相关人才部分在留学时已外流。但也正是这种现象让建筑师们看到差距，他们改革体制，关注环境，宣传疾呼。在重新尊重知识的年代，他们的建议被重视采纳，部分得到有效实施。

在广义建筑学的思路下，建筑师们站在学科交叉的立场上，提出在可持续发展战略下的学科发展方向，对建筑中最现实的问题进行探讨。"过去我国的建筑教育，在指导思想上也有所偏差，表现在过于注重建筑艺术，而相对忽略了建筑科学和技术的发展。据我所知，国外这方面的交叉研究就开展得很活跃。以建筑声学为例，美国哈佛大学、耶鲁大学、麻省理工学院等就很重视。德国哥廷根大学第三物理系，其主攻研究方向就是音乐厅声学。"②因而吴硕贤更重视学生在科学研究方法、数理等方面的学习，并补充掌握计算机信息科学等方面的能力。时任清华大学建筑学院教学副院长的栗德祥，将建筑设计及其理论的研究方向改由五个板块构成：建筑·生态·技术；建筑·空间·环境；建筑·文化·地区性；建筑·再生·城市设计；建筑·哲理·方法。通过将建筑教育的思路拓宽，全方位、多领域、高层次地进行人才培养，使得求学者跨越专业之间的藩篱，知悉被动生态

① 栗德祥, 周榕. 建筑学的千年涅槃——建筑的学科困境与自我拯救 [J]. 建筑学报, 2001（4）: 4-6.
② 李子涵. 走在建筑环境声学研究的前沿 [M]// 郑时龄. 新中国新建筑六十年 60 人. 南昌: 江西科学技术出版社, 2009: 109-112.

手段，完成节能环保设计。

在教育教学岗位上，建筑师们将目光放远，为已有课程填充更多内容，建筑节能措施、高层生态建筑设计等，通过理念的更新加快脚步追赶上国际建筑研究和发展的步伐。他们的学习阶段曾充满遗憾，年龄和精力也成了限制创作的不可抵抗因素，但却倾尽全力培养人才、扶植人才，以践行对建筑的理想，承担对国家、社会的责任。

第七章

时代回音

第一节　提升

改革开放以来，中国留学队伍不断壮大，留学工作也取得了相当丰硕的成果，改革开放初期留学人员敢为人先，率先迈出了向外的脚步，更可贵的是，他们不忘来时路，归国之后，领航中国建设。建筑学科中，"取经"归来的建筑师，他们以开阔的国际视野，在建设中反思，在实践中求索，也活跃在教育等战线上，充分发挥自身优势，为中国建筑学科的再发展建言献策，以个人力量、群体力量共同繁荣中国现代建筑发展。留学经历给予他们的影响，不仅在于增其新知，更在其他方面潜移默化地促其进步。为人师表，他们通过教育的力量，将信息传递给更多的学子，发挥更大的作用。他们是中外文化交流的使者，但在特定时代背景下，这一群体必然也存在着一定的局限。随着全球化的不断推进，越来越多的建筑学人成长起来，一代又一代建筑师更替，再回首改革开放初期的留学建筑师，便能够更清晰地总结出其群体特征，听到其留学经历之回响。

（1）鞭策进步

中国科技文化事业在动荡岁月中受到重创，建筑事业也曾一度处于低迷状态。改革开放后率先走出国门，经历留学教育的人才，也被寄予了学习国外先进建筑知识、引进建筑设计机构管理经验、培养更多建筑人才的殷切期望。这些建筑师通过个人的努力与上进好学的姿态，向外展示出中国向世界先进看齐、追赶全球化潮流的决心与魄力。他们也曾凭借良好的外语能力、先进的科研理念，以及更广阔的国际视野，以个人的力量汇聚群体的力量，为中国建筑界注入新鲜血液。

探讨改革开放初期海外留学经历对建筑师的学术研究、设计作品产生的影响难以精确量化，但当每位建筑师谈起过去时，这段经历往往都是跳不过的、难以忘怀的曾经。"润物细无声"般，建筑师们接受西方建筑思想，在思考中日臻产出更多智慧结晶。虽然留学时间较短，至多几年光景，但它带给建筑师个人的影响绝不能够被低估。虽然在归国后建筑师们的年龄已是半百上下，但他们也正是从此刻开始真正大放异彩，获得了鞭策其持续向前的动力。"我们比较幸运，但是像我们的老师，他们当年都没有机会有较长的一段时间在国外工作学习。更可惜的是，当年在他们能做事情的时候没事情做，等到有事情做了却也老了做不动了。"[①] 正是在这样的思想激励下，也是在建设现代化的号召下，建筑师们始终在进步，终身在学习。

从个人发展来看，留学建筑师群体归国后大多成为各高校教授、各大设计院高级工程师，仅以本文第三章所列举建筑师，其中便有郑时龄、吴硕贤等成为中国科学院院士，戴复东、马国馨、关肇邺、钟训正等成为中国工程院院士。作为国内建筑领域内最资深的专家学者，他们的专业影响力已扩展成社会影响力，成为当代中国建筑领域发展之中最具话语权的科学力量。他们誓做所在研究领域的带头人与引路者，切实影响中国现代建筑发展，推动着建筑学科的不断向前。

马国馨曾主持设计过多个国家级建筑项目，自日本归国后所设计的北京国家奥林匹克体育中心等项目，都曾因别致的设计思想而轰动一时。工程设计任务已足够繁重，但他却从未停止过对理论的探索和总结。1981 年，

---

① 根据郑时龄访谈整理。

日本杂志《玻璃和建筑》策划出版一期介绍中国建筑的增刊，向在东京大学做访问学者的清华大学王炳麟约稿，该任务交由在日研修的马国馨和柴裴义。最后他们所完成的论文题为"住宅的现状"，介绍国内住宅发展，这也是二人在国外发表的第一篇文章[①]。1984 年回国后，马国馨在《世界建筑》上发表了其在国内的第一篇文章《从两个饭店的设计看日本建筑界的一些动向》，文中通过对村野藤吾设计的日本新高轮王子饭店和丹下健三设计的赤坂王子饭店进行介绍，对比两位建筑师的设计理念。自此，他便开始了勤奋的笔耕。自 1989 年出版的《丹下健三》至 2024 年出版的《南礼士路的回忆：我的设计生涯》，30 余年间作品不断，无论是论文、杂记、诗篇，还是摄影，始终在做生活中的"有心人"。曾有记者采访他，问及写作原因，马国馨提到丹下健三与其学生矶崎新、黑川纪章，他们都是兼顾设计实践与学术上的探讨，将二者很好地结合[②]。丹下自己也曾写过大量文章记录个人的设计思想，从"功能论"转向"结构论"又转向"信息论"；同时也记录了各类建筑界思潮及日本传统文化对其创作的影响与体现。因此，在大师的影响下，对马国馨来说，学习、吸收、写作成了一种习惯，甚至再入清华园，攻读博士学位。"高产"只是积少成多的结果，理论与设计间互相促进，学术与实践间彼此成就，即便已获奖无数，但他从未因荣誉而止步，仅将其视作又一段征程的开始。

在意大利学习时，郑时龄同时选修了意大利艺术史，从此以后便同艺术结缘，参观了许多博物馆和画廊。"在 1985 年 12 月欧洲经济的黑色星期五之前，每逢周末佛罗伦萨的乌菲齐画廊免费开放，我的大部分星期六是在那里度过的。"[③]之后便也养成了每到一地，就到那里的博物馆参观

① 马国馨.南礼士路 62 号：半个世纪建院情 [M].北京：生活·读书·新知三联书店，2018：173.
② 李沉.是建筑师，也是建筑学家：第二届"梁思成建筑奖"获得者马国馨院士学术成就访谈 [J].建筑创作，2003（5）：28-39.
③ 杨永生，王莉慧.建筑史解码人 [M].北京：中国建筑工业出版社，2006：246.

学习的习惯。如今，除了拉丁美洲、非洲和东欧的一些国家，世界上所有知名的博物馆他基本都已去过。归国后，他仔细阅读三卷本《意大利艺术史》等书，并在授课中逐渐积累相关知识。浓厚的建筑美学兴趣，使得建筑师愿意沉下心进行研究与译著，广博的艺术史学积淀，为建筑师探索建筑学的核心问题提供了对文化历史背景理解的前提。1988 年，郑时龄开始翻译意大利建筑史学家曼夫雷多·塔夫里（Manfredo Tafuri）所著的《建筑学的理论和历史》（*Theories and History of Architecture*）。在艰苦的翻译工作中，郑时龄还同时担任美国伊利诺伊大学厄巴纳—尚佩恩校区（University of Illinois at Urbana-Champaign）客座教授。原文多国语言混杂，艰涩难懂，为其译作的勇气广受赞赏。通过阅读塔夫里的其他作品，受到其意识形态批评的启示，郑时龄开始著写《建筑批评学》，将建筑理论与史学批评相结合。这种对历史的审慎态度，同样也成为指导建筑师设计实践的原则。即便在理论领域颇有建树，但郑时龄认识到"建筑家"与"建筑师"之间的差别，不可只做"搞理论的"或"做设计的"。通过将国外城市与上海进行对比，对其中之利弊进行分析，并吸取合理之处予以实践。如在外滩公共服务中心的设计中，考虑到周边历史建筑环境的限制——其位于上海市外滩 14 号原交通银行大楼和 15 号原华俄道胜银行之间，因此建筑师以理性克制的方式完成设计。立面施以干净的垂直水平线条，实现虚实比例的平衡。设计中无任何繁复的装饰，门窗洞口均为规整的方形或矩形设计。建筑以谦逊的姿态，毫不起眼地隐藏在外滩历史建筑群中，同时也体现出它的新价值，而非完全仿古。该方案战胜其他世界知名建筑师的投标方案，真正完成"镶牙"工程，而非"镶钻石"，以充满时代精神的现代建筑补充完整外滩建筑群，与建筑群整体和谐，而非跳脱（图 7-1）。正是在一次次的瞭望与反思、远行与问道之中，建筑师的技艺精进，并运用于实际当中，为中国城市发展与建筑设计持续作出贡献。

图 7-1 外滩公共服务中心外立面（左图）及与周边建筑关系（右图）
图片来源：作者自摄。

　　从踏入建筑学科到上山下乡，从回到岗位到走出国门，从归来建设到在建筑界留下赫赫功勋，从一线探索者到专家顾问，几十年来，建筑师们从未停止过追寻的脚步。当年求学时艰苦的经历，使得他们更珍惜每一次学习的机会，留学经历为他们增添的不仅是一份人生履历，也是另外的一次锻炼和提高。待到归来，提及过去的一切困苦艰辛都已是云淡风轻，全部都已转化成了他们的精神财富，但好学的态度不变，谦虚的胸怀不变。过去，他们起早贪黑，偷偷读书；初为人师之时，"最怕下课时间未到，准备的内容讲光了，那么多眼睛盯着你，等你张口，多么窘人！"于是当时要用大量的时间备课[①]；初为建筑师时，"什么都不懂"，需要寻找大量的资料参考，但几十年过去后，"每次讲课前仍要花上大量时间"，学习的时间不减反增——新事物、新观念层出不穷，为向学生传授最新的知识、追寻建筑动态，他们积极寻求进步，不断充实自己，永远像海绵般不断吸收新内容。

---

① 吴焕加. 建筑史教员的回顾 [C]// 第二届世界建筑史教学与研究国际研讨会 跨文化视野下的西方建筑史教学会议论文集，上海：同济大学建筑与城市规划学院，2007：40.

（2）批判意识

曾经动荡的教育环境，使得人才断层成为那个时代的遗憾。在"文化大革命"前接受过高等教育的建筑师，待到改革开放时大多已人到中年，但却依旧是行业中最年轻的一代。多年的工作经历，使得他们具备辨别是非优劣的判断能力，不曾简单地认为发达国家的一切都是好的，也不会对大师盲目崇拜。

被日本丹下健三城市·建筑设计研究所所员戏称为"大叔"的马国馨，虽直面大师，却未因此而失掉独立思考的能力。以热情迎接工作，却以冷眼观察体制。建筑师在国内开办私人事务所的经营模式需追溯到新中国成立之前，而国外则有相当多的建筑大师是以此方式开展建筑设计事业。因长时间的不了解，国内的建筑师们总会戴着滤镜观察，认为这种方式更优。但通过近距离接触，马国馨认为这种方式存在重要缺陷，主要体现在无法综合集体的智慧，随着领导者精力的衰退，事务所的活力就也会降低。"过去我们拿着放大镜看国内，用望远镜看国外，去了之后便是用放大镜看国外，用望远镜看国内"[1]，置身于完全不同的环境中，能够全方位地了解日本民族文化，获得不同的感受，自然而然地使思想方法和观察角度产生更多变化，从而跳脱出惯性的思考方式，对事物提出新的观点。

同样，这种批判意识不仅体现在他们"走出去"期间，更体现在"引进来"之后。他们深知自己并非以个人名义出访，更为了实现中国建筑师了解世界的集体愿望。在国际上，当时的建筑界正逢多种思想碰撞，多种思潮激荡。在中国建筑师还在研读经典现代建筑时，后现代等建筑风格已开始侵入。如何将各类风格引进，在建筑实践中该如何运用，中国未来的建筑发展又

---

[1] 北京纪实频道．昨天的故事 脊梁：院士马国馨 [Z/OL].(2018-03-01).https://item.btime.com/86okb6u0rfoe01cgf599c949oqh.

该是怎样的趋势……面对这些问题，建筑师们旗帜鲜明地探索体现时代性和地域性的建筑发展道路。在引进的过程中尊重事实，结合自己的亲历感受，衡量精华与糟粕，客观予以呈现。

在后现代主义风行之时，所引发的误读状况也曾频频出现，甚至有"复古之风"再次掀起。但每个时代都不乏智者，那些率先亲历过，甚至直面过后现代主义倡导者的建筑师们，选择不盲从，他们反对追求形式主义、不顾民生的铺张浪费，即便后现代主义的浪潮来势汹汹，却始终坚定寻找建筑的本质性进步方式，即便有所吸收，也总是谨慎对待，而非停留在表面，努力提高创新意识。

在建筑核心杂志《建筑师》中，陈志华以"窦武"为笔名，于1980—2012年间书写131篇专栏文章《北窗杂记》，其中针砭中国城市化发展、建筑创新及文物建筑保护等问题，以笔为刃，毫不留情地刺穿各类现象的伪饰，表达建筑师的态度。建筑师直面在国外风行的或刚被引进国内的种种新概念和新理论，反对故弄玄虚的"哲学"评论，以观念性的思维去解释建筑的形成和发展，坚定认为，一切理论都应当围绕建筑的本质、社会功能、人对建筑的真实要求展开，绝不能脱离生活。

虽在翻译时建筑师们不曾加入个人情感，充分尊重原作，但却对于其中内容进行更深层次的思索。建筑理论界曾对后现代主义进行大面积的探讨、学习或批判，曾震惊于各类"符号学""现象学""类型学""语言学"，但陈志华认为，与其关注较为虚无的学说，不如对其进行经济的、社会的、历史的客观分析。如果未曾考察这些建筑的社会历史背景，终究看不透它们存在的原因——建筑艺术的通俗化，甚至商品化。因此，他劝说建筑师们："要真正弄懂一些当代建筑理论，作出恰当的评价，汲取有益的成分，必须了解这套理论产生的具体的历史背景，当时的政治、经济形势和文化思想，还要知道这些理论家的教育、职业、政治倾向和社会地位等，甚至还应该知道他们的代表作发表时的情况。扎实的世界建筑史知识，是正确理解和评价各种建筑思潮和理论的基本功之一。"[①]

编撰课本是这一代建筑学者最为卓越的成就之一。1979年改革开放开端之时，新一版外国建筑史课本成形，陈志华在1958年第一版书稿的基础上修订而成的《外国建筑史（19世纪末叶以前）》，即作为中国高等学校教学参考书第一版中的重要一册。历经几次修改，在序言部分，他总会强调其中"观点和基本写法并没有改变"。即便已进入21世纪，有人询问，如今学术环境宽松，为何还要以阶级分析方法写历史，陈志华回答："既然学术有了比较多的自由，请允许我还用历史唯物主义的方法写历史罢。"在他看来，"历史唯物主义还是一种最深刻、最全面、最切中肯綮的历史哲学和历史方法论"[②]。接触过各类书写史书的方式，他将国外的建筑史书分为两类，一类是由学术委员会加以修订，却总是老腔老调；另一类则是高举某派、某主义的大旗，但是很快就又无声无息了。他并不轻易为其所动，这并非闭目塞聪，顽固守旧，只是不轻易趋时，更希望以此为引，帮助学生树立"历史意识"和"历史感"，能够"和全人类几千年的文明成就接轨"。

改革开放初期的留学经历于建筑师来说仅是开端，日后再去更多国家，建筑师们便会对各国特点进行对比分析，找寻出在某方面更为优秀的做法。"当我有机会到欧洲、澳大利亚等国访问的时候，会有这样的体会，美国还是一个比较'粗糙'的地方，无论是建筑的艺术性，还是建筑的精细度，欧洲还是胜于美国的。因为欧洲的文化底蕴更深厚，美国的商业性更强，

---

① 窦武.北窗杂记：二十七 [J]. 建筑师，1994（4）：88-91.
② 窦武.北窗杂记：七十九 [J]. 建筑师，2003（5）：100-102.

是资本家的天下。"①从建筑形式到背后的社会运行制度，建筑师逐渐产生清晰的认知。在学习的态度中加入批判性，便能够跳脱出全盘接受的圈子，明确什么是更好的，了解哪些更适合引入中国。

在面对新的事物时，建筑师们也曾显得"笨拙"与格格不入，但抛弃直觉与偏见，通过质疑与询问，他们踏上求真的道路，查阅相关资料，参考对比各类建筑实例，他们形成个人观点。在国内资料尚有许多空白之时，他们的思维不曾受到过多限制，多层次对信息进行筛选，通过观察、判断，以建立起对事物的全面认知，并引发更深入的创造性思考。

（3）爱国使命

当革命的狂热散去，贫穷现状对于每一位国人来说，都如芒在背。作为留学精英，改革开放初期留学归来的人员都不负期待，不曾推辞，以意志和智慧开拓进取，逐步缩小着中国与世界之间的差距，推动当代中国科技发展进程。其中，建筑学科归国人员，以光辉的实践成就，引领中国现代建筑前进。"适用、经济，在可能条件下注意美观"的建筑方针依旧主导设计，建筑师们未曾有条件放开手脚，又谈何天马行空。一直以来所接受的爱国主义思想教育、到最基层劳动实践以及集体创作的经历，使得他们始终将国家放在首位。怀揣着实现"四化"的强烈愿望和"把'文化大革命'失掉的时间补回来的决心"，他们的个人命运早已与国家建设同频共振。留学建筑师群体放眼于国家真正需要发展的学科，补足最紧缺的建筑类型或方向短板。

曾身居异邦印度尼西亚、身为华侨子弟的黄锡璆，切身体会过游子之苦。直到听闻新中国成立的消息，令漂泊在外的"海外孤儿"欣喜若狂。

---

① 根据项秉仁访谈整理。

未曾犹豫，黄锡璆也热切感受到祖国的号召，义无反顾地在印尼政府"一辈子不再回去"的契约上签字，在船上历经五天五夜终于回到故土。毕业后，他主动选择到四川自贡参加"三线建设"[①]，却也因华侨身份，在之后的"文化大革命"之中，被划为第九类[②]。直至改革开放，能够获得出国留学的机会，在强调家庭出身的年代，更令他感到机会难得。无论是在国外，还是又一次踏上魂牵梦萦的祖国，黄锡璆都始终以国家利益为先，选择学习国家最紧缺的医疗建筑，两度在国家突发公共卫生事件时挺身而出，即便在 2020 年暴发新冠病毒疫情之时，黄锡璆已是 79 岁高龄，却依旧第一时

图 7-2　黄锡璆援助武汉请战书（左图）及疫情期间工作照（右图）
图片来源：中国中元国际工程有限公司提供。

---

① 　"三线建设"是指，自 1964 年起我国政府在中西部地区的 13 个省、自治区进行的一场以战备为指导思想的大规模国防、科技、工业和交通基础设施建设。"三线建设"是中国经济史上一次极大规模的工业迁移过程，同时也为中国中西部地区工业化作出了极大贡献。一线地区指位于沿边沿海的前线地区；二线地区指一线地区与京广铁路之间的安徽、江西及河北、河南、湖北、湖南的东半部；三线地区指长城以南、广东韶关以北、京广铁路以西、甘肃乌鞘岭以东的广大地区。

② 　司阿玫. 泪流归海系祖国 兢兢业业为医疗建筑：访中元国际工程设计研究院顾问总建筑师黄锡璆 [J]. 设计家，2010（1）：48-55.

间向组织递交"请战书"（图7-2），在情况危急之时提供最大的帮助。

建筑师对祖国的爱与体谅绵绵不息，他们深知，中国与他国国情不同，社会环境也相异，若直接照搬照抄，难免会因不适合而出现更多的问题。改革开放初期中国经济发展较为缓慢，建筑师群体更是在实践中深切体会过缺少物质保障的现实条件制约。因此在实践中，他们规避教条，从实际出发，以恰当的思路指导合理的设计，甚至以超前的意识探讨建筑节能的有效途径。如黄锡璆提出，医院属高能耗建筑，"病人中不乏体弱的老人，还有住在烧伤病房，或者做骨髓移植的特护病人，他们甚至需要对空气过滤以保障洁净度，还有一些手术室需要设垂直层流过滤，考虑生物洁净、用电设施……因此医院的能耗相当大。"[①] 考虑到建筑类型的特殊性，在设计时更需要仔细推敲其整体布局与具体做法。以半集中式形态和内院设置的方式为建筑内部引入自然通风与采光，尽量减少"黑房间"与空调的使用，以此完成的福建医科大学附属二院东海分院等，在入口大堂、医疗主街等处采用半开敞设计（图7-3），为建筑节省能源的同时，也宽慰着医患的使用心理。

在外期间，建筑师们竭力吸收新知识，时刻谨记自己为什么而来，将对国家和人民的关切化作学习的动力，不曾逾矩。每每想到留学生出国的费用是从国家紧缺的外汇中调拨，一年的费用相当于多名工人、农民多年辛勤劳动所得，他们在学习中绝不曾怠慢，带着充分的积极性开启每日的学习。前往英国诺丁汉大学留学的仲德崑，回忆两年留学生涯如同"洋插队"。也正是在这两年时间中，在完成博士论文后，他在扉页写下："To my beloved motherland – China, and to those who love her."[②]（献给我可爱的祖国——中国和所有热爱她的人）（图7-4）。回国后，仲德崑也成为最

---

① 根据黄锡璆访谈整理。
② 根据仲德崑访谈整理。

图 7-3　福建医科大学附属二院东海分院，建筑内景（左图）、外景（右上）及医疗主街（右下）
图片来源：中国中元国际工程有限公司提供。

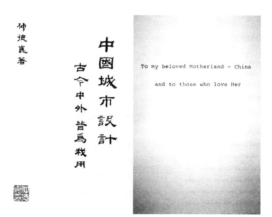

图 7-4　仲德崑博士论文扉页
图片来源：仲德崑提供。

早一批把城市设计理念引介到国内的学者之一，引领东南大学建筑学院的教学改革创新，见证深圳大学建筑学院逐渐走向辉煌，并于 2018 年任职期间带领该院获批一级学科博士点授权，大力推进建筑教育发展。

纵使国外条件优渥，国家也逐渐放宽政策，同意留学人员来去自由，但建筑师们深知，国家缺少人才建设，投入如此巨大的资金与精力培养，自己作为受益者，更需要回报国家，为国家服务。即便所到访国家经济条件、学术环境都远超我国，即便也曾有过留下来的机会——据吴硕贤回忆，当年澳大利亚大学教授的月收入就达到上万澳元，而当时已是副教授的吴硕贤在国内的月工资只有七八百元人民币[①]。但深受传统爱国主义教育思想影响的建筑师们却不曾为此而心动，坚定学成回国服务的信念，为祖国的建筑事业贡献所有。

第二节　反思

（1）留学教育新定义

近代以来的百年之间，漫长的留学史中高潮频起，首批幼童访美，清末留日救国，庚款留美，五四留法热潮，20 世纪 50 年代留苏……却也曾有过断裂，抗战十四年，"文化大革命"十年。低谷过后，相继而来的总是井喷式的高潮，无论是清末长时间的闭关锁国，还是之后的中断，都曾因封闭而导致国内社会在各方面均面临落后的窘境。内忧外患，纷至频仍，引无数仁人志士感叹"于斯时也，天下殆哉，岌岌乎！"同时也有更多有

① 王倩. 吴硕贤：带领"高冷"学科走入千家万户 [EB/OL].(2016–06–24).http://www2.scut.edu.cn/architecture/2016/0624/c2883a75020/page.htm.

识之士认识到，唯有积极进取，才能求存图强。

若运用美国学者伊曼纽尔·沃勒斯坦（Immanuel Wallerstein）在其著作《现代世界体系》（*The Modern World-System*）中所提出的"核心—边缘"理论考量留学教育，便可发现，这种交流是落后者的奋起直追，是将发展较为快速的西方科学文化默认为"核心"的靠拢。放之于建筑学科的发展，这是从引入该学科即开始的长达一个世纪的追寻过程。无论是在思想价值观念上，还是在专业技术上，对建筑活动的学习与引进，对建筑现代化的推动与探索，都同建筑师的留学过程不可分割。

历次的留学高潮，从未有过任何一次可同改革开放以来的留学热相提并论，无论是在留学生数量，还是在范围、广度等方面。在中国与外部世界关系发生深刻变化之时，在中国的历史命运发生巨大转折之时，在中国现代化逐步推进之时，作为对外开放事业的重要部分，留学教育进展空前。中国与西方国家外交关系的恢复和推进，为交流创造了条件和空间，也正是在积极对外开放、全身投入世界的助推力之下，部分中国建筑师率先获得留学机会，开始走向世界。外部世界曾予其以强烈刺激，更使建筑师们深刻感受到落后之处，在自信与反思中，他们逐渐形成了关于自我与世界定位的认知。

在此时期中所涌现出的优秀归国留学人员，不仅是初尝改革开放初期留学政策滋味的亲历者，更是热爱祖国、踏实奋斗、开拓进取的实践者，他们的突出贡献推动着国家的向前发展。为展示其风采，形成示范效应，1990 年 11 月，"首届全国留学回国人员科技成果展览会"于北京农业展览馆举行，并于次年初召开"全国有突出贡献的博士硕士学位获得者、回国留学人员和优秀大学毕业生表彰大会"，310 名留学人员获得表彰；1997 年，318 人获得"全国优秀留学回国人员"称号。20 世纪末的两次留学回国先进个人表彰活动，充分肯定了改革开放初期留学人员的成就与努力，并为 21 世纪新阶段的留学工作指引新方向。在这其中，建筑师也不曾缺席，如马国馨、时匡等，分别在两次活动中受到表彰。他们代表着改革开放初期留学建筑师群体，是数十位、上百位建筑师的集体缩影。观念上的更新，较高的学术与专业水平，语言上的优势等方面，都印证着这一群体通过各种学习方式所获得的独特教育教学体验与被激发出的潜在创造性思维能力。

从留学角度观察此代建筑师群体，与其他代建筑师间的确存在许多相异之处。特殊的时代环境、成长经历都赋予建筑师以特殊性，使得改革开放初期的留学方式同样具有其他年代所不具备的特点。

首先，该时期的留学方式具有一定的计划性。以严苛的留学选拔方式确定人员名单，限定留学人数，规定留学国家及机构，这一方式更体现出改革开放初期留学机会的难得。纵观历史数次留学大潮，在新中国刚成立之时，向苏联派遣留学生的过程中，计划性更甚。但新中国成立之前及 20世纪 90 年代中期之后的留学活动却不同于此，尤其是在 20 世纪 90 年代中期之后，各类留学行为更显自由，在越来越开放的环境中，留学人员有了更多选择空间。从百余人在特定国家留学到百万留学大军遍布全球，时间不过十年。1996 年开始，申报程序被放到各部委及地方，以往的"单位推荐"方式已被改为"个人申请"，签约单位也由原单位改为国家留学基金委。反观改革开放初期留学刚刚兴起之时，建筑学科的特点使其并未被归入急需建立完善的专业之中，1980 年国家派出首位建筑师赴美留学，与其同批的留学人员大多学习物理等纯理工学科，之后才有更多建筑师逐渐有机会留学。

其次，在留学人员选拔方面，刚刚开放之时的留学政策相对保守。派遣大学生在具体操作上存在一定的困难，如高中毕业生外语水平较低，国内学制与国外缺乏衔接，一些国家表示当年不能接收中国留学生等。同时，

20世纪50年代初期的留苏政策也已证明了以大学生为主的留学派遣存在一些问题，因此最终决定压缩大学生派遣比例，以研究生和进修人员为重点。获留学机会的建筑师也大多以访问学者或交流学者身份出国，由国家和单位公派，这成为最主要的留学形式，仅有少数在国外获得硕博学位。他们已在国内接受过建筑学基础知识的学习，并且这一体系大多沿用苏联教学方式。第一代建筑师所接受的是最为完整的西方建筑学内容，虽然苏联教学模式沿袭于学院派，两代建筑师所学一定程度上存在相似之处，但需要认清的是，此刻的世界建筑正经历现代建筑运动，已呈现另一番光景，再加上"文化大革命"的影响，第二代建筑师的知识储备远远缺失。同样不似之后的建筑学人，已受益于改革后的建筑教育，从一而终地学习现代建筑内容，即便大多依旧选择从国内获得本科学位后再到他国留学，但前期的学习内容已与国际基本同步，能够较为顺利地对接硕博学位。相较于改革开放初期的留学建筑师，后辈建筑学子留学的平均年龄有了极大的降低，这体现出自费留学教育的普及、家庭经济能力的提升，但一定程度上却也隐藏着些许隐患，如自费出国者应当满足具有自理、自控能力，经济来源有保障和语言达到入学要求这三项要求。但在实际中，面临无数难关，这三项基本要求却成了之后一部分留学人员难以达到的标准。辩证地看，该时期留学人员的选拔方式，使得留学质量能够从根源上被把控，使得这一时期的公派留学有着较高的起点，体现在留学人员的爱国意识、进取精神与知识储备等多方面中。

再次，留学人员体现出强烈的责任意识。最直接地，这种责任意识反映于专业学习方面。无论是在留学之前对语言能力的突击，在留学之时全身心地投入，还是在归国后对专业发展的促进，建筑师们都不曾辜负所肩负的期待。没有人比留学建筑师群体更直接而真切地体会到中国与外部世界的差距。对比之下，由西方移植而来的中国高等教育与建筑学知识体系，在多年隔绝后只得羸弱发展，面临本土化的迟滞，需要从头建立起基本的秩序和规范，更新知识，培养人才。也正是这些建筑师，凭借已更新的理念，良好的学术水平，因语言优势而获得的国际交流能力、信息获取能力，在一线建设中设计出更多精品；在教育教学中更新教学内容，丰富课程和教材，并鼓励学生进行表达与思考，提高设计能力；在有机会参与管理、参政议政时，从体制机制上进行根本性的革新，更通过较强的对外能力为中外建立起紧密的合作关系，促进国际学术与实践交流。也正是在他们的努力推动下，建筑学科的学术起点得以提高，师资力量不断加强，国际学术交流等多方面都得到了快速提升，在20世纪80年代学科恢复性发展阶段，使得建筑学科向理性而多元的方向快速发展。这一过程中，改革开放初期留学建筑师群体发挥了"不可替代""关键性的""决定性的"作用。

除专业知识外，留学人员与建筑师的双重身份，使得这一群体的责任意识也反映在对外形象的建立上。身为"取经"使者，他们在外积极维护中方权益，在刚刚打开开放的大门之时，向外展现出中国学者的求知进取精神，为长时间与外部世界隔绝的中国树立起良好的国际形象，累积起较高的声誉。这一自主性行为并非这一代留学人员所独有，回首百年前，在19世纪首批留美幼童被迫归国时，《纽约时报》在1881年7月23日所发表的社论充分表达了对这些小留学生的不舍与赞誉："他们机警、好学、聪明、智慧……能克服外国语言困难，且能学业有成。吾人美国子弟是无法达成的。"20世纪初，第一代留学于美国学院派大本营宾夕法尼亚大学的建筑师群体，更是以各类荣誉，在该校历史上留下了"中国小分队"的神话。在20世纪50年代，赴苏留学的学生群体，因优异的表现，受到苏联人民的欢迎，甚至在30余年之后，中国赴苏代表团在与苏联政府官员和人民的接触中，还会经常听到对当时中国留苏学生的评价，赞扬他们勤奋、刻苦聪明[①]。友好和平、虚心向学、态度严谨的美好品质，同样也深刻反映在改革开放初期留学建筑师的行动中，让外部世界对中国建筑进行了解，使中国与他国建立起深厚友谊，在平等与尊重的氛围中传递文明。1987年4月，荆其敏第三次到美国俄克拉荷马州立大学访问，映入眼帘的是建筑系馆外悬挂的一面巨大的中华人民共和国国旗，在春天的阳光照耀下，鲜红的旗帜分外美丽动人

图7-5　荆其敏（右四）第三次到访美国俄克拉荷马州立大学
图片来源：天津大学留学通讯，1988（2）：封面.

（图7-5）。这面国旗是由该校西若·摩尔根教授亲手缝制，只因两年前其率学生访问天津大学并学习中国传统建筑艺术时正逢美国独立日，在遥远的东方国家，获得东道主在为其举办的庆祝会上所赠送的一面小小的美国国旗。为回馈这份感动，摩尔根教授便用这面大国旗表达对老朋友的欢迎，更表达了对天津大学的怀念以及对我国的友谊[②]。这或许只是改革开放以来中外友好交流的一件小事，但也正是这些充满温情的小事，共同体现出在包括建筑师在内的中国留学人员所扮演的友好交流使者角色的推动下，中国同外部的良性互动关系，在越来越开放的环境中，曾经与国外单位建交的友好点滴。

在国内接受过扎实本科基本功训练的建筑师经过选拔远赴重洋，有机会获得短期留学培养机会，所接受的精英教育与他代建筑师相较，在方式、

---

① 关键.中国留学教育史的新篇章：谈谈五六十年代的出国留学 [M]// 留学生丛书编委会.中国留学史萃.北京：中国友谊出版公司，1992：112-120.

② 荆其敏.国旗与友谊[J].天津大学留学通讯，1988（2）：48.

政策等方面存在差别。但一致的是，留学人员珍惜留学岁月的认真努力和为国建设的光荣使命。在稳定的政治环境、高速发展的经济条件中，建筑师们在回国后创造了更多的成果，为科技发展、现代建筑的前进提供着中国力量。用行动在改革开放初期这一关键性历史节点处，为留学教育的定义提供了新的注解。

（2）全球环境新视野

或许在当代建筑师眼中，关于"代际"的划分会带有一丝"挑衅"的意味，无论年龄如何，他们始终是以求新求变为己任。改革开放带来了建设热潮也带来了多元文化，经济转型后信息爆炸引起的余震未曾停止，客观上不断促进人才的涌现。但辩证来看，"新陈代谢"的过程变得既快又慢，总会有时代的旗手冲锋陷阵，但对于新事物的接受与反思却也让思想永葆青春。仅仅按照十年或二十年的成长时间去划分未免过于粗暴，但建筑学科却始终是反映时代特性的载体，通过建筑作品，更能够看到建筑师与时俱进的设计追求，只是相互间的界限逐渐模糊。若将毕业于新中国成立前和"文化大革命"前的建筑师算作第一代、第二代，那么第三代之后的建筑师则更为广义，但以建筑师所站立场的不同、所负使命的不同，倒也能够理出分代：以当代中国建筑创作研究小组为代表的建筑师们接过了转型后的接力棒，这可算作第三代；随着"新三届"建筑师的加入，第四代建筑师逐渐形成，进一步推进了"创作"与"研究"的深入。至第五代建筑师群体，他们大致出生于20世纪70年代，更关注"与建筑切身相关的"环境情况。现在也正逢第五代建筑师创作的黄金期，基本形成了自己的创作理论，并有较多实践机会予以印证和体现，成为近些年镁光灯下最受瞩目的建筑理想践行者。

在各代建筑师之中，第二代建筑师总是易被忽略。即便曾有留学经历，但这一群体既没有第一代老海归派建筑师的"洋学"，也没有第三代及之后的新海归派的"新潮"，常自嘲为"土包子"，但客观来看，他们却是在特殊年代，在改革开放初期同各国间开展广泛交流、创作机制产生根本性变化之时，主动探索，引领中国建筑文化走向现代性的领军者。"文化大革命"产生人才断层，已是中年的第二代建筑师，同下一代刚步入校园的中青年皆有的建筑师相比，历经更为苦难的成长环境，但也能够与之同乘改革开放的春风，在与各国开展广泛交流之时，率先放眼全球化的新环境。

改革开放政策的提出与日益深入，使建筑的发展呈现出开放和互动的关系。建筑创作机制发生了根本性变化，政治主导的时代已不再，前所未有的广阔建筑设计市场为建筑师提供了更多的实践机会。中国建筑文化走向现代性的步伐在这一时期步子迈大、速度提升，中国建筑文化发展的新格局正在被构建。曾经，建筑师需要在政治的立场中探讨建筑观点，在建筑中找寻政治的立足点，"一边倒"的外交政策，紧张的政治环境，都使得对现代建筑的探索充满艰辛。即便觉得某些现代建筑的设计有可取之处，却只能"心里觉得好，嘴上说它不好"。直至时代翻开新的篇章，为建筑去政治化，正确认识其实用性与艺术性，并对西方艺术、传统与现代有了更为客观的认知，建筑师能够站在文化的立场上，站在世界的环境中重新审视中西现代建筑，站在人类文化的高度来探讨中国建筑的发展问题。

若将改革开放初期留学建筑师与同代本土建筑师相比较，差别显著却又细微。在国内建筑师还在书本中补课现代建筑时，他们已有亲身体验的经历；当国内建筑师还在纠结后现代建筑究竟为何，甚至再掀复古风潮时，他们已踏出局限，大胆实践；当国内建筑师还在手工绘图时，他们已见识新技术，开展设计活动……这些留学建筑师已通过这一"独有性"的教育体验，获得国外最新的、有益的教育观念和方法并带回国内，开始对设计、教学、研究、管理进行对照和反思。对建筑事业的扩大与全球化视角的更新，便是与同代本土建筑师最大的差别。但不可否认的是，短暂的留学过程只是对于建筑师已接受的建筑教育的再发展，而非从根本上的撼动或改变。因此，无论是在建筑设计中，还是在理论探讨时，他们依旧秉持着质朴、亲切的设计手法与论调，始终牢记自己来之于人民，则服务于人民。厉行节约的设计思想未变，勤恳工作的设计态度也未变。

《北京日报》《北京晚报》等新闻单位于1987年发起组织了由市民参加的北京20世纪80年代十大建筑评选活动，最终共收到选票225361份，其中不乏中国国际展览中心（图7-6）、北京地铁东四十条站（图7-7）等由留学建筑师所完成的作品。无论是专业建筑师，还是普通民众，实用性、时代感都为其所共同关注，所投选出的建筑正说明了它们绝非建筑师自鸣得意、孤芳自赏的作品，而是为广大人民所认可的，为城市带来新气

图7-6　中国国际展览中心局部
图片来源：作者自摄。

息、骄傲感的好设计。在提炼设计理论时，他们从来都是建立在足够的设计实践的基础上，兢兢业业，不曾空谈。无论是钟训正所遵循的"顺其自然"，还是项秉仁所坚守的"因时、因地"，建筑师们始终从现实出发，结合地域特征完成设计，这同本土建筑师并无二致。戴复东曾以一首打油诗总结建筑师的责任："设计建筑，为人服务。抬头看路，走对脚步。适用坚固，不得有误。经济支柱，心中有数。美观情愫，恰到好处。生态永驻，文化融入。他人长处，学习借助。

图 7-7 北京地铁东四十条站
图片来源：作者自摄。

盲目趋附，别人厌恶。创新，丰富，整体，局部。历史托付，切莫辜负。记取错误，永作财富。目标贯注，全力以赴。"[①] 这也正是一代建筑师的共同追求，设计合情合理的建筑，完成中国文化的现代传承。

再将改革开放初期留学建筑师与他代留学建筑师相比较，差别则十分明显。对于留学经历，不同代际建筑师对于这段经历的收获不同，这与其所处年代存在密切的联系。不同于第一代建筑师视留学经历为启蒙，改革开放初期留学建筑师则视之为开拓，通过留学经历首先认识到"建筑师"这一职业的具体业务、设计单位的机制与经营，及图纸模型的表现与制作；

---

① 戴复东，吴庐生. 建筑设计中创意探索漫谈 [J]. 南方建筑，2008（1）：12-17.

其次是对材料技术、结构设备的开发利用，在20世纪末科技快速发展之时，学习到高层建筑结构、防火防灾、节能技术、新型设备、幕墙等新材料，及软件技术的开发和利用等；最后则是建筑哲学和建筑词汇及手法的灵活运用，对室内外空间的重新认识、建筑群体组合的方式、建筑词汇的组合运用，及对文脉和内外环境的注重等[①]。

对于第三代及之后的建筑师来说，留学不再是遥不可及的求学经历。"没有喝过洋墨水"的精英建筑师反而成了极少数，国内的许多原创佳作大多也出自海归建筑师之手。新生代建筑师认为，在他们留学之时，国外提倡的是一种语义模糊的建筑教育，鼓励以发散型多元化的方式来思考建筑，模糊建筑与非建筑的边界，于设计思维、设计手法及材质运用中某一点的极致创新，而非求全求稳[②]。于是建筑师所完成作品更多体现出的是创新精神，"实验性"为建筑界带来新气象。由于经济发展对媒体广告的依附，被包装后的建筑更易被人们所熟知，文化的产生与传播不仅体现在频频更新的建筑风格中，同样也反映在"建筑商品全球化"的发展趋势中。

也正是从改革开放开始，在全面融入世界发展的进程中，中国建筑师逐渐意识到，全球化的持续推进使得民族主义和封闭保守的文化观念在此过程中渐渐被打破。在当代科学技术的加持下，因循守旧和不思变革的观念也逐渐被淘汰，跨文化交融成为建筑师共同的选择。因此，既表现出国际性，又体现出地域性和民族性，满足多元审美越来越成为创作的趋势。

在追求开放的过程中，改革开放初期留学建筑师率先跨出了脚步。他们最早见识到外国建筑师在宽松创作条件下所完成的各类新建筑，甚至在

① 马国馨.近代中外建筑交流的回顾及其他[J].世界建筑，1993（4）：9-14.
② 项秉仁，郑小平，马卫东，等.海归论坛[J].时代建筑，2004（4）：34-37.

初见中庭、结构外露、风格更替之时感到恍若隔世。曾经建筑师对国内建筑"千篇一律"的质疑似乎在眼界开阔后有了回答——不仅留学建筑师有了回答，本土建筑师也有了回答；不仅第二代建筑师有了回答，后辈建筑师也有了回答；不仅建筑师有了回答，非建筑专业的房地产商和官员也有了回答。他们所给出的答案仿佛都是围绕现代主义，夹杂着同后现代主义之间的新的纷争。且不论这些回答孰是孰非，若只看结果，在20世纪90年代之后，建筑市场的确繁荣，不仅体现在数量上，也体现在形态上。但在光怪陆离的建筑丛林之中，有多少是精品？"与国际接轨"是否真的接上了正确之"轨"？客观来看，全球化环境中的建筑探索多元发展，但也泛起不良沉渣。一些建筑从业者，或因未曾亲临实地，或因不愿深入了解建筑实质，或因涉足建筑业未深便已蹚入建设浪潮，又或因生计与利益的驱使，附庸风雅者有之，表面抄袭者有之，"架子""金字塔""KPF"大行其道，甚至在国外的某次旅行看到古典建筑风格，便觉得美，便将其生硬移植到中国土地上，遍吹"欧陆风情"，"致使追随此风的建筑设计大大失掉专业水准"[①]。但以上这些现象的生产者中，改革开放初期留学建筑师极少甚至没有，究其原因，在于第二代建筑师早已形成的建筑观点本就具有的批判态度，也在于留学经历深入接触建筑在地与背景。不随意轻信的坚定立场，总能够使其规避消费主义与快时尚的侵蚀，见多了缺乏原理与背景的贸然出世，也见多了脱离中国国情和现实技术的随意兴建，建筑师们既为中外建筑文化的交流而欣慰，却也不免为其中所产生的各类问题、无法实现真正交融的现象所反思。

全球化的环境中建筑语言趋于统一，留学建筑师群体，既是推进现代建筑与中国发展的引领者，也是传统性与地域性的捍卫者。即便见识

① 邹德侬. 隔而不绝 交而待融：中外建筑文化交流50年 [J]. 世界建筑，1999（9）：16–23.

过各种不同类型的建筑，他们在建筑作品中所体现出的不是形式上的简单仿照，他们反对弄虚作假。出自骨子里的民族自信力，探究建筑本质的钻研精神，反映在建筑作品当中，便是既借鉴先进观念或技术，却也保持建筑内核独特性质的合理解决方法。以下几例便是优秀的建筑实践证明：

尊重建筑自然环境与传统——戴复东结合海草石屋民居智慧，在胶东半岛完成作品"北斗山庄"。7幢石屋的南面朝向大海，层叠错落。每幢石屋面积约为250m²，内部空间布局各不相同。屋顶材料使用当地海域中生长的独特海草，屋顶上厚下薄，能够快速排水，冬暖夏凉，防火耐久（图7-8）。虽然这种建筑形态已被当地人视为落后的表现，甚至在实施时也遭受阻力，但良好的材料性能，朴实敦厚的建筑形象，温馨别致的建筑空间，都使得建筑群体历经时光打磨而更显韵味。从历史的积淀中汲取，追求与特定环境相生的美与和谐，参考、借鉴，进而再创新，这便是建筑师未曾动摇过的设计出发点。

图7-8　戴复东作品"北斗山庄"
图片来源：引自戴复东. 追求·探索：戴复东的建筑创作印迹 [M]. 上海：同济大学出版社，1999：96.

图 7-9 西安美术馆，唐风屋顶与现代高台的结合
图片来源：作者自摄。

延续地域文脉——项秉仁经国际设计竞赛，成功赢得西安曲江新区大唐不夜城贞观文化广场的设计。提取高台这一源于唐代建筑中的意象，使配套功能、附属设施被统一于同一整体，饰双层表皮，内层为玻璃幕墙与素混凝土墙体，外层则为方式金属格栅，观演建筑的大空间则由唐风大屋顶覆盖（图 7-9）。这种古今叠加的造型方式充分尊重传统优秀文化传承，摒弃纯粹复古的建筑模式，拒绝含糊不清的语义，是对"新唐风"的有益探索，也是对历史街区风貌再现的重新诠释[①]。

探索可持续发展——栗德祥于 2006 年主持设计的青岛天人环境公司生态办公楼，是从气候条件分析入手，采用被动优先的设计方式。建筑以布局和形态回应环境条件的限定，合理利用自然资源。利用生态中庭组织自然通风，侧窗引入自然光线，配合光导管照明，屋顶设置光伏遮阳系统，配合立体绿化和湿地景观系统等综合作用（图 7-10），贯

① 滕露莹，马庆祎，曹伟，等 . 项秉仁建筑实践：1976—2018[M]. 上海：同济大学出版社，2020：239.

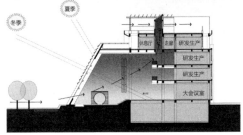

图 7-10 青岛天人环境公司生态办公楼外观实景（上图）及剖面图（下图）
图片来源：栗德祥提供。

彻低碳设计的理念。建筑师依据地区客观条件，以合宜的技术体现地域特色。

全球化的语境中，建筑师的创作始终充满着挑战。改革开放初期留学建筑师在将现代建筑引进时发现，唯有深入到地方特色，才能够克服现代建筑与中国现实环境之间的矛盾点。他们呼唤建筑师找回缺失的社会责任感，减少建筑市场中劣质设计的数量，也在探讨中国本土建筑文化如何在现代与传统之间抉择。他们拥有全球性的共同意识，超越故步自封的状态，但却努力发掘不同地域中文化的精华部分，应用合宜方式，根据当地条件和现代生活方式创造符合生态技术与经济规律的时代建筑。这是着眼现实条件的优势互补，更是对二元对立文化价值观念的突破与反抗。

（3）思想观念的触动

留学发达国家，一代建筑师迈出了至关重要的一步，这也是追寻现代建筑、融入现代世界的一大步。身处异域，无论是物质环境还是思想文化，建筑师从各个维度直面差异，这些也对他们产生了震撼心灵的力量。

在建筑师这一职业未能得到足够重视，数量未能达到社会需求，身份未能得到社会的广泛认可之时，建筑师中的一部分走出国门，见到其他国家建筑师的从业环境，认识到不同国家建筑业发展的情况。曾经受到的不公正待遇或许曾让建筑师们感到失落，但当他们重新被重视，获得留学的机会，在另外的环境中访问学习，认识到自己是服务于大众的设计者，而非工匠。这种人生价值的肯定或许更能让他们彻底走出阴霾，坚定地建立自信，并更愿意加倍奉献。

改革开放以来，中国建筑业的发展是自力更生与吸收引进同步发展的结果。这些建筑师留学访问之时，是中国封闭多年再次与世界共通的重要时刻，也是在其他国家已建立起现代建筑设计体系并多元发展的重要时刻。他们所见到的草木砖瓦，经历的人事情感，必然会对其产生多方面的触动。

经过短期学习，建筑师便进入纯正的语言运用环境中，既需面对生活日常中的基本交流，更需处理工作学习中的专业问题。为此，他们必须更快融入环境，毕竟时间有限。但也正是这种紧迫感，更能推动其进步，让其在语言运用与创作实践上了解更多，甚至较早地接触到已在世界通行，但未被中国引入的规范与规则。在交流与合作中，他们也能从同事身上感受到或学习到应对专业问题的方式方法，尤其是在管理方面。在出国之前，他们大多只在大学中任教师或在设计院任建筑师，即便也曾担任过行政职务，但并非其主业。进入实行建筑师负责制的新环境，建筑师需要参与多个项目，这些项目也分别发展到不同阶段，无论是项目深化，还是报建、施工、落地，都需要着手准备完成。从最初设计方案、模型、施工图的处理，建造的问题，再到后期的验收工作，即便无法深入参与全部，但见到所要承担的更多责任，就已经让建筑师为之震动。尤其看到大师在其个人事务所中的日常工作方式，无论是敏捷的思路，还是张弛有度的处事方式，都会使建筑师印象深刻。当需要更宏观地跟进设计全程，与各方周旋时，建筑师便需要付出比画图更多的心力，最终的效果必然也会更趋近于设计理想。

正如项秉仁在美国及我国香港工作时所体会到的那样，"建筑师除了需要对前期设计负责，施工过程当中，也需要定期去工地视察。只有保证项目施行同设计间达到足够符合的程度，才能够在文件上签字、交工。另外，建筑师也能够始终把控建筑设计的美学问题，不会因业主或政府意志而随意改变。在香港工作的时候，施工单位会努力'讨好'建筑师，因为如果建筑师不同意签字，施工方就拿不到钱。"[①]

或许对建筑师来说，过去他们根本不敢想象自己会到其他地方工作，但当鼓足勇气跨出第一步后，他们会更乐于尝试，不会因畏惧而为自己设限。于是许多建筑师选择在国外学习、工作更长一段时间，如傅克诚曾在矶崎新等事务所工作，项秉仁曾在美国、我国香港的规模较大的设计公司任职。他们在出国前，曾是国内知名建筑院校的教师，经历了身份上的一换再换，他们更能知晓中外建筑设计市场和建筑设计方式上的差异。在国外的环境中，建筑设计工作是同市场的要求紧密联系的，职业建筑师必须考虑业主的要求，考虑项目的反馈，并且要努力提升个人能力，保证项目的顺利运行，以免被突然解雇。这同我国当时纯国有制的设计院单位制度是截然不同的，甚至在工作时常有"危机感"。

---

① 根据项秉仁访谈整理。

"这同学校里的教学是完全不同的，教授们可以不管市场，只谈个人对建筑的看法、理解和创意，当然教学是需要产生新成果的，要在原来的基础上有所突破，所以必须要做些探索，但这并不是职业建筑师的责任。"也正是在参与各个岗位的工作中，建筑师在各个方面均得到了锻炼，项秉仁也更坚定了自己回国后独立运行建筑师事务所，选择"做老板"这一更具有挑战性的选项，开办了上海秉仁建筑师事务所，协调各方工作。

国外相对成熟的市场环境、丰富的社会资源，让在外学习工作的建筑师有更明显的成长和收获，了解到设计中的其他高效方式，如做实体模型、深化方案细节，甚至到门把手、马桶等，同时保证个人的专业性与办事效率提高，在生活与工作之间平衡时间分配，更好地把控每一项工作。这些新的体验无不会让建筑师更愿意将其吸收并引进。

在建筑教育中，新的设计思想、设计方法和设计语言也由他们带回我国的教育体系中，为现代建筑认知、形式构成提供了基础，引导建筑专业从业者甚至普通民众建立起新的建筑审美，为现代建筑在中国的再次发展铺就道路。

亲历开放的环境，他们深知建筑行业需要加深合作交流，而合作的基础便是国家政策的支持与经济的发展，于是他们欢迎国（境）外设计企业、建筑师进入中国大陆市场承揽项目，并与之共同在国际竞赛与招标中角逐，积极应对国际设计力量的竞争。以竞促优，中国建筑师正是通过与他国建筑师的交流，不断提高能力，快速成长，利用大量的实践机会，在专业能力方面不断缩小差距。

或许正是通过这段留学经历，他们见识过更大的平台，更能了解别人是如何发展的，自己的潜力有多少，在此之中更能学习到怎样以更好的方式解决问题。这既是建筑师在视野上的扩展，更是他们对个人思想的积淀。

跳出原有的环境，感受新事物带来的冲击，更新思想，在变化的环境中追求变革。

（4）时代条件的制约

中国第二代建筑师活跃于 20 世纪后半叶，在长达几十年的设计生涯中，始终埋头苦干，兢兢业业，在"适用、经济，在可能条件下注意美观"的原则下开展设计活动。跨入 21 世纪，面对全球化文化与消费文化的共同冲击，面对更为复杂的社会现状，建筑师代际更迭，新的建筑价值观念树立，中国现代建筑在实践和理论方面，都迎来了更为迅猛的发展机会。曾经，因所处历史时期的特殊性，中国第二代建筑师长期以来甘当人梯，对后辈的扶持甚于竞争。饱受挫折的成长环境使得该群体对机会更为珍视。但也正因时代条件的制约，这一代建筑师即便通过留学开阔眼界、增长才干，却也不可避免地存在一定的局限性。

在《开创 21 世纪建筑与文化的新纪元》一文中，作者对 20 世纪建筑与文化的发展历史进行回顾，并从建筑技术、建筑创作、建筑经济、建筑性质及地域限制等五个方面对 20 世纪建筑发展的成就与不足进行总结（表 7-1），其中所指出的各项特征，是针对 20 世纪整体的建筑市场而言，同时也是对建筑师创作所存在问题的反思。留学建筑师的独特经历曾使其在一定程度上规避了某些问题，但因与本土建筑师同属一代，便无可避免地与之存在相似之处，这是属于该时代发展下的共同代际特征，相似的知识结构、文化感受，都使其在创作与思考方式中大致相似，或曾成为 20 世纪建筑发展的遗憾。这些不足直指建筑与文化的关系，呼吁建筑师把发展人类文化作为建筑创作的中心任务[①]。

---

① 曾坚，邹德侬，张玉坤. 开创 21 世纪建筑与文化的新纪元 [J]. 建筑学报，1999（6）：12-15.

领域	转折点	成就	不足
建筑技术	从手工业技术，到现代工业技术	创造了前所未有的建筑形式	对传统技术和地方技术的冲击
建筑创作	从形式出发，到以功能为依据	提高了实用性与舒适性	对民俗与文化要素考虑不足
建筑经济	引进时间—效益观念	促进标准化与预制化建筑的发展	商业化对文化的侵蚀，建筑创作庸俗化
建筑性质	从关注体形，到注重空间与环境	建立了现代建筑观念	忽略了形式所蕴含的文化意义
地域限制	从地域性建筑，到普适性建筑	促进现代建筑技术的推广与普及	建筑特色的消失，对环境与生态的破坏

表格来源：引自曾坚，邹德侬，张玉坤.开创 21 世纪建筑与文化的新纪元 [J].建筑学报，1999（6）：13.

1）建筑技术

建筑艺术的创新源于建筑技术的革新，现代建筑的审美建立源于技术的成熟。应用在建筑学中的科学技术包括与建筑材质相关的技术，如结构、构造等；或与建筑系统相关的技术，主要指建筑内部的各种设备系统；另外还包括作用于建筑师的工作过程的与设计媒体相关的技术[①]。

但应注意的是，由于社会整体对建筑艺术的偏向，对于建筑技术的人才培养相对滞后，留学建筑师中已有部分以建筑技术为研究内容者，但相对来说，所引入的信息依然较少。这一问题持续存在，即便是第三代建筑师，他们对建造技术关注的时间也并不长，主要精力曾置于树立中国建筑信心。有限的资源和条件成为第四代建筑师创作的限制，突然接替手工画图的若干计算机软件成为阻碍。直到第五代建筑师，对技术的关注已顺理成章，

① 张利.谈一种综合的建筑技术观 [J].建筑学报，2002（1）：52-54.

无论是用以作为工具，还是成为创作的一部分，都已经不可分割。曾经，因技术方面的缺失，中国建筑师似在"跛脚"跑步，和他国建筑师一决胜负的能力欠缺。

至少在意识上，重视技术的思路在当时未能被广泛认同。关肇邺在留学经历中从旅行中收获了更多："我并不喜欢麻省理工，因为它太科技，技术方面比较多。""说老实话，我觉得在美国当时看到的东西，除了弗兰克·劳埃德·赖特很好以外，我觉得没什么太好的，还是古典的东西我觉得比较好。我想没有人不喜欢。（除非）你的脑子被非常现代的东西灌过。"① 长期以来建筑师所接受的布扎教育，培养了其对古典建筑的青睐，也成了扎根内心的执着追求。因而，在归国后的部分建筑创作中依旧能够看到古典建筑形式的影子，偏重建筑艺术的认知使得对建筑技术的探索有限，大多只是乘工业建筑标准化发展之风，以预制装配方式实现。

对于这一代建筑师来说，他们习以为常的技术是以改造环境为代价。留学归来后被各单位重用，并有机会接手较为大型的国家级项目，建设地点多数位于城镇，高效的工业化方式自然是不二之选，对材料特性便也未再进行充分挖掘，技术只被视作实现建筑的手段。建筑师关切生态环境的真正实践并不多，以进步技术改变生存态度的诉求并未同时体现。"了解真实生存需要，通过人与大自然之间悲剧性的角力关系，将技术还原为一种能够挽救世界的技术"的理想观点，在后几代建筑师的实践中才逐渐体现。但从客观条件来看，彼时的经济现状并不允许建筑师对技术进行过多的实验与探讨。建筑师在设计作品中即便使用了新的材料，但依旧进行了严格把控。如玻璃幕墙并未有过多面积的运用，

---

① 卢永毅，王伟鹏，段建强.关肇邺院士谈建筑创作与建筑文化的传承和创新[M]// 陈志宏，陈芬芳.建筑记忆与多元化历史.上海：同济大学出版社，2019：89-104.

甚至在寒冷地区，对玻璃的使用也有节制。建筑中的装饰与表现，始终克制而适度。

建筑师在留学之时已关注到信息技术的广泛运用趋势并将其引入，但仅将之作为制图表现的方式，未曾注意到其拥有颠覆传统建筑学，提升材料性能及外观，促进建造手段更为合理，以致影响设计思维方式，诱发创作产生更多可能性的力量。于是在面对新一轮信息革命之时，也稍显力不从心。

2）建筑创作

自近代以来，整个东方历经殖民化过程，文化的入侵使得自身文化的发展产生过断裂，强势的西方文明曾冲击并改造了东方文化，建筑文化作为其中的一环同样受到影响。但这一过程并非单向的，通过主动求索，留学过程即为汲取途径。以此发展出的建筑实践成果，自然会成为西方现代空间观念下的产物。顺应全球化的发展，跨文化交流使得中国更快速地接受现代建筑观念，提升着建筑的实用性与功能性。但从文化发展角度来看，"国际风格"的广泛流传，一定程度上使得建筑作品站在了传统建筑文化的对立面上。改革开放初期留学建筑师便是最先体会到这一冲击的群体，也曾身处"文化热"之中，这种"文化讨论"立刻产生了两个结果：一个是从主流的文化观念框架中脱离，并重新确立自己的文化价值观的能力明显增长；另一个是开始热衷于传统的价值观，一直到现在中国的现代化进程中，传统的价值观一直起着一定的修复作用。

于是在这些建筑师的作品中可以看到，长期以来的集体意识使得建筑师多以宏大的叙事方式对中国性和民族性展开，从传统文化中找寻要素应对文化趋同，这源于建筑师所处文化环境，也是一种本能的选择。但由于身处改革开放之初，这种表现会存在一定程度上以形式和符号表现的问题，以具体化和物质化的方式表现。如一些建筑中存在的"屋顶""花窗""牌坊"等形式，是继香山饭店之后的"后现代主义"的中国式探索，但对建筑本身的空间、建造等内容，则少见创新。当精英的建筑学与大众的建筑学逐渐分野，选择继续行走于职业建筑师道路的建筑师便同之后接受前沿学术启发的后辈留学建筑师在一段时间中分道扬镳。

20世纪90年代，后现代主义在西方国家继续发展，部分国外建筑师推行前卫理想，一些想法无法于现实中落地，校园便成了他们暂时落脚的驿站。"那批知名建筑师当时都没盖过房子，净画画儿的。当时的建筑师……将美术作为一个跳板，美术使他们对形式特别关注。"格雷夫斯、埃森曼、史蒂文·霍尔（Steven Holl）、伯纳德·屈米（Bernard Tschumi）等著名建筑师即为代表，"这批人发展出两个信条，第一个是'自治的建筑'，建筑师要争取主动，没房子盖做家具，没家具做画儿。第二个是'从理论到实践'，从形而上的到形而下的，所以就有了读法国后结构主义哲学做建筑的事儿。"[①] 也正是在这些建筑师的影响下，新一代中国建筑师的自我意识被唤醒，以更多的自由去追寻自己所感兴趣的内容。在新的维度思考建筑，更多"理念"被提出，充满个人化色彩的建筑也逐渐诞生，开启了属于"实验建筑"的新尝试。他们的涉猎范围也更加广泛，不止局限于建筑，文学、家具、美术等方面也曾有过尝试。而这些却未曾在上一代建筑师的作品中出现过，他们将有限的时间全身心投入大型建筑的完成中，无心再关注于其他。

也正是在下一代留学建筑师所完成的作品中，更深层次的探索初见端倪。建筑师富有个性的创作倾向即在先锋性的建筑实践中体现，对于传统的表现不再仅仅停留在具象表达，对于建筑物的创造是建立在对创造活动进行本质观察的基础上，以现代材料与表现方式意化传统。在现象学的层

① 张永和，田瑞丰.张永和访谈[J].世界建筑，2009（1）：104-105.

面，他们更关注于场所精神和空间体验。

新一代建筑师对于建筑的体验感更为关注，是将建筑的过去、现在和将来共同联系起来，对人的身体与环境之间的关系进行探索，结合触觉、听觉等多感觉系统，为体验者与建筑间构建出三维特征的传感媒介。而在上一代建筑师的作品中，这种全方位的感知系统，或难以立体建立。体验者往往称赞建筑宏伟的规模，着意于带有一定中国特征的符号，但在精神层面，难以跳脱出西方现代主义的空间要素，依旧带有布扎设计方式的影子，一定程度上缺少了对文化的深层挖掘。

3）建筑性质

在现代建筑与后现代建筑并行之时，留学建筑师完成的建筑作品中便有着直接的反映。建筑师的探索展现许多有益之处，但总体来说，建筑师个人的一套完整体系似乎难以形成。即便曾经较为落后的媒体发展是重要原因，但依然少有建筑师能够出版一部完整的、颇有厚度的个人作品集，多是与同代建筑师共同出现在颇具影响力的同代建筑师介绍中，如《新中国 新建筑：六十年 60 人》。也许是因建筑师真正起步之时已晚，已完成的作品难以构成系列精品，也难以形成独特而稳定的个人作品风格。究其原因，"套路还不成熟"和"总换套路"便是答案。大师之所以为大师，其中重要原因便是其已形成了成熟的个人作品创作方式。这并非表层形式的简单运用，而是源于对文化所进行的深层次的思考，形式绝非根本动因。

在留学归国建筑师的作品中，能够明显看出对于国外建筑的学习与参照，或是对大师创作思想某个方面的再发展，如建筑的几何性体现。但这种运用似乎大多是在二维向度——在平面或立面上的体现。建筑设计方式基本是从平面展开，虽然能够最大限度地保证建筑的功能性，但缺少了从竖向维度展开的思考，最直接的影响便是缺少体验感的空间。

现代建筑大师在使用建筑设计语言时，将几何元素进行延伸、重叠、错位、抽象，体现出强烈的视觉力量和隐喻丰富的精神性，从而表现其心目中人类相互关系和习俗制度的社会图景。语义的多样性均通过几何方式进行表达，在逻辑上始终是一致的，因此能够长久地富有生命力，在历经几十年后依旧不过时。但留学归来建筑师的部分作品，有些表达存在矛盾之处，如本是较为敦实简单的建筑体量，却用方窗、多变形状的附加构件，某种程度上削弱了体积感，建筑内部已存在冲突。或因起步较晚，在世界视域中，建筑师留学归来的各类探索存在一定的滞后性，在理念与技术创新方面也或曾有所欠缺，但绝不能否定的是，这些创作真正领国内现代建筑创作之先，为之后更为多元的创作埋下了伏笔。

或许也正因建筑师群体所存在的时代局限性，在国际建筑奖项的评比中，较少看到其身影。进入 21 世纪后，才逐渐看到中国建筑师陆续在世界站稳脚跟，经历全球化视角下"对于建筑界的直接而又影响深远的建筑批评"[①]，其建筑实践的价值被肯定，创作理念被认可，想要表达的建筑观念能够为世界主流所接受。也正是通过后辈建筑师在国际赛事中一次次获奖，很大程度上推进了中国当代建筑的向前发展与国际定位，成为正确引导建筑的风向标。面对城市与建筑，找到其问题症结，对现代性进行带有中国文化的独特回应，而非简单重复其他地方的建筑发展经验，这种反省意识、设计中的哲学表达，不仅使得建筑内外的逻辑相一致，也使得设计能够传递出建筑师对建筑本身的定位，并判断出建筑与社会交界的位置。

留学经历不仅为建筑师带来深刻影响，同时也为建筑界带来了新的气象。国内外建筑事业交流活动日臻活跃，广大归国建筑师对国内建筑学

---

① 郑时龄. 建筑批评学 [M]. 北京：中国建筑工业出版社，2011：65.

科发展的支持推动也掀起了新的高潮。无论是对个人发展，还是对后辈栽培，都体现出了该群体的重要作用，在特殊时期，更能凸显其所作出的巨大贡献，但一些局限也不可避免地存在，只是这些往事，都早已成为时代的回音。

尾声

使者引路

改革开放初期，在国家政策的支持下，一些大型建筑设计院和高校同国外发达国家相关机构建立协议，部分建筑师有机会率先走出国门。那些已人到中年，迷茫过但却一直坚定理想的建筑人豁然迎来了光亮。以此形成的改革开放初期中国留学建筑师群体具有极强的时代代表性。

对外交流的恢复，使得初期去往发达国家留学的建筑师以此机会提升专业，开阔眼界。这一群体作为中外交流的重要载体，引进了许多新技术、新方法、新理念，也推动着中外交流的发展进程。作为改革开放初期留学政策的亲历者，他们推动着建筑行业的发展进步，见证着国家留学政策的变迁与实施。在回到所在岗位后，他们通过思考求索，积极发声，极大地推动着当代中国建筑的变革与进步，为学科发展作出了巨大贡献，更身体力行地鼓舞着越来越多的中国建筑师去往海外，拓宽建筑师的成长道路。

改革开放初期留学建筑师与当代中国现代建筑之间的互动只是广大海外留学人员与中国社会互动实践中的一个缩影。在大规模引进西方建筑知识的背景下，该群体发挥了重要作用，他们担当起引进与传播的重任，更是中外学术交流的中介和使者，也以自身学术成就不断丰富中国建筑学科。除了众多学者着意的中国近现代百年留学史的宏观历史脉络体系，及改革开放以来的留学政策及措施之外，建筑师群体对改革开放以来中国主动引进海外建筑文化、技术等以推动现代化进程，及构建中外文化交流桥梁等工作，同样功不可没，成为40多年来中国建筑界摆正心态对待外来建筑文化的导航者。必须注意的是，强烈的爱国主义精神，对中华文化的认同感，是该群体选择报效祖国、长期奉献的基础所在。

建筑师与教育工作者建起文化交流沟通的桥梁，在特殊年代中，助推建筑学科融入全球化的巨浪，并向留学所在地及国际社会积极传播中国建筑文化。建筑师的职业特性决定了其事业始终要与社会和时代的发展紧密相连，既能满足特定需求，又能够体现创作个性。在越来越开放的市场中，我们不断经历着外来思想的触动，对于中国现代建筑与学科发展或许产生过不自觉的自信缺失，但不应忽略和忘却的是前人在艰难时期中所成就的事业和铺就的道路。改革开放带来了建设热潮，带来了多元文化，经济转型也在客观上不断促进人才的涌现。一代又一代建筑师接过时代的接力棒，因政策的逐渐放开而有更多机会去往海外，接受更新鲜的思想和事物，从而共同促进理想中的建筑学实现：能持续地意识到传统的存在，但同时又能保持警醒，避免将传统抽象化、浪漫化，避免陷入对传统毫无批判性的皈依[①]。

近代以来，留学便作为学习他国经验、提高自身能力、放眼全局视野的重要途径。清末洋务派的代表人物张之洞在其《劝学篇》中写道："曰游学，明时势，长志气，扩见闻，增才智，非游历外国不为功也。"我国近代力学的奠基人钱伟长在为《新中国留学归人大辞典》题字时写道："报效祖国，振兴中华。"改革开放以来，我国的留学事业逐步扩大，留学教育发展欣欣向荣，国际化人才与创新能力为知识经济为主导的新经济时代所重视，选择留学的建筑人员数量逐渐攀升，他们也凭借在专业技能、创新能力、交流沟通等方面的优势，自信而稳健地亮相于国际舞台中，向世界递交中国建筑文化的优质名片。改革开放以来，中国建筑市场曾迎来多元文化，留学建筑师则是主动探索的最重要群体，在不断的交流与碰撞中，中国建筑逐渐进步，产生新的成果，为世界所瞩目。可以预测的是，随着

① 赵磊，朱涛. 传统与现代，传统与我们——第三届中国建筑思想论坛总策划人 vs 学术召集人 [J]. 建筑师，2012（4）：44-47.

全球化的加速推进，留学建筑人员队伍将持续壮大。在"建设人类命运共同体"的理念指导下，在"一带一路"国际化倡议的新形势中，我们更需要放平心态，明确值得学习的地方，提高留学人员素质，鼓励留学人员为国服务，不断加强中外建筑文化的互动交流。

海外留学是一条捷径，取他山之石为我所用。"他持此石归，袖中有东海。"改革开放初期海外留学的建筑师群体，他们的面孔在时光中并不模糊，其作品和思想依旧指导着今日的学科发展，超越时空跨越界限，指明着中国建筑应当延续的方向。即便在成长之时曾经历苦难，即便最早得益于留学经历，他们却从未将此仅仅当作谈资。这些拥有建筑追求，更有明亮精神之人，虽然在年龄上已大多八旬，基本无作品再问世，也逐渐淡出公众视野，甚至相继离世，但老一辈建筑师严谨治学、批判思考，及其自然而然的强烈爱国建设精神，与之在特定年代所作出的拓路贡献，并非如豆之灯，却似永远指引后辈建筑学人前进的灼灼之火。

附 录

———————

建 筑 师 访 谈

费麟先生谈改革开放后对外交流经历

受访者简介

费麟（1935—）

男，江苏吴县人。1959年毕业于清华大学建筑系。曾任清华大学讲师和土建综合设计院建筑组长，机械部设计院总建筑师、副院长。现为中国特许一级注册建筑师，任中国中元国际工程有限公司资深总建筑师，兼任清华大学教授，中国注册建筑师管理委员会专家组副组长，全国科学技术名词审定委员会第五届、第六届委员会委员。曾主持和参加各类大中型工程设计，如清华大学精密仪器系9003工程、（援）巴基斯坦塔克西拉铸锻件厂部分工程、北京翠微园居住区规划设计（获"北京八十年代居住区规划优秀设计"二等奖）、北京新东安市场（中外合作设计，首都建筑设计汇报展1994年十佳奖第1名，列入"九十年代北京十大建筑"之一）。

先后发表论文50余篇，并著有《中国第一代女建筑师 张玉泉》《匠人钧沉录》《中国城市住宅设计》《建筑设计资料集（第二版）》第5、6集等。

采访者：戴路、康永基、李怡

访谈时间：2019年12月19日

访谈地点：北京市海淀区中国中元国际工程有限公司

整理时间：2020年1月1日

审阅情况：经费麟审阅修改，于2020年1月10日定稿

访谈背景：改革开放后，我国派出一批建筑师出访外国交流学习。费麟于

费麟近照

费麟于中国中元国际工程有限公司接受访谈
图片来源：作者自摄。

1978 年随中华人民共和国第一机械工业部^① 设计总院（简称"一机部总院"）出访法国，1981 年被机械部派出至联邦德国（西德）斯图加特市魏特勒工程咨询公司在职培训 7 个月。

---

① 中华人民共和国第一机械工业部简称"一机部"，前身是 1949 年成立的中华人民共和国重工业部。1958 年，原一机部（机电）、二机部（军工）、三机部（即第一个三机部）合并组成新的第一机械工业部。1960 年，从一机部拆分出第三机械工业部，负责主管由一机部划出的航空、兵器、坦克、无线电及造船工业，而一机部则主管机械工业。1982 年，国务院机构改革中，国家机械工业委员会被撤销，一机部与农机部、国家仪器仪表工业总局、国家机械成套设备总局等合并，组建机械工业部。1998 年，全国人大审议通过了关于国务院机构改革方案的决定，机械工业部被撤销。

戴 20世纪70年代，您离开清华大学去一机部第一设计院工作（以下简称"一机部一院"），在那里您参与了援外项目。对于您来说，那时候的援外项目与之前在清华大学任教期间参与的项目有何不同？

| 费 当时我国有许多援外项目，纺织部、化工部和机械部等都有援外项目。在"文化大革命"中的1969年7月我被下放到清华大学江西鄱阳湖旁鲤鱼洲试验农场① 劳动。参加"修理地球"的务农和基建劳动一年后，根据政府关于解决夫妇长期分居的"调爱政策"，正好我爱人单位一位同事想调入她爱人所在的清华大学，清华大学立即同意我调离，到我爱人和母亲所在的工作单位——一机部一院。到了一院后，之所以能够很快学会并胜任设计院的设计任务，是因为我在清华大学参加过"国庆十大工程"科技馆② 和"9003"工程③ 的设计，为后面的工作打下了基础。

到了一机部一院以后，参加的援外工作对我帮助很大。因为援外项目比较严格，要求施工图纸很细，比如在屋顶上铺石油瓦，螺钉、螺母、螺垫圈、垫圈里面的橡皮等都要计算出数量。门窗要有规格与数量，门窗的锁也要有规格与数量，非常细致。另外，援外项目还要把图纸等材料翻译成英文，所以这样一来，做援外项目还能顺便复习英文。

除此之外，在做援外项目的时候必须调查清楚当地老百姓的风俗习惯。比如我参加的（援）巴基斯坦塔克西拉铸锻件厂的设计任务，起初很随便地设计厕所，后来不行，为什么？因为厕所不能朝向西面，他们（巴基斯坦）有个规矩——圣地在西面，不能让厕所朝向圣地方向，蹲马桶不行，男人小便也

---

① 鲤鱼洲为中国最大的五七干校。鲤鱼洲属于血吸虫疫区，在20世纪60年代后期，北大、清华也在鲤鱼洲办了分校、实验农场。"文化大革命"期间，许多老教授、老学者及青年教师在这里劳动锻炼。1969年7月至1970年6月，费麟曾在此劳动锻炼。
② 曾经被定为国庆十大工程之一，后因资金紧张被迫停建。20世纪80年代初期，科技馆的已建部分被炸掉，改为建国际饭店。
③ 即清华大学精密仪器大楼，有恒温［20℃±（0.1～2）℃］、防尘（尘土颗粒≤1μm）、防震（震幅≤1μm），由于带有保密性质，取代号为"9003"工程。

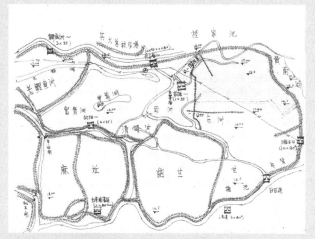

鲤鱼洲农场总平面图手稿

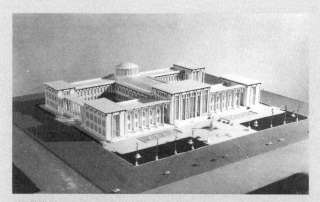

科技馆模型

9003工程清华精密仪器系恒温大楼透视图

费麟（右二）与建筑师朱震、杨博及清华大学建筑学院教师李璐珂在
9003 工程前的合影。9003 工程于 2007 年入选《北京优秀近现代建
筑保护名录》，2017 年为装修改造特别重访时拍照留念

不行，冲着圣地怎么行？所以巴基斯坦明确厕所只能南北向。以前我们根本
不知道，设计完了之后只能改，这个时候就影响布局了。

戴　"文化大革命"后，您作为中方代表曾出访过法国与德国［联邦德国（西德）］
魏特勒工程咨询公司考察学习，为什么会选中您作为中方代表？

| **费**　1970 年夏，我到了一机部一院，在蚌埠待了十年。我做完援外设计任务以
后，有一天院长突然找我："把你调到宣传科当科长，去搞宣传。"我说："为
什么？"他说："你会画画，会做宣传这方面的工作。"我并不想去，但是一点
办法都没有，因为我考虑到我母亲①，我不能犯错误影响她，对上级的命令我
只能服从。后来我跟院长约法三章：第一条，我想不通为什么张铁生交了白
卷就成了英雄，所以我不适合搞宣传工作；第二条，如果做宣传工作，要让
我有机会参加学术活动；第三条，这是临时性的任务，过一段时间放我回设

---

① 张玉泉（1912—2004），中国第一代女建筑师，也是中国第一位独立执业女建筑师，四川
荣县人。1934 年张玉泉毕业于南京中央大学工学院建筑系，1938 年与同为建筑师的丈夫费康（中
大同班同学）创办了上海"大地建筑事务所"。

计室。就这样，我当了五年的宣传科科长。在宣传科的时候，我没丢外语，怎么学外语？我说我要学原版的《共产党宣言》和英文版的《毛主席语录》。这没问题吧？我看了好几次英文版的《共产党宣言》，这叫一箭双雕。因为那时候很多人外语都丢了，但是我始终没有忘了外语。所以，无论去法国还是去德国，我都比别人有语言上的优势。

除此之外，可能也是为了补偿我一下。我当宣传科长，牺牲了五年，没搞技术。"文化大革命"结束后，院长也感觉有一点对不起我。我和清华的吴良镛先生很熟，因为在江西鲤鱼洲劳动的时候，我、吴良镛[①]和汪坦[②]先生分在一个木工组。后来吴良镛建议我干脆回清华大学当建筑系负责人，我说设计院那边不一定放人。他就让教务主任高亦兰[③]先生找我们院长谈了几次，要让我回清华大学。院长当然不放人了。后来，有一次院长跟我讲："别走了，不走对你有好处。"当时我没听懂。在1978年的时候，突然通知我和一机部代表团去法国考察法国机械工厂设计，真是突如其来，我现在想可能是补偿我一下，因祸得福了。1980年副总理兼任对外经济部部长方毅邀请美国、英国和德国的工程咨询

---

① 吴良镛（1922— ），男，江苏南京人，清华大学教授，中国科学院和中国工程院两院院士，中国建筑学家、城乡规划学家和教育家，人居环境科学的创建者。其先后获得"世界人居奖"、国际建筑师协会"屈米奖"、"亚洲建筑师协会金奖""陈嘉庚科学奖""何梁何利奖"，以及美、法、俄等国授予的多个荣誉称号。

② 汪坦（1916—2001），男，江苏苏州人，清华大学教授，1941年毕业于中央大学建筑工程系，后曾留学美国，师从赖特。在中华人民共和国即将成立时归国，执教于大连大学工学院（现大连理工大学），1957年转入清华大学建筑系任教，协助梁思成从事近代建筑研究，参与工程设计。1960年6月起任土木建筑系副系主任。20世纪80年代初期参加清华大学援建并创办深圳大学，任深圳大学建筑系创系主任。被誉为"推进西方现代建筑理论研究以及奠定中国近代建筑研究基础"的建筑教育学家。

③ 高亦兰（1932— ），女，陕西米脂人。1952年毕业于清华大学建筑系，毕业后留校任教。著名建筑学家，清华大学教授，建筑系主任。曾参加或主持过多项重大设计项目，如中国革命历史博物馆、清华大学中央主楼、毛主席纪念堂、燕翔饭店、首都师范大学本部校园改扩建规划、沈阳航空工业学院图书馆等。1993年获"全国优秀教师"称号，其教学成果（合作）获1993年全国普通高等学校优秀教学成果奖国家级一等奖。

费麟全家与母亲张玉泉随同第一
设计院疏散到蚌埠

费麟的英文版《共产党宣言》

一机部访法工厂设计代表团，费麟（前排左一），郭琨（前排左二，一机部总院总工程师），
赵永年（前排左三，总院主任工程师），张蓬时（前排左四，总院院长），王兆义（后排左一，
翻译），黎方曦（后排左三，一机部八院计算机工程师），陈绍元（后排左四，一机部二院电
机工程师）

公司的总工程师来华讲有关菲迪克（FIDIC）条款①。这三个国家的工程师、建筑师讲完以后，反过来邀请几位中国工程师和建筑师出国培训6个月②。1981年应邀由建委派出三个在职培训小组：应美国路易斯·博杰公司（Louis Berger）③邀请，由铁道三院、四院与公路规划院派出5人分别赴美学习交通土木工程咨询；同年，应英国RICS测量协会邀请，建委设计局经济处派出3人到该协会培训投资经济工程咨询；1981年2月根据"中德科技合作协议"，应德国工程咨询协会会长兼魏特勒工程咨询公司（Weidleplan Consulting GmbH）董事长魏特勒先生的邀请，机械部设计总院派出我和结构工程师陈明辉④赴联邦德国斯图加特市该公司进行在职培训。

我在刚改革开放的时候考过英文，那次考试我的成绩排在前几名。后来有一个机会要去上海培训外语，当时我很想到上海学外语，但是院里派了总工程师郭琨⑤去培训。他毕业于清华大学机械系，是比我高好几届的学长，我就没去成。后来大概也是为了补偿我一下，让我到联邦德国去。我是清华大学建系1959年毕业，还参加过建筑工程设计实践，外语还可以，符合魏特勒先生对于培训人选的要求。

① FIDIC 是"国际咨询工程师联合会"（Fédération Internationale Des Ingénieurs Conseils）的法文缩写。与建筑工程设计行业密切相关的是《客户/咨询工程师（单位）协议书（白皮书）指南》，明确了与咨询工程师（单位）签订合同中有关的典型正常服务有九个阶段：1）项目开始阶段；2）项目确定阶段；3）备选建议书；4）可行性研究；5）详细工程设计；6）招标文件；7）招标与授标；8）施工监理；9）验收和试生产。菲迪克条款虽然不是法律，也不是法规，却是全世界公认的一种国际惯例。
② 培训计划原为6个月，费麟在联邦德国（西德）魏特勒工程咨询公司培训合同到期后，延长合同1个月。最终培训时间为1981年2月28日—9月28日，共7个月。
③ 路易斯·博杰公司（Louis Berger）成立于1953年，是一家从事工程、建筑、经济发展、环境科学、交通运输、互联网、城市供水、废水处理、项目管理的大型私营咨询企业。于1981年1月培训了中国建委派出的第一批5人，于1982年4月7日—1984年1月19日培训了第二批7人。
④ 陈明辉，男，机械部设计研究院高级工程师。1952年毕业于浙江大学土木系，1952—1955年任职于上海华东土建设计公司（国家分配）；1955—1970年任职于一机部第一设计院；1970—1980年随一机部第一设计院搬迁至蚌埠（"文化大革命"期间外迁）；1980—1996年任职于机械部设计研究院；1981年2月—1981年9月赴联邦德国（西德）魏特勒工程咨询公司设计咨询半年，同时赴瑞士摩托库伯布咨询公司设计咨询一个月；1987年被中国国际贸易中心委派赴法国巴黎及比利时考察玻璃幕墙材料性能及设计施工。
⑤ 郭琨，男，20世纪50年代中期毕业于清华大学机械系。毕业后分配到一机部一院（总院）任总工程师，后调至一机部机械进出口公司任主任一职。

戴　通过这两次访问，您学习到了什么内容？

| 费　访问法国去了50天，除了工艺上的事，还有两点：一点是看到法国的新建筑，另一点是见到一些新的观点。那时候第一次看到法国蓬皮杜艺术中心，真是大开眼界。它是什么？翻肠倒肚式的建筑，把管道全放在外面，里面是个大空间。我也很欣赏法国法拉马通核能发电容器厂（Framatome），那个建筑非常漂亮，色彩用得非常好。那厂房不是一个一个车间分开，而是统一在一块，挺有意思。法国雷诺（Renault）公司就给我印象很深，他们推崇人类工程学，英文叫Human Engineering（法文Ergonomie）。中国把它翻译成什么？人体工程学或者人机工程学，这就错了。它不光是人体、人机，法国是对的，叫人类工

法国法拉马通核能发电容器厂

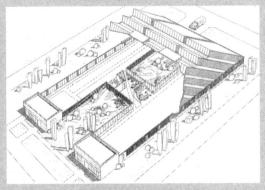

法国发动机厂车间内庭院

程学。它就讲，设计一个工厂的时候，要考虑人和机器的关系。它还有一条人和环境的关系。它强调环境，必须把绿化引进车间里面，这种概念我们过去没有。一个大密闭厂房的中间挖一个花园，休息的时候，大家到花园里喝咖啡去。除此之外，还有人和人的关系——就是人际关系，处理好领导与被领导的关系、人与人合作的协调关系、工厂与用户的服务关系等。雷诺汽车集团下属的舍埃（Seri）工程设计公司领导要求小组长以上的管理干部必须学习人类工程学，以利管理工作。

去联邦德国主要是学习工程咨询。开始我以为工程咨询公司和设计院不一样，后来发现是一码事，魏特勒工程咨询公司就是典型的设计院。出国前，我到机械部外事局询问菲迪克（FIDIC）条款是怎么回事，机械部拿出《菲迪克（FIDIC）条款（白皮书）》的翻译本给我看，说明机械部已经对这些有所注意。所以，去学菲迪克（FIDIC）条款的时候，我以为是要上课的，结果根本不是，直接去参加设计就可以了。他们和我们一样，不过他们的组织不是宝塔制，而是矩阵制。上面一批领导，竖向地领导几个不同专业，然后侧面有个以项目为主的领导，横向领导负责具体工程项目，可以从各个专业里抽人，组成项目组，项目结束后就解散回去。

戴 在联邦德国（西德）魏特勒工程咨询公司的学习中您也参与了一些项目。相比之下，由于我国国情的问题，长时间的对外封闭，中国建筑师在设计理念上是否有所落后？

| **费** 我觉得落后点不在方案设计的本领上，中国建筑师的方案设计还是有一定的本领。落后在建筑师的职责没有全承担起来，这个是要命的问题。建筑师管得太窄，工程咨询的前期、中期和后期建筑师都应该管，但是现在已经压缩，就管中期，有时候管着管着就画施工图了。关于这点，我觉得不能打建筑师的屁股，不是建筑师自己愿意这样，是形势所迫。建筑师明明知道不行，但是给我时间短，给的钱少，我只能这么干，很多建筑师这么干是违心的。现在领导已经发现有问题了，不能这么干，所以提出建筑师应该起主导作用，必须负起责任。

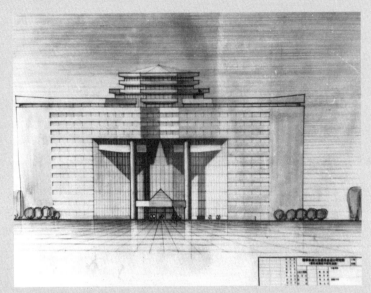

北京国际金融大厦手绘图

中粮广场（原名为北京国际金融大厦）

戴 改革开放后，您也参与过一些中外合作的跨境服务项目，在中外合作中是否遇到过什么困难？

| 费 一般来讲没有太大的难题，我就感觉外国人非常尊重WTO协定中境外服务的两个原则：第一，要和当地的建筑师配合；第二，尊重当地的强制性标准。人家很明确，和几个外国建筑师合作，他们都会听我的意见，因为我是代表中方的总建筑师（工程主持人）。在合作中，我会把我们的几个强制性标准里面关键的部分翻译成英文给外方。外国人看了也没什么话讲，所以我觉得没有太大的困难。

在那个时候，从1989年中法合作的北京国际金融大厦①来看没有发现在技术上有什么不同，基本一样。我觉得基本建设的规律各国都大同小异，标准有高低，但是做法都相似。到了1989年底，法国投资公司和建筑设计公司退出中国建筑市场。该项目改名为中粮广场，功能发生变化，由中国粮油进出口公司投资，委托我们原设计单位进行全面修改。

戴 在您的《匠人钩沉录》里我们看到一机部总院在改革开放中走到了前列，是一家较早转型的设计院，您觉得在外学习的经验对设计院转型有什么帮助？

| 费 我们院的基础是1949年9月由华东工业部部长汪道涵②组建的华东建筑工程公司下设营造组和设计组。1952年6月华东建筑工程公司改组，营造组划到上海市建工局，设计组并入刚建成的华东建筑设计公司。1952年底刚成立的第一机械工业部，要建立设计总局和下属分支机构，于是把华东建筑工程公司原来的设计组成员抽调出来组成独立的华东土建设计公司。并且在北京阜外黄瓜园找地建房，于1955年全部搬迁到北京，与太原重机厂的设计处集体

---

① 现为中粮广场。

② 汪道涵（1915—2005），男，原名汪导淮，安徽嘉山县（今明光市）人，同盟会元老汪雨相之子，中共党员。曾任第一机械工业部部副部长、对外经济联络委员会常务副主任、中共上海市委书记、上海市市长、海峡两岸关系协会会长、中国共产党中央顾问委员会委员等重要职务。1993年4月，汪道涵授权与台湾的海峡交流基金会领导人辜振甫举行会谈，史称"汪辜会谈"。

成员组建成一机部第一设计院。我们单位有一位来自老华东的老建筑师陈彧明[①]在中国中元国际工程有限公司60年大庆专刊上发表了一篇回忆文稿《华东三步舞曲》，文中说：从"华东建筑工程公司"经"华东建筑设计公司"到"华东土建设计公司"的三部曲，保留了"老华东精神"，经久不衰。

第一设计院有好多老建筑师和工程师都有民国时期的技术功底，许多是圣约翰大学[②]、之江大学[③]和苏州工业专科学校[④]以及上海交通大学、同济大学毕业的，再加上学苏阶段[⑤]和"大跃进"时期的国庆工程，积累了丰富的经验。除了我们出国学习，20世纪80年代初期还派出了陈远椿[⑥]结构工程师到美国带队学习计算机，派出黄锡璆建筑师到比利时鲁汶大学学习医疗建筑设计（后来他取得了博士学位），还有肖洪芳[⑦]总工程师，学机械的，派他到联合国教科文组织当技术秘书。我认为在设计院里，人是第一因素，所以民国时留下的底子和学苏时期以及改革开放后国内培养和外派学习的技术人员，首先为我们单位的转型升级积累下了人才基础。

① 陈彧明（1921—2022），男，江苏江阴人，曾任职于机械部设计研究院。

② 圣约翰大学，创办于1879年。1942年，成立建筑工程系，是上海高校中第一个建系，也是中国近代时期最早全面引进现代建筑思想的教学机构。1952年院系调整，圣约翰大学遭撤销，土木工程系、建筑工程系并入同济大学。

③ 之江大学是基督教美北长老会和美南长老会在中国杭州联合创办的一所教会大学。1952年夏，全国高等院校调整院系，之江大学建筑工程系并入同济大学。

④ 1923年柳士英在苏州工业专科学校创办建筑科，为我国近代建筑教育之开端。1951年江苏省立苏州工业专科学校更名为"苏南工业专科学校"，1955年苏南工业专科学校（土木建筑类专业）参与组建西安建筑工程学院，后相继更名为"西安冶金建筑学院、西安建筑科技大学"。

⑤ 中华人民共和国成立初期学习苏联，确立中国社会主义体制和工业建筑体系，获得城市规划的经验、建设大量新型住宅、进行建筑技术革新和建筑教育改革。同时带来苏联所谓社会主义建筑理论的夹生引进及其长期的不良影响。

⑥ 陈远椿（1930—2014），男，福建福清人，曾任职于机械部设计研究院。

⑦ 肖洪芳（1931—2020），男，浙江平湖人，曾任职于机械部设计研究院。

由于我们单位较早地学习过工程咨询，所以在改革中也抓紧布局工程咨询。我们是中国国际工程咨询协会^①的十个发起单位之一，1992 年该协会正式成立。1996 年中国国际工程咨询协会正式加入菲迪克（FIDIC）国际咨询工程师协会。所以现在谈工程咨询都认为是个新课题，我心中暗暗好笑，这并不是新课题，谈的东西我经历过，现在不是去讨论创新什么东西，而是要迎接新时代的新挑战，脚踏实地研究怎么结合中国现在的实际情况，总结经验，进行实践，尽快适应"走出去，请进来"的要求。这也为我们带来一些竞争优势，我们能赢得华盛顿使馆的竞标就因为它是项目管理招标，恰好在竞标单位中只有我们单位有工程项目管理的业绩经验，因为外交部不可能派出什么基建科来帮你管理好工程建设的许多东西。在做方案调整的时候，我们也按照合同配合贝聿铭设计事务所继续完成初步设计，因为建筑物的地板标高在正负零以下是保密设计，不能让贝聿铭设计事务所设计。所以能够承担这个华盛顿使馆的工程任务，我觉得也是运气非常好吧，就这么拿下来了，干得也比较成功。

总之，我觉得应该看到我们院的成长轨迹离不开最基本的根据中央改革开放步骤的务实思想，我觉得建筑行业的规律没变，负责制没变，有大有小，有计划经济，有市场经济，但建筑行业的工程建设基本规律没变，大同小异。

戴 和贝聿铭设计事务所的合作与同其他的境外建筑师合作相比，有什么特点吗？

| **费** 有一点是非常特别的，在做方案阶段的时候，他们就考虑了很多初步设计阶段的细节。贝聿铭手下有一位中国建筑师欧阳先生，他负责和我联系，专门沟通类似基础形式、地下防水、施工步骤的做法等细节。当时还有一个很大

---

① 中国国际工程咨询协会，1993 年 2 月 9 日成立。协会的宗旨是在国家对外经济合作方针政策的指导下，协助政府有关部门对会员进行业务协调和管理，积极帮助会员在国际上开展对外投资和工程咨询服务；向会员提供国际投资和工程咨询信息以及商业机会及人才培训服务；维护会员的合法权益和国家利益；与国际上同行业组织建立友好联系，促进我国国际经济技术合作事业的发展。当时在《中国主要工程咨询机构名录》（中国国际工程咨询公司编）中公布的单位名称一共有全国各地的 63 家设计院和工程咨询公司。

费麟在中国中元国际工程有限公司的工作照

华盛顿中国使馆入口大门

的不同，买中国驻华盛顿使馆的建设用地就是买下了建筑用地四角坐标，边上是别人的地方，而贝聿铭设计建筑习惯于贴着红线做。因为在国外，建筑红线和用地权限（红线）是一码事，你有这块地建筑就可以卡线做，这和中国不一样。在那里，建筑红线不必退线，消防车道和地下管线是城市供应的。接下来就碰到一个问题，地下室施工要开挖，旁边是别人的地，你怎么开挖？它有一条规定：可以暂时租用他人 3m 宽的地，施工完以后再回填还给他。这点我觉得很有意思，比中国先进。和贝聿铭设计事务所的合作设计还挺愉快，有些技术问题，当时我到美国后就都当面讲清楚了。

戴 在我国的"一带一路"倡议下，我国会有更多的跨境合作项目。您作为改革开放后最早一批出国学习的建筑师，以您的经历来看，目前我国跨境合作还有什么需要完善？

｜费 这正好有一个例子，就是我们院设计的中白（中国—白俄罗斯）工业园，于总[①]在抓这个项目。当时白俄罗斯总统对我们的领导讲全权由你们负责，这让我们认为这是一个带有援外性质的项目。规划设计结束后，设计了一些起步阶段的单体建筑。结果图纸交给白俄罗斯的审图单位后，他们不承认我们的消防规范。我们的消防规范是钢架涂点防火漆就行了，他们要求必须做防火吊顶。我们说是你们总统讲的全权由我们负责，他们说总统是总统，我们是审图的，就是不批准。最后我们只能修改施工图变成吊顶。最后，他们私底下跟我们讲，假如是德国建筑师做的设计，他们可以承认德国的规范，但是中国的就不行。后来我心想这个是很自然的，白俄罗斯是原来苏联的一个加盟共和国，虽然独立出来，但他还是以苏联老大哥的视角来看你，你是小弟，你的规范就是不行。

所以我还是很担心"一带一路"走出去，做境外项目所遇到的情况会更复杂。"一带一路"的投资不是靠个人资本，是靠国际上的贷款资金，向世界银行、

---

① 于一平，男，清华大学建筑系高冀生教授（1961 年毕业留校）的硕士研究生，曾经在三机部四院（航空设计院）担任总建筑师，后调至中国中元国际工程有限公司任院总建筑师。

亚洲银行或者亚投行贷款。你出钱以后，他们会审查你的建筑设计、建筑施工、材料设备、安装工程，等等，认为你必须按菲迪克（FIDIC）条款。你不懂菲迪克条款的话，设计就拿不到，拿到设计后，施工拿不到，这个就要了命了。资本出去了，但是技术卡在这个地方。不过领导已经注意到问题了，国务院于2017年2月发布19号文后，住房和城乡建设部立即发文通知，指定全国40个有关单位对"全过程工程咨询""建筑师负责制"和"工程总承包"等政策进行"试点"和"课题研究"。至今已快三年了，仍旧停留在"百家争鸣"的状态。我看到同济大学建筑城市规划学院、东南大学建筑学院、清华大学建筑学院和其他高校的建筑学院以及中国工程咨询协会、中国国际工程咨询协会、中国勘察设计协会等有关单位，纷纷发表的课题研究文稿。应该说，至今对于三大热点问题，都已有不少共同认识。对于"走出去，请进来"和"一带一路"的迫切形势，我觉得应该尽快统一意志，进行整改，完善顶层设计，修订不合理的规章制度。譬如，《建筑法》《城市规划法》《工程建设设计程序》《工程设计图纸的深度》《工程设计咨询的收费标准》《工程设计方案竞赛规则》等都应该及时修订。相应地，各大学建筑学院的教学大纲应该修订补充，增加"建筑师负责制"和"全过程工程咨询"的教学内容，注册建筑师考试大纲和细目也应该及时修改和补充。

注：未标明来源的图片均为受访者提供。

马国馨院士谈在日本丹下健三城市·建筑设计研究所的研修经历

受访者简介

马国馨（1942—）

　　男，出生于山东济南。1959—1965 年就读于清华大学建筑系，后到北京市建筑设计研究院工作至今。现为院顾问总建筑师，教授级高级建筑师，国家一级注册建筑师。1981—1983 年间曾在日本丹下健三城市·建筑设计研究所研修，曾任中国科学技术协会常务委员、北京市科学技术协会副主席、中国建筑学会副理事长等职，现任中国文物学会 20 世纪建筑遗产委员会会长。1994 年被授予设计大师称号，1997 年被选为中国工程院院士。此外曾获"有突出贡献的回国留学人员"称号（1991年）、"全国五一劳动奖章"（1991 年）、"全国先进工作者"称号（1995 年）、"梁思成建筑奖"（2002 年）等奖项。

　　主要负责和主持的设计作品有：北京国际俱乐部（1972 年）、15 号宾馆羽毛球馆和游泳馆（1973 年）、北京前三门住宅规划设计（1976 年）、毛主席纪念堂（1977年）、北京国家奥林匹克体育中心（1990 年）、首都国际机场 2 号航站楼（1999 年）、北京宛平中国人民抗日战争纪念雕塑园（2000 年）等作品。曾获国家科技进步二等奖（一项），北京市科技进步特等奖（一项），全国优秀工程设计金奖（两项）、银奖（一项），建设部优秀设计一等奖（两项），北京市优秀工程特等奖（一项）、一等奖（两项），国际体育休闲娱乐设施协会银奖（一项）等。主要著作有：《丹下健三》（1989 年）、《日本建筑论稿》（1999 年）、《体育建筑论稿：从亚运到奥运》（2007 年）、《建筑求索论稿》（2009 年）、《礼士路札记》（2012 年）、《走马观城》（2013 年）、《求一得集》（2014 年）、《长系师友情》（2015 年）、《环境城市论稿》（2016 年）、《南礼士路 62 号：半个世纪建院情》（2018 年）、《集外编余论稿》（2019 年）。另著有《学步存稿》（2008 年）、《寻写真趣》（2009年）、《学步续稿》（2010 年）、《清华学人剪影》（2011 年）、《寻写真趣 2》（2011年）、《建筑学人剪影》（2012 年）、《学步三稿》（2012 年）、《科技学人剪影》

马国馨受访
图片来源：作者自摄。

（2014 年）、《敝帚集》（2016 年）、《老马存帚》（2016 年）、《寻写真趣 3》（2017 年）、《南礼士路 62 号》（2018 年）、《集外编余论稿》（2019 年）、《建院人剪影》（2020 年）、《都城 我们与这座城市 北京建院首都建筑作品展》（2020 年）、《学步余稿》（2020 年）、《难忘清华》（2021 年）、《寻写真趣 4》（2021 年）、《南礼士路的回忆》（2023 年）、《东瀛札记》（2023 年）。

采访者：戴路、李怡、康永基

访谈时间：2019 年 12 月 26 日

访谈地点：北京市建筑设计研究院股份有限公司

整理时间：2020 年 1 月 1 日

审阅情况：经马国馨审阅修改，于 2020 年 1 月 10 日定稿

访谈背景：为了解改革开放后第一批有机会到发达国家建筑研究所研修的建筑师经历，对马国馨院士进行采访，回顾当时他在日本丹下健三①城市·建筑设计研究所的所见所想和所做，以及之后对其回国事业的影响，从而为中国现代建筑史研究提供补充。

---

① 丹下健三（1913—2005），日本著名建筑师，出生于日本大阪府，东京大学毕业后进入前川国男建筑研究所。1946 年，丹下健三在东京大学工学部建筑系任教，并于 1959 年获得东京大学工学博士学位。1959 年，受美国麻省理工学院邀请成为建筑系客座教授。1961 年，创建丹下健三城市·建筑设计研究所。1980 年，被授予日本文化艺术界的最高奖日本文化勋章。

戴 马院士好！您在 20 世纪 80 年代初就有机会去往日本，到丹下健三城市·建筑设计研究所研修，这应该是非常难得的吧？您当时是如何被选上的，具体情况又是怎样的？

| **马** 那时候咱们国家刚改革开放，1980 年丹下提出可以安排五个人到他那儿去研修学习①，在日费用全部由他负担。五个人中有两个规划，两个建筑，一个施工。两个规划专业的是北京市规划局派出的，一个叫吴庆新②，是南工毕业的；一个叫任朝钧③，是清华（大学）毕业的，比我高一届。两个建筑专业的都是我们院安排的，就是我和柴裴义。当时咱们国家对施工还不太了解，其实丹下是想让一个施工监理过去，当时国内还没有这个专业，咱们派过去的就是施工单位的人员，建工局④研究所的李忠梼⑤，到那儿感觉专业不太对口，后来丹下给他联系到鹿岛建设⑥去实习。其实当时丹下很希望去一些年轻人，最好是 20 多岁的。结果一看，我们这拨人都岁数那么大，我和柴裴义是最年轻的，都已经 39 岁了，其他人都是 40 多岁。事务所的小年轻跟我们开玩笑，"来的都是大叔级的人物呀！"丹下也在好几篇文章里说，我们几个岁数那么大，一想也是中国赶上"文化大革命"，面临人才断层的问题。不过岁数大一点也有好处，我们已有很多年的工作经历，已经有辨别是非的能力，不像刚毕业的年轻人会盲目崇拜。

---

① 1980 年 5 月，以丹下健三为团长的日本亚洲交流协会丹下健三城市·建筑设计研究所代表团应邀访问中国，在访问期间受到北京市副市长的接见，并决定接受北京市派出的五名研修人员到其事务所研修两年。
② 吴庆新，男，1938 年 12 月生，1962 年毕业于南京工学院，北京市规划设计院原副总规划师。
③ 任朝钧，男，1937 年 5 月生，1964 年毕业于清华大学。曾就职于北京城市规划管理局，教授级高级工程师。
④ 建工局，原建设工程局。
⑤ 李忠梼，男，曾就职于北京市建筑工程研究所。
⑥ 鹿岛建设，即日本鹿岛建设公司，创办于 1840 年，在日本建筑业的发展中发挥了重要作用。该公司在西式建筑、铁路和大坝建设中，尤其是近几年在核电厂建设和高层建筑建造中发挥出重要作用。

戴 语言是出国研修必过的大关，那您是如何熟练掌握日语的呢？

马 日语学习是在去日本以前，院里曾组织过短期培训班。除我们几个去日本的人员之外，也有其他一些人报名参加。老师是院里一位在东北待过的老建筑师，教材也是自编的油印教材。后来为了让口语更加强，就又请了一位长期居京的日本老太太。她的口语没问题，但没有教学经验。最后，外面出版了正规的广播日语教材①，编得不错，我们就改用这本一直学完。

戴 在去日本之前，您对丹下有何了解？您同丹下先生是否有过交流？

马 在大学学习和工作时就知道丹下先生的名字，那时还是能看到外国的原文杂志的。记得当时日本的《新建筑》②《国际建筑》③等杂志上面登过他的作品。印象深刻的是广岛规划和和平纪念馆④、香川县厅舍⑤、仓敷市厅舍⑥等作品。

丹下来京时我们五个人去北京饭店⑦见过他们，先生听了我们每人的自我介绍。当时除了他和夫人外，还来了研究所的好多人，我估计也是好不容易有到北京的机会。当时我正在院⑧里的旅馆研究小组试做方案，顺便带了一张我画的透视图。丹下先生很注意，因为当时中国刚开放外资，开始兴建合资旅馆。所以还问我投资的外方是谁，我说了以后还追问英文怎么写。

---

① 周炎辉.日语入门 [M].北京：高等教育出版社，1983.
② 日本建筑杂志《新建筑》，1925 年 8 月创刊。创刊以来，通过高质量的照片、设计图等详细介绍了日本的现代建筑，以独特的视角观察建筑思潮和建筑设计界的新动向。
③ 日本建筑杂志《国际建筑》，国际建筑协会编集。
④ 即广岛规划和广岛和平公园和平纪念设施。丹下设计方案在广岛和平公园设计竞赛中获得一等奖，并于 1955 年 8 月 6 日原子弹爆炸十周年时全部建成。
⑤ 香川县厅舍，位于四国香川县的高松市。总建筑面积 12066.2m²，总高 43m，由办公室、县议会会议厅和大会议室等组成。丹下认为此作品表现了他为超越日本弥生时代的传统，而表现绳文时代所做的努力，是丹下的代表作品之一。
⑥ 仓敷市厅舍，位于日本中国地区冈山县，面对使命广场建设，内外都是清水混凝土，在混凝土结构的梁柱表现上比以前的作品更为粗壮，具有雕塑感。后作为仓敷市立美术馆使用。
⑦ 北京饭店，位于北京东城区东长安街 33 号。
⑧ 即北京市建筑设计研究院。

赴日本丹下健三城市·建筑设计研究所人员
（前排左起：柴裴义、李忠梼，后排左起：
马国馨、吴庆新、任朝钧）

马国馨与其用彩色薄膜制作的效果图
图片来源：马国馨.老马存帚[M].天津：天津
大学出版社，2016：134.

尼泊尔圣地兰毗尼园鸟瞰图手绘
图片来源：马国馨.老马存帚[M].天津：天津大学出版社，2016：148-149.

戴　您当时具体都负责哪些工作呢？

｜马　到了之后分了组，分了任务。丹下一开始也不会让我们担当要职，所以我们都
是打下手，但能看到他们到底是怎么做设计的。后来我前后参与了十几个项目，
主要都是国外的。因为丹下已经把他的工作重点都转移到海外了，有新加坡的、
尼日利亚的、尼泊尔的，等等。当时的联合国秘书长吴丹[①] 是个佛教徒，尼泊
尔圣地兰毗尼园考古发现了一些遗迹，就请丹下来做城市规划[②]。这个工程拖
的时间比较长，我有机会把所有的设计文件都看了一遍，了解了来龙去脉。

---

① 吴丹（U Thant，1909—1974），出生于缅甸班达诺，毕业于仰光的大学学院。1961—1971
年任联合国第三任秘书长，同时也是第一位来自亚洲的联合国秘书长。
② 兰毗尼园的城市规划，联合国于1970年委托丹下城市·建筑设计研究所进行总体规划设计，
总规划用地为 1.6km×4.8km，方案在兰毗尼国际开发委员会的赞助下施行。

我还帮着画过许多表现图，丹下觉得我画得还可以，后来的一段时间里就老让我画表现图，有钢笔单线的，有铅笔的，后来也有彩色的。他那儿有很多新的材料，有一种塑料薄膜（Color Overlay），大张透明的，基本上各种颜色都有，只有一面有胶。我画完一张效果图，就让公司给放大了，用塑料薄膜贴颜色，再拿刀切下来，就像是用颜色平涂过一样。比如要涂天空，就拿蓝颜色的一张一张地贴上再裁剪，比水彩渲染出的颜色还均匀。它还可以重叠，不同颜色重叠后会产生新的颜色，比水彩渲染简单得多。这种表现方法可能还是我发明的呢！

戴 您初到时有怎样的感受呢？

| **马** 丹下的研究所并不是很大，也就 100 多人。刚到那儿觉得什么都是新鲜的，的确感觉我们国家的建筑设计工作和他们的差距比较大，好多东西过去都不了解。一些名词比如 VIP（贵宾）、CBD（中央商务区）、Floor area ratio（容积率）、Urban design（城市设计）都是第一次听说。我们刚去的时候，正赶上在做广岛的市政厅竞赛[①]，丹下做了一个大厅，尺度实在是惊人，我当时吓了一跳，在咱们国家根本就没见过。还有一些咱们国家的建筑师都不太了解的领域，比如日本的建筑法规——《建筑基准法》[②]《建筑士法》[③]《都市计划法》[④] 等；还有关于抗震、老龄化、无障碍等方面的课题。空闲的时间我就一边看书一边翻译东西，想了解的事情特别多，从日本的建筑历史到最新的设计资讯，但又没办法一下子全部弄懂，那就先把它们都复印了带回来。我当时把 A3 的文件缩印到 A4 纸上，再双面复印，最后运回国好多箱，这些资料到现在依然受用不尽。

事务所也设了很多人员激励的机制，要把建筑师的智力都激发挖掘出来。当

---

① 广岛的市政厅竞赛，丹下健三参加，但之后未得奖。

② 《建筑基准法》，1950 年日本首次颁布，规定了建筑物用地、结构、设备、用途的最低标准，是以保护国民的生命、健康、财产为目的的法律。

③ 《建筑士法》，1950 年日本首次颁布，与《建筑士法实施条例》《建筑士法实施规则》共同组成建筑士法律体系，是通过国会审议被批准实施的最基本的法律文件。

④ 《都市计划法》，1919 年日本首次颁布，是日本近现代历史上制定的第一部城市规划法。

时在做新加坡的 OUB Centre①，按说当时的方案已经做得很成熟了，但是丹下还是不满意，就让所里的另一个成员继续修改，那么这个工作人员就得发挥出全部水平，拼命地想。如果丹下还不满意，就会再指定另外的人员进行修改，逼着所有人都拿出真本事来。

在那儿工作，一有项目的时候大家都特别玩命，最长的一次我30多个小时都没睡觉。等项目结束了，把材料送上飞机了，所里全部的人就都跑到楼下，在路边一阵欢呼。那种气氛跟打胜仗似的！尤其是尼日利亚新首都阿布贾的城市设计②，面积非常大，报告打印出来特别厚，下了非常大的工夫。

戴 我们通过资料了解到，丹下健三城市·建筑设计研究所是自上而下一人决定的模式，您觉得这种模式的优劣之处都有哪些呢？

| **马** 建筑师事务所的体制有两种，一种是 One man control（一人控制），另外就是 Team work（集体工作），这两种是截然不同的。我们曾经有一段时间，比较崇拜这种 One man control。当时很多日本建筑师事务所都是老板说了算，比如丹下健三、黑川纪章③、矶崎新④，国外也有很多，比如柯布⑤、密斯⑥。

---

① OUB Centre，即 Overseas Union Bank Centre，新加坡海外联合银行中心，由丹下健三设计。曾是 1986—1989 年间亚洲最高的大厦，后被香港的中银大厦所取代。大楼总高 280.1m，是新加坡三栋最高的建筑物之一。

② 尼日利亚的城市设计，即尼日利亚新首都阿布贾市中心规划，1979 年 8 月，丹下健三城市·建筑设计研究所方案中选。

③ 黑川纪章（Kisho Kurokawa，1934—2007），1957 年毕业于京都大学建筑学专业，1962 年成立黑川纪章建筑城市设计研究所，1964 年获东京大学博士学位，新陈代谢派代表人物。代表作有埼玉现代美术馆、中银舱体楼等。

④ 矶崎新（Arata Isozaki，1931—2022），日本后现代主义建筑师。1954 年毕业于东京大学工学部建筑系后，在丹下健三的带领下继续学习和工作，1961 年完成东京大学建筑学博士课程，1963 年创立矶崎新设计室，2019 年获普利兹克建筑奖。代表作有筑波市政中心、洛杉矶当代艺术博物馆等。

⑤ 勒·柯布西耶（1887—1965），法国建筑师、城市规划师、作家、画家，20 世纪最重要的建筑师之一，现代建筑运动的激进分子和主将，被称为"现代建筑的旗手"。

⑥ 密斯·凡·德·罗（1886—1969），德国建筑师，20 世纪最重要的建筑师之一。

但是这种机制有一个非常重要的缺陷，随着人智力的衰退，精力的不济，事务所的活力也会降低。那么，怎么能在这种情况下还保持事务所强烈的创作激情呢？Teamwork 就成了发展的趋势。贝聿铭[①]设计事务所先是用一个人的名字，后来改名叫贝—科布—弗里德建筑师事务所[②]，成为合伙人制。

我到丹下健三城市·建筑设计研究所之后，一个收获就是对设计体制的了解，国外事务所的老板是花钱雇员工的智力。咱们国内当时总觉得国外明星事务所全部都是总建筑师一个明星的力量，实际所里有很多小明星在众星捧月地帮他。建筑创作其实是带有个人色彩的集体创作行为。不同的事务所有不同的机制，也有不同的决策方法。在所里工作，我就发觉虽然大师有很多与众不同的想法，但是他也无法顾及全部。所以就要研究怎么能让设计机制更好地发挥作用，将大家的能力最大化地利用。

戴 您觉得日本建筑师在哪方面值得我们学习，哪方面又有所欠缺？

| **马** 他们处理平面和空间的能力比较强。如果在外观上做了一个特殊的形状，内部空间的平面布置也能够和这个形状配合得特别好。咱们国家的建筑师在内外空间的配合技巧上就有所欠缺了。比如有个大学的艺术馆，外面的形状曲线流动，但里面的空间划分还是横平竖直，并没有和形状有机地结合起来。另外，我们刚去的时候脑子里的框框比较多，在设计院待得时间太长，做设计先想空心板模数，3.3m、3.6m、3.9m。按丹下的说法，这就不叫做设计，建筑师应有进一步发挥的空间。

---

① 贝聿铭（1917—2019），出生于中国广州，毕业于哈佛大学，美籍华人建筑师。曾获 1979 年美国建筑学会金奖、1983 年第五届普利兹克奖、1986 年里根总统颁予的自由奖章等奖项，被誉为"现代主义建筑的最后大师"。代表建筑有美国华盛顿特区国家艺廊东厢、法国巴黎卢浮宫扩建工程。

② 贝·科布·弗里德建筑师事务所，即 Pei Cobb Freed & Partners Architects，由贝聿铭创办。

代代木体育馆鸟瞰图
图片来源：马国馨.丹下健三 [M].北京：中国建筑工业出版社，
1989：119.

代代木体育馆内景
图片来源：马国馨.丹下健三 [M].北京：中国建筑工业出版社，
1989：122，124.

当然他们也有缺陷，我觉得工地实践就比较欠缺，他们只是知道该怎么做，但在施工时另有监理专管，建筑师做不到了解全过程。但是，日本也有弥补的办法——资讯特别方便，那时候虽然没有互联网，但是纸质的材料文字都能查得到。那个时候在有的杂志后边附个卡片，想要哪方面的资料就在编号上打勾，写上自己单位的地址，公司就会给寄过来，所以我每天都

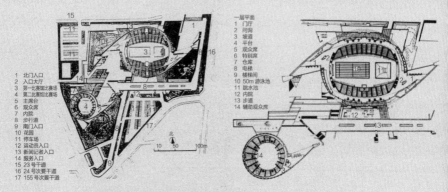

代代木体育馆总平面图及首层平面图
图片来源：马国馨．丹下健三 [M]．北京：中国建筑工业出版社，1989: 120, 123.

能收到一大堆资料。而且，日本每年都要出一本全国资料的集合，叫《国势总汇》，国土、人口、气候各方面数据全都包括，太方便了。东京都立图书馆[①]离我们住的地方也不远，我经常去那儿看书，资料真是特别多。我有时候就在想，在日本做研究工作确实非常方便，选定任何一个题目，在图书馆看些日子也能成为专家。咱们国家虽然在倡导大数据，要求各个单位数据共享，但每个条块还是分割得太严重，每个人紧紧守着自己的成果不愿意给别人用。

戴 您最欣赏丹下的哪个作品？他的作品和思想之间有怎样的关系呢？

| **马** 丹下最有名的作品应该是代代木体育馆[②]，这也是丹下的成名作，而且也是他设计中的一个高峰。无论是结构、人流组织，还是内部空间，各个方面都是非常好的，即使现在看也毫不过时。1964 年的奥运会对于日本来说非常重要，

---

① 东京都立图书馆，指现日本大都会中央图书馆，位于东京港区南麻布街，始建于 1973 年，免费向公众开放。
② 代代木体育馆，丹下健三作品，位于日本东京都，是丹下健三结构表现主义时期的顶峰之作，被评为 20 世纪世界最美的建筑之一。

这是它在第二次世界大战后首次举办这样盛大的国际赛事。对于日本、德国[①]这两个二战战败国来说，奥运会的举办飞速加快了它们的复兴。奥运建筑场馆对外展示国家形象，所以代代木体育馆也让丹下先生在世界建筑界确立了他的地位，为众人所知。

个人的创作风格倒不会因去了两年日本就发生了全然的变化。在亚运会方案设计中，我们做了那么多方案，最终选定的方案与代代木体育馆在外形上存在几分相似，可是从我个人来讲，我是力图要摆脱这种影响的。

丹下的作品反映思想的转变。他对建筑理论的研究一直没有间断，从开始的"功能论"到后来的"结构论"，再到后期的"信息论"。东京都厅舍[②]是想反映"信息论"的，但实际上它只是在外立面通过类似芯片的形状来表现，没有进一步从内部深入研究。但作为一名建筑师，丹下能从这些方面进行考虑，我觉得还是很有远见的。相比来说，咱们国内有的理论是套话，用在哪个学科都可以，也有的是为了理论而理论。

另外，国外大师们在长久的实践中，会形成自己固定的"套路"。比如贝聿铭前期做的中国银行[③]、达拉斯的办公楼[④]，这是一个套路。后期做的苏州博物馆[⑤]、中国驻美大使馆[⑥]、伊斯兰艺术博物馆[⑦]，这些又是另一个套路。但

---

① 德国慕尼黑于 1972 年举办奥运会，贝尼斯（G.Benisch）和奥托（F.Otto）设计的奥林匹克体育场以帐篷式屋顶结构闻名，完美地诠释了当届"绿色奥运"的场馆设计理念。体育场看台的 2/3 建在地表之下，与周围自然相融；顶棚由网索钢缆组成，上嵌丙烯酸塑料玻璃，采光性能良好。

② 东京都厅舍，丹下健三作品，位于东京都新宿区，设计风格体现后现代主义建筑风格。

③ 中国银行，指香港中银大厦，是中国银行在中国香港的总部，由美籍华人贝聿铭设计，位于香港中西区中环花园道 1 号。

④ 达拉斯的办公楼，贝聿铭作品，位于美国达拉斯市。

⑤ 苏州博物馆，贝聿铭作品，于 2006 年建成开馆，位于苏州古城中心，紧邻拙政园。

⑥ 中国驻美大使馆办公楼，位于美国首都华盛顿西北区，由贝聿铭和贝建中、贝礼中领衔设计，2009 年 4 月正式投入使用。

⑦ 伊斯兰艺术博物馆，贝聿铭作品，位于卡塔尔首都多哈海岸线之外的人工岛上。

是这些套路既有形象上的特色，又有功能上的优越性。丹下自己也有几个套路，一开始是"大卷檐"①，后来从山梨文化会馆②就开始用"圆筒子"③，在里边做交通核。这个套路在新加坡电讯电话公社④里用过一次，在北非阿尔及利亚的奥兰大学⑤用过一次，在意大利的费埃拉中心⑥又用过一次。有一次大家在做新加坡办公楼的方案，做了很多，但最后都不太满意。丹下从国外打来电话说就用"圆筒子"，然后大家就照着这个改。我们国家的建筑师现在还做不到这样，一个原因是套路还不成熟，另一个原因是总换套路。今天打少林拳，明天打猴拳，后天打太极拳，每一样都想试试，结果哪个套路都不成熟，都是浅尝辄止。可是现在国际知名的建筑师，无论是福斯特⑦、赫尔佐格与德梅隆⑧，还是哈迪德⑨，都已经有了自己非常成熟的套路。所以我觉得这就是我们和大师的差距，我们还没摸索出自己满意的方法，还是在到处试探。

---

① "大卷檐"，以日本横滨户塚乡村俱乐部设计为代表，以流动曲面的混凝土屋顶表现为特征。日本横滨户塚乡村俱乐部，于1960—1961年设计，是位于横滨市户塚区的高尔夫球俱乐部。

② 山梨文化会馆，丹下健三作品，1966年建成，位于日本山梨县，是新陈代谢派的代表作品。

③ "圆筒子"，以圆筒形结构作为主要支柱，内部设楼梯、电梯、卫生间、空调机房等。

④ 新加坡电讯电话公社，丹下健三作品，1980年始建，是当时同类型建筑中世界上最高的一栋。

⑤ 阿尔及利亚的奥兰大学，1971年由丹下健三城市·建筑设计研究所设计，规划的内容包括理工医综合大学、大学附属医院、学生宿舍等。

⑥ 此处指意大利波伦亚市北部开发规划及费埃拉区中心设计，1967年底丹下健三城市·建筑设计研究所参加此规划。

⑦ 诺曼·福斯特（Norman Foster，1935—），耶鲁大学建筑学硕士，英国皇家建筑师学会会员，被誉为"高技派"的代表人物，第21届普利兹克建筑大奖得主。代表作有香港汇丰总部大楼、大伦敦府楼等。

⑧ 赫尔佐格与德梅隆，指瑞士建筑师雅克·赫尔佐格（Jacques Herzog，1950—）和皮埃尔·德梅隆（Pierre de Meuron，1950—），其于1978年共同创办建筑事务所。

⑨ 哈迪德，即扎哈·哈迪德（Dame Zaha Hadid，1950—2016），出生于伊拉克巴格达，后定居英国，伊拉克裔英国建筑师，2004年普利兹克建筑奖获奖者。代表作有维特拉消防站、北京银河SOHO等。

仓敷市厅舍中的 "大卷檐"

戴 您在《丹下健三》①一书里有写，所里特别注意模型在各个阶段的作用。那您
之后做方案，也会非常看重模型推敲的步骤吗？

| **马** 在那里，建筑模型在设计里占非常大的分量，是贯穿设计和研究的全过程的。
做模型的工具材料非常齐全，甚至做好后还会邀请专门的摄影师来拍照。他
们一般都在开始时按照常规的层高和面积先做一个 Volume（体块），然后进
行设计，如果最后设计出来的和模型做出来的体量差不多，那就说明设计的
面积不会超。过去有时候方案都做完了，结果面积超了好多，要是用模型的
这种方法就能有效避免。咱们国家在 20 世纪 80 年代的时候只是把模型当作
表现的途径，但它更应该是一个过程，手工模型比在电脑中用软件建模要好
得多，它更直观。

另外，他们在做设计的时候特别注重剖面设计，各专业的问题在这儿可以解决。
咱们国内不太重视，即使是现在，也一般会找一个最好画的剖面，把标高标
示一下就完了，实际上是应该把所有竖向高度有变化的地方全都标示出来。
所以我在做（北京机场）2 号航站楼②的时候，总共画了几十个剖面。得把设
计在剖面上反映，在剖面中解决问题才行。

① 马国馨. 丹下健三 [M]. 北京：中国建筑工业出版社，1989：74.
② 2 号航站楼，指北京首都国际机场 2 号航站楼，马国馨作品，1999 年建成使用。

丹下健三在用模型研究方案
图片来源：马国馨．丹下健三 [M]．北京：
中国建筑工业出版社，1989：73.

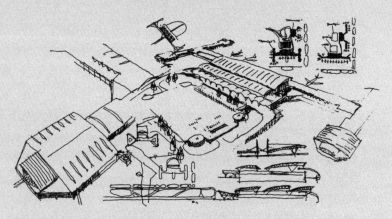

北京首都国际机场 2 号航站楼概念图
图片来源：马国馨．老马存帚 [M]．天津：天津大学出版社，2016：195.

戴 您说得对，剖面是最能体现空间变化的。我们现在在设计课教学里也鼓励学生们要用剖面表现院落室内外的高差、有吹拔的地方。咱们国家在这几十年中，一直在谈传统和现代。中国、日本都有深厚的传统文化底蕴，比如当时吕彦直^①先生在做南京中山陵的时候，是要做"中而新"^②。那您当时看到的

① 吕彦直（1894—1929），安徽滁县（今滁州市）人，中国近代杰出的建筑师。曾设计、监造南京中山陵，主持设计广州中山纪念堂，都是富有中华民族特色的大型建筑组群，被称作中国"近现代建筑的奠基人"。
② "中而新"，梁思成曾在 1958 年讨论国庆工程的会议上，提出"中而新"的观点。他把建筑形式分为四等，一是中而新，二是西而新，三是中而古，四是西而古。他认为只有"中而新"的建筑才是应该争取的目标。

日本是怎样对待传统的呢？咱们中国的建筑师在设计的时候又该如何对待传
统呢？

| 马　我的感受是日本对传统更为重视。从生活上看，在日本，碰上过节的时候，
大家都穿上传统的和服，非常漂亮！日本人家里常常都有一个和室，一个洋
室①，在生活中很好地保存着传统的东西。在中国，咱们生活在这个社会，在
这个国家生活受教育，骨子里自然而然地就会受这些文化的影响。但是要问
是不是一定要恢复历史（传统），我觉得大可不必，因为任何东西都是发展的，
传统也在发展，应当多样化。建筑可以在材料、色彩上呼应，但不应该只规
定出一条道，把条条框框都设好了。咱们就一定要"中而新"吗？其实也不一定，
人民大会堂②就是"西而新"，大家也挺接受，也挺好。那么这很快就会变成
我们的传统。时代是不断更新的，现在的东西很快也会变成历史，甚至变成
文物。

1977 年毛主席纪念堂工地
图片来源：马国馨. 老马存帚 [M].
天津：天津大学出版社，2016：
56.

---

①　"和室"又称"日式房间"，使用榻榻米、灰砂墙、杉板、糊纸格子拉门等传统家具。"洋
室"又称西式房间，有沙发、椅子、床等现代家具。一般日本居民的住所中，客厅、饭厅等对
外部分是洋室，卧室等对内部分是和室。"和洋并用"的生活方式为绝大多数人所接受，全西
式或全和式在日本都很少见。
②　人民大会堂，中国"十大建筑"之一，建于 1959 年中华人民共和国成立十周年，张镈、赵
东日为主要设计者。

毛主席纪念堂试做方案
图片来源：马国馨．老马存帚 [M]．天津：天津大学出版社，2016：74, 75.

戴 在回国后，您与丹下先生是否一直保持联系？您是否继续以他为师呢？

| 马 说不上以丹下为师，只能说在那里学习和工作过。他自己也忙得很，顾不上我们的事。他让中国人员去研修的主要目的还是想进入中国市场。

回国以后一开始联系还较密切，每到过年我都给先生邮寄贺年卡。我在编《丹下健三》一书时需要他的同意和授权，他还指定了专人负责和我联系，并提供资料。后来我为亚运会①考察访日时他还专门宴请过考察团。后来他在上海投标时遇到问题②，还来信让我代为了解。1997年他来清华接受名誉称号③时，还在长富宫饭店④见过我们一次。再后来他年事已高，2001年我去东京时到

①　指由马国馨主持设计的 1990 年第 11 届亚运会国家奥林匹克体育中心的规划及设计工作。
②　丹下健三设计方案曾在该项目竞赛中获一等奖，但未作为实施方案。后经马国馨向上海市有关方面了解，并专门向丹下先生做了解释，竞赛前明确了优胜方案未必是实施方案。
③　1997 年 5 月 5 日，丹下健三到清华大学出席其受聘为名誉教授的典礼。
④　位于北京市朝阳区建国门外大街 26 号。

丹下健三城市·建筑设计研究所没见到他，却只见到一起工作的老朋友，他们告诉我说先生出入已经要靠轮椅了。2003年他90岁生日，我专门发了贺信，还撰写了寿联①。丹下健三城市·建筑设计研究所后来在中国设了办事处，偶有联系。先生去世后，他儿子②接班，后来也曾来访过。

戴　您对这段研修经历最大的触动是什么？

| **马**　最大的感触就是开阔了视野。出去以后是对日本这个国家的民族文化以及其他方面的全方位了解。虽然时间很短，只能了解其中一部分，但是能让我们拿着放大镜看域外，用望远镜看国内，这是非常不同的感受，会自然而然地让思想方法和观察角度产生更多变化，不仅是对建筑设计有好处。尤其现在信息这么发达，建筑师通过看书、上网找资料，常常看一眼就明白了。间接地从媒体上获得，可能也不比亲自到现场了解得少。对于域外文化、生活工作方式的接触，是更广阔的一种全方位学习和了解。

注：未标明来源的图片均为受访者提供。

---

① 寿联内容为："前知后知镕钧十书造家弥勤逾上寿 东道西道包罗万象诲人不倦臻永年"。
② 丹下健三之子，丹下宪孝（1958—），日本建筑学家，早年于瑞士私立寄宿学校 LeRosey 就读。1985年取得哈佛大学建筑硕士学位。1985年返回日本，加入其父亲创办的丹下健三城市·建筑设计研究所。2005年设立丹下都市建筑设计。

荆其敏先生谈改革开放初期赴欧美院校访问经历

受访者简介

荆其敏（1934—2023）

男，北京人。1957 年毕业于天津大学建筑系后留校任教，1980 年作为访问学者赴美国明尼苏达大学建筑系研究环境设计，获美国明尼苏达大学荣誉学者。1981年回国，曾任天津大学建筑系副主任，教授、博士生导师，中国国家一级注册建筑师，一级注册城市规划师。中国生土建筑研究会常务理事，天津大学与拉丁美洲生土建筑研究中心主席，美国俄克拉何马州立大学荣誉教授，国际建筑研究会 IAA 会员。曾多次应邀讲学及出席国际学术会议，多次访问美国、法国、德国、加拿大、澳大利亚、泰国、秘鲁、苏联等地，有广泛的国际建筑界交往经历。

主要建筑作品有天津市电讯大楼工程、北京国家教委礼堂工程（获 1987 年建设部优秀设计银质奖）。国内外已发表论文 40 余篇，出版著作 62 部。主要著作有《中国传统民居百题》《现代建筑表现图集锦》（获 1989 年建设部优秀建筑图书二等奖）、《现代建筑装修详图集锦》（获 1987 年全国优秀畅销书奖）、《覆土建筑》（获 1989 年十省市优秀科技图书一等奖）、《西方现代建筑和建筑师》等书。

采访者：戴路

访谈时间：2020 年 12 月 2 日

访谈地点：天津市南开区学府街新园村荆其敏家中

整理情况：2020 年 12 月 3 日整理，2020 年 12 月 5 日初稿

审阅情况：经荆其敏审阅，2020 年 12 月 16 日定稿

访谈背景：为了解改革开放初期有机会到发达国家留学访问、接受先进建筑教育的建筑师经历，对荆其敏进行采访，回顾其访问美国明尼苏达大学、德国亚琛工业专科学院（现亚琛工业大学）等欧美院校的经历，及回国后在中外建筑教育交流方面所作出的贡献。

荆其敏受访
图片来源：作者自摄。

戴　您于 1980 年改革开放初期去往美国，是建筑学领域里首先出国的访问学者。
您能讲讲当时是如何被选派去往外国访问的吗？

|荆　当时在天津市参加了教育部组织的全国性考试，全国各地都有举办。英语考
试包括笔试和口试，来参加考试的人很多，规模很大。我是 1952 年毕业于北
京育英中学，当时有较好的英语基础，不过后来大学上课全是俄文，从头学起。
英语考试通过以后又参加了天津大学组织的一个短期英文学习班。美国那边
的学校和专业都是自己联系，经领导同意后就作为校内改革开放后首批访问
学者赴美国明尼苏达大学建筑系研究环境设计，从学于著名建筑师、教育家
拉普森教授[①]。

戴　您最难忘的出访经历有哪些？最大的感触是什么？

|荆　当时我们一共是三十几个人，坐一架飞机一起到纽约，主要是以理科，学数学、
物理这些专业的人员为主。因为当时中美还没有通航，我们就得转机。原来计

---

① 拉尔夫·拉普森（1914—2008），担任明尼苏达大学建筑学院院长 30 年。去世时，其是世
界上从业时间最长的执业建筑师之一，也是最多产的建筑师之一。

划是先到德黑兰①，可是当时是 1980 年 10 月 1 日，两伊战争② 刚爆发不久，只能临时改到卡拉奇③ 转机到巴黎再到纽约。忽然到了气候炎热的卡拉奇，我们还都穿着西装，穿着绒裤，下飞机以后简直热得没办法，甚至口袋里的巧克力全都变软化成"饼"了！再到了巴黎机场，因不让久留，也不让下飞机随意走动，我们就只能等着当时临时联系的飞机到达。因我们人多，航空公司就临时决定让我们集体上一趟飞机，以赚更多的钱，原本乘坐该航班的法国散客还在飞机上抗议。因为有时差，也不知道过了多少个小时。等到了纽约已经是半夜，没有人来接我们，也不知道该怎么办好。大家没有美元，也不会用美国机场的付费电话。过了很久，天都亮了，中国大使馆才派人用货车来接我们。所有人坐在货车里的长板凳上，这样到了大使馆。那个时候，"文化大革命"刚结束，使馆接待的人员对待知识分子态度不好。我们都由中国驻纽约的一个办事处安排住到一座旅馆里，那儿管得也很严。之后大家再分别去往自己联系的各个学校。

我在联系美国学校的时候，申请的证件上姓氏"荆"写的是"Ching"，但临走办护照，国家规定必须得用拼音"Jing"。在过海关的时候，检查出我的护照和证件上的名字对不上，他们甚至让懂印第安语的人来看，都认为这不是一个人。我怎么解释也讲不通，经过好一通联系，我才终于进入美国境。有一个老师箱子里带了很多肥皂，检查的时候就被怀疑，箱子都被检查人员给撬开，过了好长时间才让那位老师到机场去把撬坏的箱子取走。那个时候中美关系比较友好，美国人对中国人还算客气。

---

① 德黑兰，伊朗首都，同时也是德黑兰省省会，其为伊朗最大的城市，并且是西亚地区最大的城市之一。

② 两伊战争（Iran-Iraq War），又称为"第一次波斯湾战争"，伊朗称为"伊拉克入侵战争""神圣抗战""伊朗革命战争"，伊拉克称为"萨达姆的卡迪西亚"，是发生在伊朗和伊拉克之间的一场长达 8 年的边境战争。两伊战争于 1980 年 9 月 22 日爆发。第一阶段，伊拉克全面进攻，伊朗组织边境防御和反攻。1982 年 2 月，伊朗开始反攻势头，伊拉克被动挨打。1984 年开始，双方展开地面拉锯战，加强空中与海上袭击。1988 年，伊拉克重新掌握战场主动权，再次攻入伊朗境内。1987 年 7 月 23 日和 1988 年 7 月 18 日，伊拉克和伊朗各自接受了联合国的停火决议，但双方直至 1988 年 8 月 20 日才正式停止战斗。

③ 卡拉奇，巴基斯坦第一大城市，位于巴基斯坦南部海岸、印度河三角洲西北部，南部毗临阿拉伯海，居莱里河与玛利尔河之间的平原上。

去了之后美国的同行们也曾问我对美国感到最惊异的是什么，我说是"高速公路"。潮水似的汽车飞似的奔跑，丧失了人的尺度和节奏：道路把人带到危险的境地，潮水似的汽车支配着城市，支配着建筑，支配着人的生活。西方人自己也无不为机器时代如此快速地占据了人类的空间而感到惊讶！中国当时还不一样[①]。

戴 当时咱们国内的建筑学教育同美国之间一定存在许多不同之处吧？

| 荆 当时咱们国家受苏联的影响，全盘苏化。北京盖起了苏联展览馆，上海还有中苏友好大厦。北京的苏联展览馆前面那个圆圆的水池，本来还设计了 16 个雕像，代表苏联 16 个加盟共和国[②]。但因中苏关系破裂，雕塑就没再从莫斯科运来，所以现在那儿就只有一个水池。

我是 1952 年入学天津大学的，当时整个建筑学的教学计划、教学大纲就是由苏联搬过来的。别的专业都是 4 年制，只有建筑学是 5 年制，清华大学的是 6 年制，学的课程特别多，学时排得很紧，沿用的全是苏联的教学体系。有些课程，如苏维埃建筑史也要学。冯建逵[③]先生当时听了说，"什么白俄罗斯、

---

① 荆其敏. 美国留学生设计教学随笔 [J]. 新建筑, 1987（1）: 16–19.

② 苏联 16 个加盟共和国包括：俄罗斯苏维埃联邦社会主义共和国、乌克兰苏维埃社会主义共和国、白俄罗斯苏维埃社会主义共和国、爱沙尼亚苏维埃社会主义共和国、拉脱维亚苏维埃社会主义共和国、立陶宛苏维埃社会主义共和国、格鲁吉亚苏维埃社会主义共和国、亚美尼亚苏维埃社会主义共和国、阿塞拜疆苏维埃社会主义共和国、哈萨克苏维埃社会主义共和国、吉尔吉斯苏维埃社会主义共和国、土库曼苏维埃社会主义共和国、乌兹别克苏维埃社会主义共和国、塔吉克苏维埃社会主义共和国、摩尔达维亚苏维埃社会主义共和国、卡累利阿 - 芬兰苏维埃社会主义共和国（后撤销）。

③ 冯建逵（1918—2011），1942 年毕业于北京大学工学院建筑系，留校任教。1943 年底任讲师期间曾受时任北京大学教授的朱兆雪之邀带领部分学生对北京故宫等古建筑进行测绘，并先后与建筑大师张镈多次合作实测了其他古建筑，为后来的古建筑研究作出了可贵的贡献。1945 年随沈理源转至私立天津工商学院执教，并在沈理源主持的华信工程司兼职建筑设计。1952 年院系调整，该校并入天津大学，其在天津大学建筑系任教、主授建筑设计，并指导研究生深入古建研究。他曾担任天津大学建筑系副主任、主任，天津大学建筑设计研究院总建筑师等职。在他指导下编著的《承德古建筑》曾获得 1982 年全国科技图书一等奖，此书后来被译成日文由东京朝日新闻株式会社出版。其他出版的专著有《清代内廷宫苑》《清代御苑撷英》等多部。

北京苏联展览馆（今北京展览馆）
图片来源：建筑工程部建筑科学研究院．建筑十年中华人民共和国建国十周年纪念：1949—1959．北京：建筑工程部建筑科学研究院，1959：47．

上海中苏友好大厦
图片来源：邹德侬，张向炜，戴路．中国现代建筑史［M］．北京：中国建筑工业出版社，2019：52．

黑俄罗斯？！"苏联专家当时住五大道，开着天津市为数不多的小轿车。那个时期正是苏联古典主义的高潮，他们批判西方，否定摩登主义，坚持古典，所以实际上并不先进。一些苏联专家实际上以前只是炮兵上校，但来到中国，摇身一变成为教授了。实际他们只能讲构造，但也不是很进步的做法，并且只适用于寒带地区。有些专家跟中国人很不一样，跟美国那些教授也不一样，总是喜欢"指手画脚"。我当时参考欧洲卫星城①做的住宅设计，就被苏联专家指责说是"资本主义"。其实当时那些曾留学于美国等发达国家归来的老师们都并不赞同。

---

① 卫星城，全称"卫星城镇"，是指以大城市（在一定区域内起主导作用的城市，而不是在经济、政治或面积等仅单方面地位突出的城市）为中心、在地理空间上呈卫星分布状的城市或县镇。卫星城镇理论的渊源可追溯到19世纪末英国社会活动家埃比尼泽·霍华德（Ebenezer Howard）提出的"田园城市"，经历了附属型、半独立型和独立型等发展阶段。这种设想提出一种兼有城市和乡村优点的新型城市结构形式，在中心城市周围建立一圈较小的城镇，形式上有如行星周围的"卫星"。这是卫星城镇的思想萌芽。根据霍华德的设想，1919年英国规划设计第二个田园城市——韦林时，即采用了"卫星城镇"这个名称。第二次世界大战后，先是英国、瑞典、苏联、芬兰，后是法国、美国、日本等国都规划建设了许多卫星城镇。

戴 您所进行的城市生态环境可持续发展的理论研究与到美国明尼苏达大学建筑系所学环境设计专业之间有着怎样的联系？

| 荆 当时我国派出学习的人员多学理科，建筑学曾在政治运动中受到太多的误解。我要学习的是城市规划，研究的是人类的居住环境。我在美国的时候，在很多学校做过讲座，浅显地讲讲中国园林、中国古典建筑，后来我就开始讲一些中国民居，美国人对此感到新奇。实际上美国对生态环境很重视，将人与自然的关系摆在首位。中国民居使用生土这种天然材料，南美洲、非洲等地则是使用稻草等植物材料，并将其运用在现代建筑设计当中，在建筑构造、建筑物理等方面都有针对性的体现。但是当时在我们国家，生土建筑却行不通。后来法国有一个教会的民间组织 CRATerre 国际生土建筑中心①，以保护生态为主题，我们联合办了一个研究中心，在内蒙古土牧尔台②找到基地做研究。我们曾经到秘鲁考察，南美洲那些穷人盖的土房子非常好看；也把土拿到法国去化验，研究配比，还需要学校开证明给机场看，费了很大的工夫；由他们资助，在技术上使用一种体积不大，易搬运又便于农民手工操作的制坯机③，让天津大学的机工厂给做出来，运过去好使极了，三个人就能压出一块大土坯，在里面把筋也布置好。我带的几个研究生，有庞志辉④等，大家一起做出的设计，在国际展览⑤中得了大奖，却不被当地的领导认可。领导认为这是穷，是落后，只想要高楼大厦。现在过了几十年，又开始有人提倡要做，但仿佛是个政治口号，"生态"二字不能滥用。

---

① CRATerre 国际生土建筑中心，成立于 1979 年，总部设在法国格勒诺布尔建筑学院，研究生土建筑技术，并致力于探索环境和世界遗产以及环境与人类住房之间的关系。

② 土牧尔台位于内蒙古自治区中北部，隶属于察哈尔右翼后旗。境内为丘陵地区，总面积 560km²。

③ 该机运用杠杆原理，由操作者以手压制多种规格土坯块，砌块原料就是各类土并加入少量麦秆，其强度不比砖低，极适宜廉价劳动力过剩而资金不足的地区。

④ 庞志辉（1963–2003），男，1982 年进入天津大学建筑系学习，曾任天津大学建筑学院副教授。

⑤ 该方案"生态居住建筑设计内蒙古乌兰察布盟土牧尔台镇发展构想"曾获中国台湾"财团法人洪四川文教基金会"1990 年"建筑优秀人才奖"、1992 年 AIA 国际合作奖，并在巴西里约热内卢世界环境大会上展出。

荆其敏 1980 年在明尼苏达大学建筑学院和学生俱乐部做关于中国园林、住宅、庙宇和宫殿的系列讲座的海报及 1981 年 3 月在明尼苏达大学校园活动中心做中国传统建筑讲座的海报
图片来源：荆其敏提供。

戴 中美师生关系之间有何不同？对于本科生、硕士生、博士生的培养重点分别是什么？

荆 在西方国家的大学里，学生是主体，这和我们的很不一样。很重要的一点就是在学分制的定义上，他们的学费和学分是相联系的，每个学分都需要缴费。而且学分和老师的教学量也是挂钩的，如果老师的课不足 45 个学生报名，那么这门课就不能开设，如果报名这门课的学生很多，100 个学生共 100 个学分，那么这 100 个学分的钱都属于这个老师，这样学生肯定是主体。办学主要靠什么，靠经费吗？我的导师告诉过我："我当系主任就是 make money，就是收学生的学费。"学费从哪里收？就是从学分上收。他们入学很容易，哪个学校都要你，但是毕业很困难，拿一个学分是很不容易的。比如在德国，答辩会有三个老师参加、提问，三个老师一起打分，再取平均分。如果不及格，学费就浪费了，重新修学分又需要重新交学费。所以学分对学生来说很重要，学生们没有不努力的，因为不努力就拿不到学分。这种制度很严谨，是真正的学分制。而且老师们都很积极，一个讲师讲得好，挣到的钱可能比教授都多，所以老师们都很积极，也很自由。

美国的教育部里没有几个人，教育的自主权在学校自身，学校想怎么办学都可以，教育部在教育问题上什么都不管，学校也不让他们管。教育部只负责收集全国高等学校的专业材料，方便大家查找资料。我去过美国华盛顿的教育部，那里有各个学校的建筑系的资料。这种模式有这种模式的好处，办教育很自由，好多私立学校办得比州立学校好，很多有名的学校都是私立学校。

这样一来，师生关系会变得很不一样，学生是主体，老师会对学生非常爱护。我们的学生上学是"求"老师，但他们却是老师"求"学生，很尊重学生。学生可以常常帮老师看作业、帮老师放幻灯片，还可以到老师家里帮老师剪草坪，学生跟老师的关系会变得很亲密①。有的教授的课就在家里，大家围着老师坐在地上，开"沙龙"，共同交流。我在天津大学当助教的时候，徐中②先生也会举办这样的沙龙，带年轻教师到家里去，但后来被批判就停止了，挺遗憾的。课程的设置全是由老师个人安排，教育部不会干涉。学院有时候会请到一些国际上有名望的大师或知名教授，以此也能提高学校的知名度。

美国的建筑教育从本科生、硕士生到博士生八年的培养，总的来说是一实一虚的过程。即本科生重想象力的培养，硕士生重实际训练，博士生再提高到理论的思维能力③。学生所需要完成的学术论文，只需要找到一个实实在在的小题目，实验做成了，便可以毕业。

---

① 姜悦宁，邓林娜．六十五载校园，回首仍念往昔：访荆其敏、张丽安 [J]．城市环境设计，2017（5）：67–69.

② 徐中（1912—1985），男，江苏常州人。1935年毕业于中央大学建筑系，获学士学位。1937年获美国伊利诺伊大学建筑硕士学位。1939年起任教于中央大学建筑系，1949—1950年任南京大学建筑系教授，1950年受聘任北方交通大学唐山工学院建筑系教授、系主任。1952年，唐山工学院建筑系调整至天津大学，徐中先生随之前往天津大学任建筑系教授、系主任，名誉系主任。主要作品有南京国立中央音乐学院校舍、南京馥园新村住宅、南京交通银行行长钱新之住宅、北京商业部进出口公司办公楼、对外贸易部办公楼、天津大学教学楼等。撰有《建筑与美》《建筑的艺术性究竟在哪里》《论建筑与建筑艺术的关系》《建筑风格的决定因素》等。

③ 荆其敏．浅谈美国的建筑教育 [J]．新建筑，1987（4）：10–12.

戴　对于建筑教育评估制度您有何看法？

| **荆**　美国的建筑教育在全世界居领先地位，美国教育部对建筑教育的管理不起很大的作用，全面控制美国建筑教育质量的是一个民间组织，叫作 NAAB（National Architectural Accrediting Board）"全国建筑院系评估理事会"①。这个理事会是批准建筑院系的机构。它由来自各个方面的 11 人组成，选举产生，任期制。其中 3 人由美国建筑师协会 AIA 中选出，3 人由美国全国建筑注册委员会 NCARB（National Council of Architecture Registration Boards）② 选出（该委员会控制美国的建筑师必须受过正规教育，保证生产实习年限，并经过考试才能取得开业的执照）；还有 3 人由建筑师协会中的建筑院校联合会ACSA（Association of Collegiate Schools of Architecture）③ 中选出。此外，由建筑师协会选拔学生代表 1 人，再聘请 1 位其他专业的外行人士参加，艺术家、律师或社会学家等均可，称"Public man 理事会"，每五年对全国院系的教育质量评估一次。评估的目的不是排各校优劣的名次，只是找出某些院系不合格的方面促其改进。评估的标准由理事会制定，对于建筑教育的要求和社会的需求紧密联系④。

我们现在的建筑教育评估制度有利也有弊。当时建设部和教育部委托了我和清华大学的一位老师一起翻译并整理美国、英国、中国台湾、中国香港的好学校的建筑评估文件，我们把资料提供给建设部，以此为基础制定了我们自

---

① NAAB（National Architectural Accrediting Board），全国建筑院系评估理事会，又译作"国家建筑学认证委员会"。成立于 1940 年，是美国历史最悠久的建筑教育认证机构。NAAB 认证由具有美国区域认证的机构提供的建筑专业学位。目前，有 123 个机构提供 153 种认可的方案。NAAB 制定了适用于建筑师教育的标准和程序。这些标准是由建筑教育者、从业者、监管者和学生制定的。
② NCARB（National Council of Architectural Registration Boards），国家建筑注册委员会，是一家非营利性组织，其成员包括 50 个州、哥伦比亚特区、关岛、北马里亚纳群岛、波多黎各和美国维尔京群岛的合法成立的建筑注册委员会。通过与许可委员会合作，以促进建筑师的许可和认证。
③ ACSA（Association of Collegiate Schools of Architecture），建筑师协会中的建筑院校联合会，成立于 1912 年，是一个国际性的建筑学校协会，旨在提高建筑教育的质量，由 10 所学校组成。
④ 荆其敏. 浅谈美国的建筑教育 [J]. 新建筑，1987（4）：10–12.

己的评估制度。西方国家建筑教育的评估有着上百年的历史，是很多经验积淀出的成果。此外，他们还有一个民间的组织叫评估委员会，不许官方参与，这个组织不给学校排名次，各校自愿参加，取长补短，互相交流，它的目的在于从这个活动里取得经验，学习别人[①]。

戴 您觉得美国当时的建筑教学先进之处还体现在哪些方面？

| **荆** 美国的大学教育是入学容易毕业难，建筑专业更是如此。中国的情况正好相反，毕业容易入学难。入校后的筛选制度作为学校的职能，体现于培养人才的时间程序之中，其严格程度能真正说明一个学校的教育水平。俄克拉何马州立大学（Oklahoma State University）建筑学院的本科生教育为五年制，二年级基础训练之后只有三分之一的学生能够进入三年级，三分之二的学生被淘汰或转系；堪萨斯大学（University of Kansas）建筑学院设有两年制的环境系，作为进入建筑系的预科，只有一部分人能进入建筑系三年级；俄克拉何马州立大学建筑学院研究生，按其成绩与特点进入设计研究生学位或进入工程研究生学位两种不同的领域，工程硕士将来不能参加建筑师开业执照的申请考试；建筑师不等同于工程师，明尼苏达大学建系的学生来源大部分不是高中生，而是美术系或其他系学完一年以上课程后的大学生转入建筑系的。这些学校虽然办学的方法各异，但是都贯彻了因材施教和严格的筛选制度。

美国建筑系本科学习年限为四年或者五年，他们把本科生和硕士生的学习年限统一考虑，总的学制大约是六年到六年半，只是各院系分段的办法有所不同。例如，俄克拉何马州立大学建筑学院本科生五年，研究生一年半。入学时、二年级升三年级时以及进入研究生时，学生须经过三次筛选。内布拉斯加林肯大学（University of Nebraska Lincoln）建筑学院本科生四年，研究生两年，共六年达到硕士学位。佐治亚理工学院（Georgia Institute of Technology）本科生四年，研究生两年，少数人再进入两年的博士理论研究，共八年达到博

---

① 姜悦宁、邓林娜. 六十五载校园，回首仍念往昔：访荆其敏、张丽安 [J]. 城市环境设计，2017（5）：67-69.

士学位。由此我们可以看到，美国建筑系的学习年限大体上可划分为三个阶段，经过严格筛选，学生的人数由低班到高班逐级减少，呈金字塔形。由于在两年的分段时刻，学生可以有自由选择专业发展的机会，因此不存在有"专业思想问题"。目前我国的高等教育有时把研究生和本科生的培养截然分开，对学制的安排缺乏统一且全面的规划，某种程度上对人力和财力都是一种浪费。

我国在教师编制上采取的是高标准低效率的做法，美国的建筑教育依靠了雄厚的社会力量的支持，学校与事务所之间有完整的一体关系。首先，教师都是建筑师，教师为自己的事务所培养人才，不参加生产实践的教师是没有资格教书的，不论是搞理论历史或环境物理或其他的教师都是如此。教师如果缺乏生产实践的经验就得不到提高的机会。青年教师更急于做实际的工程。学生也都把事务所实习的环节看得很重要，不仅要预先为毕业后的工作找好岗位，而且也是学习期间的辅助经济来源。各校的校友活动中心都是加强社会实践联系的主要渠道，许多校友开办的事务所都是母校的重要支柱。在堪萨斯州立大学(Kansas State University)看到的精良的计算机设备与装置很多都是校友捐赠的。

1980年至今，计算机的应用突飞猛进。1980年我在明尼苏达大学时该校正开始兴建计算机房，当时只有少数学校如康奈尔大学等有计算机辅助画图，事务所中应用计算机辅助设计的也不多，许多人对此还抱怀疑的态度。其他的教学手段则注重培养学生的动手能力，例如木工车间、陶瓷工作室、工艺美术工作室、材料样品室、模型材料室以及计算机房等都是学生自由活动的场所。学生们的公共道德素质也很好，对贵重的仪器设备都能自觉爱护。

在行政管理方面，各院系的编制十分简单。正副院长及系主任全是教授兼任，院办公室设二至三名专职秘书，系里除主任有一名私人秘书外，系办公室还临时雇用三四个办事人员，他们共同掌管着一千多人的院系。秘书面向学生与教师，没有行政性的管理，没有事务性的工作。校级没有向下布置的工作，一切任务都是自动完成，职责分明。各实验室、资料室、计算机房都是有关教师自己的独立王国，自筹经费，自己管理。故有三分之一至二分之一的教师是十分繁忙的，许多人每天从早到晚都在系里工作。教室也是日夜占用的。

教师的工作在社会上是备受尊敬的职业，似乎没有不愿意做教师的。学费很贵，美国人要靠政府低息贷款上学，外国留学生的学费则是美国建筑教育的一笔重大收入。和我们相比，差距最大的也在这个方面。①

戴 您在归国后又曾带领建筑系师生到德国亚琛进行教学交流活动，这在当时的国内院校中还是首次，您能讲讲当时的情景吗？

| 荆 1992 年，我和天津大学外办的尚金龄② 老师曾带领 9 个学生，组成"天津大学建筑系汤若望学习小组"③，乘火车穿过俄罗斯和欧洲大陆，抵达了德国

① 荆其敏. 美国留学生设计教学随笔 [J]. 新建筑，1987（1）：16-19.
② 尚金龄（1936—2020），1950 年参加工作，1958 年进入天津大学进修，1961 年毕业后进入天津大学工作，从事外事工作至退休。
③ 该小组学生包括兰剑、洪再生、徐苏斌、梁雪、赵晓东、林宁、刘冠华、庞志辉、靳元峰 9 人。兰剑（1961—），1979 年进入天津大学建筑系学习，曾为荆其敏研究生，现为奥凯睿意（AIDC 北京）建筑设计顾问有限公司总裁。洪再生（1962—2018），1980 年进入天津大学建筑系学习，1989 年留学日本，1996 年获日本神户大学博士学位。曾任天津大学建筑学院城规系副主任、天津大学城市规划设计研究院院长、天津大学建筑设计规划研究总院院长。徐苏斌（1962—），1980 年进入天津大学建筑系学习，获天津大学博士学位。现为天津大学建筑学院讲席教授、天津大学中国文化遗产保护国际研究中心（天津市高校人文社科重点研究基地）常务副主任，国家"万人计划"领军人才、教育部新世纪优秀人才。曾任或兼任东京大学生产技术研究所研究员、东京大学东洋文化研究所研究员、国际日本文化研究中心（京都）客座副教授、法国巴黎第一大学客座教授、香港中文大学兼职教授、中国建筑学会工业建筑遗产学术委员会副主任委员等。梁雪（1962—），1980 年进入天津大学建筑系学习，现任天津大学建筑学院教授，曾任美国密歇根大学访问教授，长期从事设计与理论研究，承担并主持国家自然科学基金项目"当代西方建筑形态研究"的课题。赵晓东（1962—），1981 年进入天津大学建筑系学习，获硕士学位，任澳大利亚柏涛设计咨询有限公司董事、首席建筑师。林宁（1963—），1981 年进入天津大学建筑系学习，现居住于美国洛杉矶。刘冠华（1963—），1982 年进入天津大学建筑系学习，毕业后留校，在建筑系建筑学教研室任教。现任欢乐谷集团董事长、华侨城当代艺术中心（OCAT）理事长、华夏艺术中心执行董事、深圳华侨城旅游景区管理有限公司执行董事。靳元峰（1963—），1982 年进入天津大学建筑系学习，任北方汉沙杨建筑工程设计有限公司（NHY）总建筑师。下文中的"德中友协汤若望协会"（Adam Schall Gesellschaft für Deutsch-Chinesische Zusammenarbeit e.V.）因汤若望而获名。汤若望（Johann Adam Schall von Bell，1592—1666），字道末，德国科隆人，天主教耶稣会传教士。1620 年（明万历四十八年）到澳门，在中国生活 47 年，历经明、清两朝，是继利玛窦之后最重要的来华耶稣会士之一。

亚琛①进行教学交流活动，开国内建筑院校之先河。德中友协汤若望协会资助我们在联邦德国（西德）境内的一切费用。

我们所去的亚琛工业专科学院②学制三年，教学方法注重实际。他们的设计课和我们有个不同的点，不是只做到方案阶段，而是达到能付诸实施的程度：从方案到节点设计、构造大样甚至包括建筑的水、暖、电的设计。另外也到联邦德国（西德）科隆、法国巴黎等城市，参观了科隆大教堂、蓬皮杜国家艺术和文化中心等建筑。

这次交流活动在亚琛和天津两地产生了巨大影响，成为德国媒体争相报道的盛事，同时也为日后天津大学建筑学院与德国院校的学术交流奠定了良好的基础，推动了此后长期的互访交流。

戴 您曾组织了十几批外国学生来天津大学短期学习，您觉得这一过程有何意义，又对之后的学院、学校及学科发展有何作用？

| 荆 为什么美国留学生要不远万里到遥远的东方来学习中国传统建筑艺术呢？俄克拉何马州立大学来的西若·摩尔根教授说："一方面，中国的文化艺术和西方太不一样了，美国的历史很短，中国有悠久的文化传统。任何现代文明都是由传统发展进化而来的，人类创造的历史文明应该属于全世界，现代的摩登建筑也离不开传统精神。另一方面，全世界的建筑事业都在向现代化发展。如何从传统文明中汲取设计经验以发展未来的现代建筑，正是当今全世界建筑师所面临的课题。"我很赞同她的观点。他们来自美国，长期生活在灯红酒绿、纸醉金迷的资本主义西方文明的繁华大都市之中，一旦进入和谐、朴实、古老的中国，立即被天坛、颐和园、古典园林和四合院……所吸引，这是很自然的。他们充满着对东方建筑美的想象来到中国，他们在中国真正地感受到了东方传统文明对现代西方文明的挑战。

---

① 亚琛，又译作阿亨，位于德意志联邦共和国的北莱茵—威斯特法伦州，与比利时和荷兰接壤，是著名三国交界城市以及旅游胜地。
② 亚琛工业专科学院，现为亚琛工业大学（简称 RWTH Aachen），成立于 1870 年，位于北莱茵—威斯特法伦州，是德国最负盛名的理工科大学之一。

1982年，荆其敏指导明尼苏达大学留学生建筑设计
图片来源：天津大学建筑学院提供。

参观亚琛最古老的建筑——亚琛广场
图片来源：天津大学留学通讯．1988
（2）：39.

1960—1965年的这个时期，国家和苏联的关系破裂，提出了"反帝反修，备战备荒"的口号，同时进行教育革命，教学结合生产，让学生下工地真刀真枪地实际操作。那时候我刚毕业没多久，在学校里当助教，天津大学有一个宿舍楼就是当时学生们自己画施工图、自己砌砖盖起来的。在当时那种情况下，建筑师的地位很低，大量工程的主持人都不是建筑师而是结构师，建筑需要服从结构。因为社会上认为建筑学没有意义，建筑的施工主要还是靠结构，尤其在天津大学这样的工科大学里面，建筑学专业是非常让人看不起的。所以那个时期，建筑系附属在土建系之下，建筑系变成了土木建筑系，土木放在建筑的前面，徐中老师担任系副主任。后来我去往美国交流，回来后又组织了十几批外国学生来天津大学短期学习。通过这些交流，大家的眼界开阔了，知道了外面的情况，外面也知道了中国的情况，相互之间收获很大，是教育界很大的进步。这个时期，天津大学建筑系在国内小有名气，各方面都做得很不错，建筑学在天津大学里的地位也有所改变，建筑学也终于重新地、

正确地立足于大学教育中①。

天津不像北京和上海那样出名，但能够在天津市中心广场附近找到典型的意大利庭院，仍然认得出那是意大利文艺复兴式的檐口和细部；在解放北路上有精美的爱奥尼克和科林斯柱式；五大道上的西班牙式、英国半木式、法国式的小住宅；还有生生里、永宁里等里弄式和连排式住宅。在老城区仍可见到许多地方会馆的旧址和传统四合院民居。在一座城市中能够看到如此众多的风格各异的欧式建筑，在全世界是少有的。宝贵的中西传统建筑设计经验就在我们身边，天津大学正好处在这个地理优势，从现实中学习，从交流中学习②。

另外，在交流过程中，我们也与其他国家和学校建立了深厚的友谊，举办了一系列交流活动，导师拉普森也多次到访天津大学。1987年4月7日，我第三次到美国俄克拉何马州立大学。一进校园我大吃一惊：建筑系的楼上悬挂了一面巨大且鲜红的中华人民共和国国旗，有三层楼房那么高，铺在楼的外面。在春天的阳光照耀下，那鲜红的旗帜分外美丽照人。1985年春，俄大建筑学院的西若·摩尔根教授曾率学生访问我校并学习中国传统建筑艺术。期间适逢美国独立日——他们的国庆节，我与他们一起举行了一次热闹的庆祝会并做了一面小小的美国国旗送给他们。摩尔根教授非常感动，她说她在中国见到美国国旗是多么的高兴，并说："下次你来俄大，一定会看到我给你们的中国国旗。"果然，这面硕大的国旗就是西若·摩尔根亲手缝制的。她要用这面大国旗表达对我们的欢迎，对天津大学的怀念以及对我国的友谊。③

---

① 姜悦宁，邓林娜．六十五载校园，回首仍念往昔：访荆其敏、张丽安 [J]．城市环境设计，2017（5）：67-69.
② 荆其敏．美国留学生设计教学随笔 [J]．新建筑，1987（1）：16-19.
③ 荆其敏．国旗与友谊 [J]．天津大学留学通讯，1988（2）：48.

1987 年天津大学主办的"传统住宅与生活模式国际研讨会"参会嘉宾及天津大学师生合影
[前排左起 1: 刘振亚, 2: 张敖, 4: 李光泉, 5: 石则昌, 6: 杨辉, 7: 吴咏诗, 8: 拉普森,
9: 鲍家声, 10: 荆其敏, 11: 童鹤龄; 前排右起 2: 洪再生, 3: 袁逸倩; 第二排左起 1: 杨昌鸣,
2: 高珍明, 3: 林永红, 4: 业祖润, 5: 魏挹澧, 6: 羌苑, 7: 周卡特, 8: 胡德君,
9: 何红雨, 10 (拉普森左后方): 张文忠, 11: 周祖奭, 12: 王兴田, 13: 石东直子; 第二
排右起 1: 崔洪林, 2: 大野隆造 (袁逸倩右后方); 第三排右起 2: 童西红 (杨秉德右前方),
3: 刘恒谦; 最后排左起 1: 刘冠华 (朱良文左后方); 倒数第二排右起 1: 赖德霖, 2: 邹月辰,
5: 朱良文 (魏挹澧左后方), 8: 施鹏嘉; 倒数第二排左起 1: 周慧荣, 2: 黄为隽, 3: 王福义,
4: 兰剑, 5: 荣斌; 倒数第三排左起 2: 邓幼莹 (赖德霖左前方); 倒数第三排右起 1: 杨秉德,
2: 肖敦余, 3: 王乃香, 4: 彭一刚, 5: 张兆胜]
图片来源: 荆其敏提供。

黄锡璆先生谈赴比利时鲁汶大学留学经历与北京小汤山医院设计

受访者简介

黄锡璆（1941—）

男，汉族，出生于印度尼西亚，广东梅县人，国家一级注册建筑师、研究员及高级工程师。1957年归国，1959年考入南京工学院（今东南大学）建筑系获建筑学学士学位，1964年毕业分配至第一机械工业部第一设计院（中国中元国际工程有限公司前身）工作，1984年2月至1988年2月于比利时鲁汶大学应用科学工程学院建筑系人居研究中心获建筑学（医院建筑规划设计）博士学位。现为中国中元国际工程有限公司顾问首席总建筑师。曾任世界银行中国卫生项目卫Ⅲ、卫Ⅳ、卫Ⅷ及世界银行灾后恢复重建项目专家，曾任北京建筑大学等三家大学校外硕士研究生导师，现为中国建筑学会医疗建筑分会顾问（2020年），第八届国家卫生健康标准委员会医疗卫生建筑装备标准专业委员会顾问（2019年），国际建筑师协会UIA公共卫生建筑学组PHG中国成员。

在几十年的职业生涯中，通过总结国内外先进的医院设计理念、吸纳先进技术并与我国实际相结合，先后主持200多项医疗工程的项目设计，引领我国医院建筑规划与设计进入国际先进行列。所提出的科室矩阵排列、庭院布局、便捷交通等理念，促进医院建筑在平面布置、空间组织等方面的革命性变革和创新，已建成的医院项目受到院方及患者的好评，得到了同行业的广泛认可，形成了中国医院设计的完整发展思想。

主持编制我国首部《传染病医院建筑设计规范》《精神卫生防治机构建筑设计规范》，填补该领域空白。主编《应急医疗设施工程设计指南》《中国医院建设指南》（第三版）、《建筑设计资料集》六分册医疗建筑分篇等。1995年被评为全国先进工作者，1997年当选为中共十五大代表。2000年被评为全国工程勘察设计大师。2008年评为国机集团高层次科技专家。2012年荣获"第六届梁思成建筑奖"。2003年中央企业抗击非典先进个人。2020年全国抗击新冠肺炎疫情先进个人、全国优秀共产党员称号，同年评为第五届"央企楷模"。

黄锡璆受访
图片来源：作者自摄。

采访者：戴路、李怡

访谈时间：2020 年 12 月 24 日

访谈地点：北京市海淀区西三环北路 5 号中国中元国际工程有限公司

整理情况：2020 年 12 月 25 日整理，2020 年 12 月 31 日定稿

审阅情况：经黄锡璆审阅，2021 年 1 月 26 日定稿

访谈背景：为了解改革开放初期到发达国家留学，接受先进建筑教育的建筑师经历，对黄锡璆进行采访，回顾当时留学于比利时鲁汶大学的经历，以及回国后在医疗建筑设计方面所完成的探索与实践，一窥中国医院建筑现代化发展进程与在重大突发公共卫生事件下建筑师贡献出的力量。

戴 黄博士您好！您曾去往比利时鲁汶大学学习，能分享一下您当时是如何被选上的，评选条件有哪些吗？

| 黄 改革开放后，国家开始选派留学生，由各部委选送再经国家教委组织全国统考。机械工业部各单位初选考试含力学、数学及外语，以外语水平为主，并考核专著论文等。我在设计单位从事具体工程设计，没有论文，1978 年考试落选。1984 年春，我考取并获得公派赴比利时鲁汶大学① 进修两年资格。

---

① 比利时鲁汶大学，全称"比利时天主教鲁汶大学"（Catholic University of Leuven），是比利时久负盛名的世界百强名校，欧洲十大名校之一，世界顶尖研究型公立大学。该校于 1425 年在教宗马丁五世的授权下建立，距今已有近 6 个世纪的历史，是现存世界上最古老的天主教大学。

能获得公派留学的机会，我挺幸运，也是鲁汶大学应用科学工程学院建筑系里的人居研究中心的第一位中国留学生，全比利时的留学生也就五六十个人，大部分都是公派的。1949 年后，只有初期派了一批人到苏联和东欧留学，后来就没有了[①]。"文化大革命"时期，国家外派留学生计划一度中断，由于我本人出生在海外，在强调家庭出身的年代，外派出国留学是根本不可能的事，所以我觉得能够得到组织信任，机会难得，一定要倍加珍惜。

当时获取外派资格后，要自己联系国外接收单位选择研究方向。我多次到北京图书馆及北京语言学院出国培训部资料室查询联系，推荐信除了由单位总建筑师高锡钧[②] 出具外，幸运地得到了母校童寯[③]、刘光华[④] 两位先生的举荐。

① 文爱平.黄锡璆：仰望星空 脚踏实地 [J]. 北京规划建设，2015（3）：181–187.
② 高锡钧，江苏无锡人，1947 年考入上海之江大学建筑系，后并入同济大学。毕业后分配至机械工业部第一设计院工作至退休，曾任单位总建筑师，曾参加我国援助巴基斯坦塔克希拉重型机器厂设计并驻现场配合。主持山西大学、山西矿业学院多项工程设计。
③ 童寯（1900—1983），辽宁沈阳人，建筑学家，建筑教育家。1925 年升入大学本科，获得留美资格，就读于费城宾夕法尼亚大学建筑系，1928 年获得建筑学硕士学位。从欧洲回国即受聘于东北大学建筑系，先后任教授、系主任。1949 年，中华人民共和国成立后，专职任教于南京大学建筑系。1952 年，于南京工学院（现东南大学）建筑系任教授。曾任南京工学院建筑研究所（现东南大学建筑研究所）副所长和江苏省第五届人大代表。数十年不间断地进行东西方近现代建筑历史理论研究，对继承和发扬我国建筑文化和借鉴西方建筑理论和技术有重大贡献。早在 20 世纪 30 年代初，进行江南古典园林研究，是我国近代造园理论研究的开拓者。
④ 刘光华（1918—2018），建筑学者，建筑教育家。江苏南京人。1940 年于原国立中央大学（现东南大学）建筑系毕业，获工学学士学位。1943 年参加第一届自费留学生考试，录取后赴美留学，1946 年毕业于哥伦比亚大学建筑研究院，获建筑学硕士学位。1947 年起历任国立中央大学、南京大学、南京工学院建筑系教授，建筑设计教研组主任，建筑系学术委员会主任等职。曾兼任南京市政委员会委员、顾问，江苏省建筑学会理事、名誉理事长。主持和参与多项城市规划设计和建筑设计项目。1983 年应美国鲍尔州立大学（Ball State University）建筑与规划学院之聘，担任访问教授。

1984 年黄锡璆在比利时鲁汶大学留学时在住处前留影
图片来源：中国中元国际工程有限公司提供。

戴　在出国前，您的英语学习是如何完成的？

| **黄**　我出生在印度尼西亚，就读于华侨学校，小学、初中、高中（包括回国后两年高中）都学英语。上大学时工学院里除个别专业可选修英语、德语外，其他专业一律学俄语。当时大学图书馆资料室也订了一些英文刊物，我自己有兴趣也抽空学习，英语一直没丢。工作后也抽空学，买一些商务印书馆发行的活页文选、精读文选，加上以前有些基础。录取外派留学后，还在机械工业部合肥工业大学培训点、北京语言学院外派人员语言强化培训班，分别强化培训了三四个月。为了强化听力，我还向单位借了录音机，从学校借了磁带多听。那时市面上根本买不到，语言学院更是把外语录音带当宝贝，每次只能借两盘，还不准转录。

戴　我们了解到，您在鲁汶大学学习期间师从戴尔路教授，回国后还有联系吗？

| **黄**　我在鲁汶大学建筑系人居研究中心，以医院规划设计为专题，师从戴尔路[①]教授（Prof.Jan Delrue）。戴尔路教授时任比利时鲁汶天主教大学应用科学工程学院副院长，兼建筑系系主任。在我出国之前，当时建设部设计管

---

① 戴尔路，建筑师、土木工程师，在国际上担任医疗卫生设施顾问。致力于卫生行业，拥有 40 余年的医院设计经验。在 1962 年 10 月至 2004 年 7 月任教于比利时鲁汶大学。

理司张钦楠司长曾带队去比利时考察，到访过这里。我在出国时曾得到他的指点，而教授的中国朋友将他的名字译成"戴尔路"，还有人给他刻过图章。戴尔路教授很热心，从比利时对外合作发展部申请了一笔资金，赞助我国的考察团和学生留学访问，推动中国建筑发展。戴尔路教授来过中国多次，对中国很友好，高兴时会哼几句当时咱们的流行歌曲："大海啊大海，是我成长的地方……"我留学期间，建设部曾派出两批考察团赴比考察，每批10多人，因为具有专业英文能力，我就配合随团翻译做讲座专业翻译，并陪他们参观医院。

20世纪90年代末期，比利时对外合作发展部提供了一笔数额较大的资金，戴尔路教授认为咱们国家位于沿海地区或发达城市的学校交流机会更多，所以由他最后选定了资助哈尔滨工业大学、西安建筑科技大学、重庆大学和华南理工大学4校的4个教授赴比进行短期考察，选八位年轻教师进行为时3个月的短期研修。在他们研修的最后1个月，我也被邀请去往，但那时出国程序较为复杂，一直拿不到签证，只赶上了最后的3周。此后戴尔路教授多次来到中国，几所学校都热情接待，邀请他为学生作学术报告。

戴 您当时是如何确定以医院建筑作为研究方向的？在鲁汶大学读博有何要求？

| **黄** 回忆当年研究方向一开始并不明确，20世纪60年代参加工作时强调祖国需要就是我们的第一志愿，只要是建筑设计，不管什么类型，我们都认真干。在设计院，工业民用项目都设计，出国公派学习时要选专题。为此我曾请示组织，询问专业学习方向如何定，组织上让我自己选。我觉得无论环境如何变化，医院始终是老百姓所需求的。其他的建筑类型会因社会环境、经济条件的不一样而呈现出不同的变化。发出联系函后联系上我要留学的比利时鲁汶大学的戴尔路教授，他从事医疗建筑的研究和实践，我于是经过比较师从他，走上了医疗建筑设计之路。

当时，我最初的学习安排只是进修2年，即使考试通过也只能授以硕士学位，但在后来的学习中，我萌生了继续攻读博士学位的想法。所以我一边下工夫

学习，一边在念了 1 年后向导师提出申请，并向他解释，国内因"文化大革命"，大学不授学位，而再读硕士对已工作多年的我意义不大。多次沟通后得到理解与支持，他建议我写申请函给应用科学工程学院学术委员会，将第一年进修课程的学习成绩转换博士资格考试学分，完成开题报告后转为博士研究生，继续 3 年研究。再后来，使馆与我的导师还相继帮我解决了学习资金问题，就这样我从 2 年的进修转成了 4 年攻读博士学位的学习。

戴 您觉得鲁汶大学或欧洲院校当时建筑教学的先进之处有哪些？

| **黄** 鲁汶大学是比利时建校较早的大学，神学院及医学院享有盛名。工学院成立较晚，但凭借地域文化教育背景及欧共体①总部所在地理优势，在图书资料收集、人才聚集交流、教学开放程度等方面都有其优势。图书馆资料室是开架的，还可以在欧共体内馆际借阅。学校还组织我们参观医院医疗设备、建材制造企业等，开阔学生视野，选修科目如公共卫生是在医学院，人类学是由社会学系的教授开的课，教授们上课时也会开列多本参考书目，鼓励自修阅读。这些提倡多学科、学科互涉及辩证分析独立思考的做法很有帮助。

戴 去比利时后您最大的感触是什么？在国外留学您学到了哪些新的知识，体验到哪些未曾拥有过的经历？

| **黄** 我赴比利时留学的时候，正值国家实行改革开放政策。有一段时间，国内信息相对闭塞，科学技术受苏联体系影响较大。一到比利时，鲁汶大学建筑系、图书馆资料室采取开架阅览，看到许多新的英文文献，犹如走进知识的广阔

① 欧共体，即欧洲共同体，包括欧洲煤钢联营、欧洲原子能联营和欧洲经济共同体（共同市场），其中以欧洲经济共同体最为重要。1950 年 5 月，法国外交部长罗伯特·舒曼（Robert Schuman）建议把法国和联邦德国的煤钢生产置于一个"超国家"机构领导之下。1951 年 4 月 18 日，法国、联邦德国、意大利、荷兰、比利时和卢森堡六国根据"舒曼计划"在巴黎签订《欧洲煤钢联营条约》，决定建立煤钢的共同市场。1952 年 7 月 25 日该条约生效。1957 年 3 月 25 日，6 国又在罗马签订了建立《欧洲经济共同体条约》和建立《欧洲原子能共同体条约》（统称《罗马条约》）。条约于 1958 年 1 月 1 日生效。2009 年 12 月生效的《里斯本条约》废止了"欧洲共同体"，其地位和职权由欧盟承接。

海洋，觉得机会难得，要多汲取营养。在留学期间，选修科目包括公共卫生、人类学、建筑设计方法、建筑经济学，这些以前都是未曾学习过的科目。戴尔路教授曾主持的一次中欧医院设计论坛，请到了专家约翰·威克斯（John Weeks）^①，他在英国、中国香港、新加坡等地都曾设计过医院建筑。在讲座中他提出，医院设计中需要将各个部门连接，类比于城市中的主干道，进而提炼出医疗主街^②（Hospital Street）的概念。实际上，我国在许多医院工程中采用连廊联系的做法，很多即是主街概念的反映。

我们目前的建设量很大，但是系统研究，包括回馈不够，需要加强。我从国外留学回来想一边做科研一边做设计，但是现在还是工程实践做得多。我觉得目前国内医院工程的精细化程度还可以提升。我们现在的环境不错，给建筑师这么大实践的空间，想做医院项目有的是，但是要真正做好还是要花很大力气。

第二次世界大战后，欧洲经济比我们发展快，在医院方面做了很多开发研究工作。国家投资研究医疗体制，开发设计方法，对模数化、体系化、标准化等方面做了些探讨。对医院的营养厨房、手术室布置等，有许多研究报告可供参考。从"Best Buy"^③（百思买式）到"Nucleus"^④（分子核式）的医院模式确定，对每个单元都有很仔细的研究。最终形成的分子核式是将医院每个单元形成模块并以医院主街联系，这样可将各个模块像积木一样组合插建，并在发展端预留好

---

① 约翰·威克斯（John Weeks，1921—2005），英国建筑师，1961—1972年任伦敦大学学院高级讲师。

② 医疗主街，联系门诊大厅、出入院大厅等，各科室也沿主街分布。患者在这条街上就能够完成所有的诊疗流程。

③ Best Buy，常被译为"百思买"，这一概念来自消费领域，原意为最划算的买卖。该医院模式提倡在整体医院设计与建设中取得最大限度的经济性，同时保证可接受的医疗服务水准，以及在投资与运营费用之间取得适宜的平衡。英国中央政府于1967年开始，采用此模式建设投资小规模（550张床左右）的地区综合医院，以服务社区15万～20万人口的医疗需求。这一模式的推广口号为"用原来建一家医院的资金建两家医院"。

④ Nucleus，分子核式，由英国卫生部建筑师霍华德·古德曼（Howard Goodman）与其团队研究设计提出，意指分期进行医院建设，首期设置一定床位的核心医院，在资金许可、需求增长时，可以再继续扩建。该模式主要由多个平面为十字形的、约1000m²的模块组合而来，模块可以上下叠加，所有部门功能都在模块中进行标准化设计。

开放空间，这样就可以根据需要持续增加。因为医院是比较特殊的建筑类型，不像剧院或体育馆，起初设计为容纳900座，那么之后就无法再扩充至1200座。但是医院却常常是刚开始设计的时候能容纳200张床，过两年就需要400张床、600张床……所以这种模块化的模式就更适合医院建筑。

当时英国计划要组建上百家医院，根据不同地区需要以分子核式兴建。1948年，英国开始建立国民医疗服务体系（NHS）[①]，我们曾在1997年也想引进，但当时香港要回归，英方提出需要付48万英镑，价格实在不合理。另外考虑到我们尽管土地面积大，但是城镇人口密度也大，土地依旧紧张。我们曾到山西与当地卫生厅同志考察了不少县城，想做试点，但同英国那种分子核式所要求的铺开、摊开的条件并不相符，该模式能用到的机会也比较少。

现在中央政策也提出，"中国人要把饭碗牢牢端在自己手里"，耕地不能被随便占用。所以我们需要探寻医院规划设计的合理路径，推进医院模块化、标准化、体系化，使建设科学合理，流程紧凑，绿色环保。但当时英国医院体系中单体数据库的研究还是很先进的，例如规范科室布局流程、建立每个功能房间形成数据库；如诊室里水、电、插座、洗手盆、灯光配置，包括平面图、剖面图，下面列有一个设备表。他们开发了很多，这些称之为"数据页"（Data sheet）。这对建筑师有一个好处就是，即使没有接触过，一看就知道基本要求是怎么回事。国外这种基础性研究、系统性研究很多，而国内相对较少，主要靠建筑师个人的经验积累[②]。

[①] 国民医疗服务体系（National Health Service，NHS），是英国以下四大公营医疗系统的统称：英格兰国民医疗服务体系（National Health Service）、北爱尔兰医疗与社会服务局（Health and Social Care in Northern Ireland，HSCNI）、苏格兰国民医疗服务体系（NHS Scotland）、威尔士国民医疗服务体系（NHS Wales）。国民医疗服务体系的经费主要来自全国中央税收，用以向公众提供一系列的医疗保健服务，合法居于英国的人士可以免费享用当中大部分的服务。国民医疗服务体系旗下四大系统各自独立运作，并拥有各自的管理层、规例和法定权力，互不从属。国民医疗服务体系最初经过1946年、1947年和1948年的多项立法工作，最终由当时的工党政府在1948年设立。

[②] 周小捷，陈英. 仁者爱人，以人为本：黄锡璆谈医疗建筑 [J]. 建筑知识，2013（33）：28-29，36.

戴 如您所说，我国人口基数大，土地面积紧张，所以现在很多医疗建筑都是高层，您如何看待这种建设方式？

| 黄 高层医院可能存在很大的风险，当发生火灾等灾害时，病人逃生会很困难。再如这次新冠肺炎疫情暴发，高层医院中空调系统等都不好安排。但如果是多层、中高层的多栋建筑，通过设置合理流线，在安全上能有更多保障。

除了高度不断向上，建筑体量也在不断扩大，但必须注意的是，医疗建筑有它特殊的要求，需要严格控制建筑流线长度。国内现在医院设计竞标偏重出彩，追求大手笔，有的大堂空间尺度超大，这其实会造成极大的浪费。如医院里面若设置巨大的厅，为维持洁净，耗能量会更高。

戴 在留学期间，您也曾去过欧洲多国参观医疗建筑，您觉得这些发达国家的医疗建筑对您回国后的设计实践有何参考价值和指导意义？

| 黄 在比利时留学四年，我除了到英国、德国、荷兰及比利时考察医院建筑外，很少去欧洲其他国家游览，能有机会集中精力研究探索医疗设施的规划与设计是难得的机遇。归国后参加国际建筑师公共卫生联盟组织、国际建筑师协会（UIA-PHG）[①] 的许多例会，又参加中日韩医疗设施东亚交流项目，与国外多个学校、设计机构交流，扩大交流面，展开多层次学术交流。

国内外医院规划设计概念有共同点，但也有差异，需要分析比较，不能照搬照抄，因此国外和国内的医院很多方面还是不一样。比如美国医院常用大进深，也就是所说的"黑房间"。当然这样设计的话流线会很短，但内部24小时一年365天都要开空调。美洲在两次世界大战中都没有受到太大的损失，能源较为充裕，因此美国、加拿大等国医院建筑的能耗，每平方米要比欧洲医

---

① 国际建筑师公共卫生联盟组织、国际建筑师协会（UIA-PHG）。UIA 英文名称为 International Union of Architects 的缩写；PHG 为 Public Health Group 的缩写。其成立于 1955 年，是国际建筑师联合会的工作机构之一。

国际会议发言
图片来源：中国中元国
际工程有限公司提供。

国际交流活动
图片来源：中国中元国
际工程有限公司提供。

海外项目考察
图片来源：中国中元国
际工程有限公司提供。

院的能耗高得多，他们认为空气都需要空调过滤才洁净。对于一些医疗检查部门，同样需要为人造环境保证条件，比如 CT 诊疗室、核磁共振室等有仪器操控的特殊房间。仪器对于工作温度、湿度都是有要求的，否则根据数据呈现出的图像就会不清晰。另外，ICU[①]、CCU[②] 这些特殊病房、新生儿所在的 NICU[③] 病房等都需要合宜的人造环境。对于手术室，还需要保证生物洁净，减少病毒和灰尘损害病人健康。这些区域国内外医院都无差别，但一般病房、办公室、诊室就会依季节调控。

美国等发达国家医院设计专家曾认为，人工通风采光在全封闭条件下效率会更高，流程更短。但他们也承认，若能有外窗，病人、医务人员的心理感受会更好。在我们国家，能源大量进口，医院要节约成本，一般春秋两季不开空调。所以我们设计医院用大进深较少，除了手术室、放射科。像病房、检查科室、门诊科室就不会做大进深，大进深不仅能耗大，病人不舒服，大夫也不舒服[④]。我是赞成采用半集中式形态，设内院，避免大进深的方案。

戴 在留学之前，您完成的建筑设计实践中是否包含医疗建筑？您作为国内首位医疗建筑博士，但回国之后事业一开始并不顺利，您当时是如何看待的呢？

| **黄** 我本科毕业后被统一分配至机械工业部第一设计院，主要从事工业建筑设计，医院设计只承担过"三线建设"工厂小型医院及深圳开发区早期的一家医院项目。我国的医疗建筑设计相对封闭和落后，直到 20 世纪 80 年代改革开放之后，经历了"走出去，请进来"向世界先进医院建设理念学习的过程，缩短了我们跟国外医院建设水平的差距。最近几年，国内还提出建设健康城市、宜居社区的理念，大健康概念对医疗建筑设计起到了重要的推动作用。当然从整体

---

① ICU，重症加强护理病房（Intensive Care Unit）。

② CCU，冠心病监护病房（Coronary heart disease Care Unit），专门为重症冠心病而设，是专科 ICU 中的一种。

③ NICU，新生儿重症监护病房（A Neonatal Intensive Care Unit）。

④ 周小捷，陈英 . 仁者爱人，以人为本：黄锡璆谈医疗建筑 [J]. 建筑知识，2013（33）：28-29，36.

水平来看，因为我国人口众多，医院建设起步较晚，缺口也比较大，所以跟国外的医院建设的水平还是有一定的差距。记得在改革开放初期，最先起步的是银行、宾馆等类型的公共建筑，而医疗建筑因为当时政府的投入还很有限，所以建设的档次相差就比较多了。那时候说起北京建国饭店、长城饭店，大家都知道是很高档的建筑。宾馆的建设资金来源包括国家投资、外资、合资等多种形式。而医院属于公立事业，投入相对比较少，医院建设也相应受到政府财政计划的限制。

因此留学回国后，我虽已 47 岁，但依旧信心满满，希望尽快将在国外的所学所见运用到祖国的医疗建筑事业中。但我的想法并不被理解与接受，提交给医院的设计方案，常常得不到院方或卫生部门的采纳，甚至受到质疑。"你一个机械行业设计院出身的设计师能做好医院项目吗？"身边的朋友也劝我顾及自己的博士名声和单位效益，不要再做医院设计。但中国快速发展的经济必将推动民生改善，因此我一直坚信，中国医院建设将有更广阔的前景。

既然大城市找不到业务，那就到偏远地区找；大项目承接不下来，就做小项目；项目无法实现全部设想，就一点一点地体现。我们中元设计团队先后完成金华、九江、宝鸡、淄博等地的医院方案投标和工程设计，大多是 1 万多平方米。项目虽小，却获得初步的成功。如金华中医院，规模虽小，但已经开始应用总体规划的概念，被誉为"南国江城第一院"，获机械工业部优秀工程设计奖。渐渐地，我们从经验不足到积累丰厚，从人单势弱壮大成人才梯队。

戴 在 2003 年非典疫情暴发之时，您与其他设计人员第一时间完成了小汤山医院的设计方案，该方案也在 2020 年初新冠肺炎疫情暴发之时被再次应用，赢得了宝贵的救治时间，我们向您致敬！那么当时设计小汤山医院的经验对于本次火神山、雷神山医院设计的指导作用都体现在哪些方面？

| 黄　2003 年非典疫情暴发，当时疫情紧张，为了缓解城区医院救治压力，急需建设
应急设施。那时候我们压力很大，因为当时没有人知道这种病毒到底如何传染，
经过讨论我们就按照最严格的标准来设计，将病人通道和医务人员通道严格分
开，医务人员进入污染的区域就都需要强制经过卫生通道穿戴防护装备才行。
还采用机械通风组织气流从比较清洁的中间走道进入缓冲间，再进到病人的病
房并经外廊向外排出。那时在技术细节上存在很多争论，比如所使用的卫生洁
具，到底用蹲便器还是坐便器？如果用蹲便器，医务人员清洁工作量会少一点，
但是病人身体状况可能不允许其蹲下。那时候也讨论过使用一次性马桶坐垫，
但病人使用不一定规范。当时蹲便器坐便器皆有，时间紧急不容犹疑，当时都
是在探索，7 天 7 夜建成及时收治病人，有效缓解城市医院收治压力。

17 年之后突然暴发新冠肺炎疫情，我们应武汉市城乡建设局的要求，提供了当
年的图纸，与火神山医院设计单位武汉中信设计院建立热线平台提供技术支援，
之前我也向组织递交了请战书，单位里建筑、结构、水、暖、电、通风等专业
人员组成团队，结合当地情况提出具体建议。当地设计单位、建设单位昼夜奋战，
快速建设了火神山、雷神山医院，为缓解新冠肺炎疫情起了很大作用。武汉应
急项目与 17 年前小汤山医院都是标准化、模数化快速建造的产物，也遵循 17
年前生物安全、结构安全、消防安全等要素。但时隔 17 年，情况有很大不同。

设计小汤山医院的时候，因为任务紧迫，设计施工安装同步交叉进行，有许
多可以改善和提高的地方，医疗技术部门的检查位置不太理想，其最好设在
建筑的中间部位，这样 6 排病房的病人去做检查，流线都比较适中。但是指
挥部当时已经把变压器安装在了安置 CT 的理想位置，再搬动是不可能的，
现场定位只能设置在西南角上，输送病人到医技室做检查需要用电瓶车。因
为工期很紧张，也来不及建顶棚，只能经过露天道路。我们曾建议能不能让
中间的连接体断开，设过街楼通道，让电瓶车可以穿过，直接到达医技部门。
武汉天热雨水多，病人通道最好像月台一样加上顶棚，可遮蔽日晒雨淋。

医院的 CT 诊疗室，为防射线墙体要用铅板，但由于当时材料供应短缺，小
汤山医院 CT 室的铅板防护高度只能达到 1.8m。不过设施仅一层，操作时不

2003 年 4 月 26 日，黄锡璆和设计团队成员及施工方在讨论小汤山医院建设方案（小汤山医院最终交出医护人员零感染的完美答卷）
图片来源：中国中元国际工程有限公司提供。

小汤山医院外部
图片来源：中国中元国际工程有限公司提供。

小汤山医院病房走廊
图片来源：中国中元国际工程有限公司提供。

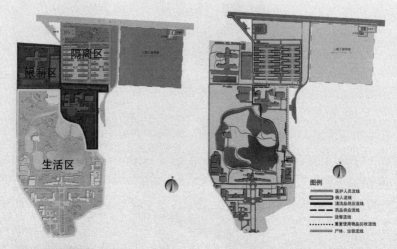

小汤山医院功能区域示意图
图片来源：中国中元国际工程有限公司提供。

小汤山医院交通组织示意图
图片来源：中国中元国际工程有限公司提供。

图例
医护人员流线
病人流线
清洁品供应流线
药品供应流线
送餐流线
重复使用物品回收流线
尸体、垃圾流线

会有人在屋顶上活动。CT 设备有控制柜、机组，需要用电缆沟连接，需设电缆地沟，但当时没有技术资料。于是临时决定用 500mm 厚的快硬混凝土，将控制机房整片浇筑，电缆也只能铺在地板上，再用塑胶地面铺盖，虽然稍微不平整，但还能用。

还有就是污水处理池，浇筑钢筋混凝土处理池肯定来不及，所以小汤山医院利用原有游泳池（后改钓鱼池），在上面加了盖子、设隔断和装置作为污水处理站。以上这些我们都在第一时间就告诉武汉兄弟单位，提醒需要妥善完成污水处理，不然到最后就来不及了。另外，在设计小汤山医院时，我们希望各排病房间距最好能有 18m，但是因为地段比较窄，只能做到 12m。这次武汉应急设施也是受地块限制，但病房间距扩为 15m。我还建议输送病人时，最好配置带有有机玻璃罩子的推床，以阻挡病人咳嗽产生的飞沫。我们把自己所知道的、所经历过的、小汤山医院设计中不够完善的地方都告诉他们。

2020 年 1 月 23 日中元国际工程有限公司召开紧急会议
图片来源：中国中元国际工程有限公司提供。

我想武汉一线压力大，肯定很紧急，与我们当年一样。我们团队一直跟他们保持热线联系，我也手写了三次建议发给他们。

当然现在跟 17 年前相比，我国在建造技术、医疗装备、人工智能技术等方面已有很大进步。当时小汤山医院的建设是由 6 家公司共同承建，各公司根据各自条件采用 6 种不同规格的型材进行组装。而火神山、雷神山医院则是用集装箱拼装，由那么多台施工机械共同作业，在"云监工"下建设高效完成。另外现在又有 5G，建立了完善的电子病历，实现远程会诊。对于治疗所使用的机器和交通工具，如体外呼吸机、负压急救车，都是 17 年前没有的。

戴　两次重大医疗卫生事件相隔近 17 年，您认为在这段时间的发展过程中，我国医疗建筑的进步和不足体现在哪些方面？

| **黄**　国内的设计机构虽多，但是其主要精力是承担项目设计，对医疗建筑设计没有形成一套系统化的理论研究。国外有一些机构，比如英国伦敦南岸大学有一家研究机构叫英国医疗建筑研究所（Medical Architecture Research Unit,

MARU）[1]，这里培育出很多著名的医疗建筑设计专家，日本东京大学的长泽泰[2]就是那边毕业的。MARU 与 NHS 合作在 20 世纪一段时期进行了许多研究，他们一个部门一个部门地做调研，积累了很多有价值的研究报告，比如手术室、医院的厨房等。而且这些调研资料不定期修订，并汇编成册，每隔几年就会更新，以保证他们编辑和整理的资料仍然是最新和最前沿的。近 20 年来，国内的相关研究机构大大增加，但大学里的建筑学院研究才刚刚起步，仍然没有开设系统的课程；医学院校也仅仅专注于医学研究领域，只在讲到诸如重症监护（ICU）等个别部门会提出相应的建筑要求，除此以外，很少提及医院建筑。所以有些建筑师对医疗建筑的大轮廓可能还掌握一些，欠缺细部的知识。

国外以及近年我国的研究都认为，医院的节能是很重要的。在所有公共建筑里面，医院是能耗最高的，甚至比宾馆还高。开始我还不理解，早在比利时念书的时候我在一本英文杂志里看到过类似的研究。1989 年我在《世界建筑》杂志发表的文章《医院建筑的形态》中提出，医院是高能耗建筑。我把宾馆与医院相比较，建筑在空间组成上有点类似：一个主要是客房，一个主要是病房。但是旅馆里住的是健康人群，白天他们去进行商务活动、旅游等，所以白天空调可以关掉。相反医院里住的是病人，整天都待在病房，只有在出院前几天才可以到户外活动。病人中不乏体弱的老人，还有住在烧伤病房或者做骨髓移植的特护病人，他们甚至需要对空气过滤以保障洁净度。因此医院的能耗是相当大的。医院里还有一些手术室需要设垂直层流过滤，建筑就要安装低效、中效、高效的过滤器，空气过滤设施能耗也大。医院有些制药科室里面有些制剂、配

① 英国医疗建筑研究所（Medical Architecture Research Unit，MARU），成立于 1964 年，位于伦敦南岸大学内，是一所与英国医疗建筑发展紧密结合，集教学、理论研究与实践于一体的医疗建筑研究机构。

② 长泽泰，东京大学工学院大学共生工程学研究中心主任，东京大学名誉教授、工学院大学特任教授、名誉教授。工学博士、一级注册建筑师、室内装饰设计师。1968 年东京大学建筑学科毕业，北伦敦工科大学大学院毕业。2019 年 4 月开始就任工学院大学综合研究所、共生工学（Geron 技术）研究中心主任。任国际医院设备联盟会长，日本医疗福利建筑协会会长，日本医疗福利设备协会副会长，日本医疗经营顾问协会副会长，国际建筑师联盟公共卫生部会理事，日本医疗·医院管理学会理事，医疗医院管理研究协会理事。著有《医疗建筑》《建筑地理学》《建筑计划》等。

剂也需要生物洁净，还有那些诸如 CT、核磁共振的检查设备，用电也是很大的。所以，医院能耗高是很自然的。现在欧洲多国和美国的建筑学会都在为医院建设部门编制绿色医院建筑的评价标准，我国也编制并出版了相关标准。

如同其他公共建筑一样，绿色医院建筑设计需要从整体布局开始着手。首先要选择正确的朝向，并尽可能地用自然通风与自然采光；其次我们鼓励用可再生能源，避免使用石油及其衍生产品等常规的不可再生能源；同时还应减少空调的使用。我们做了一些尝试，比如在广东韶关粤北人民医院的设计中，公共大堂就不设计空调。在福建医科大学附属二院东海分院，入口大堂医疗主街采用半开敞设计，也不设空调。之前，我们到新加坡去参观时发现，虽然新加坡比我国人均 GDP 高很多，但当地好多新建的医院里的公共大堂没有空调。我认为韶关地区，包括泉州地区，常年温度适宜，只有在春节前后，气温在 6 ~ 7℃时可能会感觉比较冷，当地人认为这个温度持续时间比较短暂。设计时有争论，如果采用中央空调要把建筑封起来。所以我们组织海外考察，实地调研并用电脑做了模拟，模拟其风环境和温度环境，作为依据采用了半开敞的方案。当地有些人一开始也不接受，但后来建成后改变了看法，觉得还挺好，视野开阔，环境优美。几年来接待多批国内外考察团并获好评，院方表示对这个设计很满意，是一座典型的节能、节电、环境友好的医院。所以我认为不能千篇一律，要根据我们各气候区的条件，采用适宜的节能手段。现在提倡绿色发展、可持续发展，使用清洁能源，实现"零排放"。因此，我们在设计的时候也是要在保证人的安全和舒适度的前提下，不要浪费建筑空间，尽量限制空调设备的使用。

讲脱贫攻坚、改善农村乡镇医疗条件，我曾经随卫生部、卫健委、世界银行项目组去过很多偏远地区的山村，20 世纪八九十年代许多地区医疗条件真的很差。记得我看过一个乡村医生在当地乡镇卫生院给病人做胃切除手术，手术床就是木匠用几块木板自己打的。天气寒冷，在手术床旁边点个火盆，就这样开展手术。在江西某县医院，产房的产床都是锈迹斑斑的，X 光机坏了也没有人给修，甚至 X 光房间都不设铅板防护门，医患会受到辐射。另外还有饮水卫生、厕所清洁等问题，很多农村的条件都是很糟糕的。以前年轻的时候，搞"大三线"建设，我们出差到四川，都亲身经历过。这些都是多年前的情况，如今已有很大变化，但一想到这些，就更觉得应该减少资源浪费，把钱花到真正需要的地方。

戴 您觉得医院设计中对于人文关怀方面哪些是欠缺的？国外在这方面有哪些值得我们学习？

｜黄 人文关怀是现代医院的一个重要课题。这不仅体现在对病人的关怀，还要考虑对医务人员的关怀。国家培养医务工作者需要花很大的精力，投入很多社会资源。在我们国家，不管医生护士，按人均比例来看，都还是稀缺的，他们的工作非常辛苦。因此，如果能够为医患提供更好的环境，让室内环境更温馨，室外景观更优美，那么将能够给予医患以更多心理安慰，也利于患者康复。相关研究表明，在良好的环境中，患者住院时间会缩短，按呼叫铃的次数也会更少。过去在设计医院的时候，常常只关注有无床位，对环境方面的关注比较少。但改革开放后不同了，例如中日友好医院院区中引进了苏州园林，就能够为医患提供更好的疗养环境，也能增添康复信心。

以人为本，实际上是一个综合的要求。除了利用建筑空间的手段之外，还有其他的很多手段来实现。比如色彩的应用，手术室室内经常选用绿色、蓝色这种缓和红色血晕的颜色，产房则是采用粉色、紫色这种温馨的颜色。儿童到医院容易产生焦虑情绪，就在墙面布置一些卡通图案，使用丰富的色彩，在等候区摆放一些大型玩偶，等等。国外专家还提出，新生儿应更多与母亲接触，早些将其放在母亲怀里，以母乳喂养，这些既能够提高婴儿的免疫力，也有利于其心理的健康成长。所以医院中的NICU室，便提供更多的母婴空间。另外，在国外的儿科医院中，会有一些空间供给孩子们学习。比如小孩子摔伤了，需要很长的时间进行恢复，无法去学校会缺课，住在医院里也会感到很枯燥，那么医院就提供可供孩子们学习的空间。随着生活品质的不断提高，医疗服务水平也在不断增长，我们作为设计师也更需要在这些方面多一点关注。

戴　您认为现代医院设计的要点包括哪些?

| 黄　第一，现代医院应该是智慧医院，要符合现代医疗服务模式。医疗技术在不断发展，我们现在使用IT技术、人工智能技术、3D打印技术，用机器人做手术，机器人阅片等，可以深度学习，将几万个病例图像储存记忆形成诊断能力，机器不会像人一样会感到疲惫。还可以开展远程会诊，建构完善医疗体系，按照人口疾病图谱变化，用大数据规划医疗建筑布点。我认为医院并不应该单纯追求规模，更应当合理分散设置在靠近服务人群的不同区域，让人们就近看病。

第二，要保障人文关怀。

第三，要实现可持续发展，这两点我们刚才探讨过。

第四，要建设安全医院。医院建筑比较特殊，在发生公共突发事件的时候，医院要即时响应。不管是地震，还是这次的新冠疫情，突然暴发大量伤者患者会瞬时涌现，形成救治压力。在医院里，生物安全、消防安全、结构安全、环境安全都很重要。医院设计要做到无障碍，病人在院里摔倒造成二次伤害的事例比比皆是，会增加更多医疗费用。

第五，则是医院的精益。在建设医院的过程中，要以较少的投入换得较高的产出，这是从物流学、经济学的概念引出来的。我自己总结就是：病人在医院看病，要让他们少走冤枉路，让大夫、护士在工作的时候少做无用功。医院设计从大的流程到具体工位设计都需到位，以医院中家具的摆布为例，如医生所用洗手盆的位置——因为医生需要经常洗手，如果摆放位置不合适，离得很远，不能立刻转过身就可以洗手，将为医生带来很大的不便。医院中医生工位、诊疗流程的设计都很重要。通过设计，我们应该深入了解到医院在具备具体功能的条件下到底应该如何发挥建筑角色，包括如何配置应急设施，在类似这次新冠疫情暴发的时候，实施早发现、早诊断、早治疗、早阻断蔓延。快速反应，保障人民健康。

做医疗建筑同样需要"跨界"，它同公共建筑设计、医药管理、卫生经济等方面都有密切联系，与城镇规划、城镇卫生体系规划实现有机结合。城市防灾也是一个重要的课题。唐山大地震、非典疫情，大家曾关注到城市防灾的问题，但很快就又放下了。建筑美学不是建筑设计的唯一要求，做建筑的核心问题还是要讨论其功能作用。尤其是医疗建筑，最重要的还是要关注到病人就医方便、医务人员工作顺手的问题。目前我们最尖端科技发明的应用，一是在军事，二是生命科学。许多高端仪器设备价格高昂，例如质子重离子加速器等占地面积很大，对建筑空间的要求高，运行费用也高，那么就要求有相对应的建筑空间与之相匹配相适应。因此，作为建筑师，我们最起码需要了解新设备新装备的新要求，了解它的基本原理、操作方式，通过不断地学习，不断拓宽视野才能跟得上时代，设计出好建筑。

戴　现在进入您的医疗设计团队的都是年轻人，但医院设计十分复杂，在学校课程设计中又缺少接触这一类项目的机会，您觉得未来想要到设计院的学生们应该在哪方面加强呢？

| 黄　刚刚毕业的孩子们对建筑设计之中的内涵并不清楚，接触的实际项目也少，这是可以理解的。所以有些人"玩造型"可以，但是对于相关的很多建筑设计知识都是很欠缺的，比如构造，雨水充沛地区的屋面该如何排水等。这在医院建筑等实际工程中体现得很明显，很多人在大学阶段的课程设计中就没有做过了医院，需要到设计院工作后继续学习，自己也要十分努力，才能想清楚该如何做。在大学打好基础，参加工作后在实践中继续学习很重要，要从书本文献资料中学习、从实践中学习，在设计讨论中向对方学习。国营建筑设计院人员流动比较频繁，一些学生毕业后想要去地产单位，认为比较轻松，收入也不低。人各有志，可以挑选职业方向，但我认为要鼓励年轻人热爱设计，国家需要一代代、一批批建筑设计师共同建设我们的家园。

戴　其实这些在本科的构造课是讲过的，但是学生们没有真正理解，也没有真正在现场有直观的认知。以前我们上学的时候还有施工图实习，会到现场去看这到底是怎么做的，屋顶的排水油毡是怎么铺的，但在教学环节中却有些缺乏。学

知识还是需要下工夫钻研，学习您认真奉献的精神。您曾经在鲁汶大学留学，又到世界多国考察访问，那您在交流合作的过程中有怎样的体会？

| 黄　同境外交流有很多好处，能够增进互相的了解，大家可以交流对医疗建筑的新想法，有针对性地对各国特点进行探讨，在此过程中也能够让更多外国人看到中国的发展，改变偏见。2008 年 UIA-PHG 会议在我国举办。开会的时候，外国参会人员都想参观鸟巢等奥运场馆，但因为奥运临近，只能在外面远望。还安排他们到颐和园、北大第一医院、北京友谊医院新区参观，举办 2 天学术交流。记得到友谊医院的车程是走三环路，路上能看到很多高层建筑，他们私下议论，"这是不是故意安排的？故意给我们看城市好的一面"。我就解释道，"我们国家这几年发展很快，这些都是中国城市普通的街景"。联想到 1982 年我第一次去深圳搞建设，当年最高的建筑就是火车站附近五层楼的华侨招待所，真是今非昔比。

戴　现在建筑师、建筑学者去往海外的留学机会越来越多，您对此有何看法又有何建议？

| 黄　改革开放后留学人数不断增加，这是好事，出国学习是扩大视野，进一步夯实基础。无论公派还是自费外出学习，增长才干，目的是为国家、为社会服务，实现人生价值，我想这也是绝大多数留学生的愿望。

郑时龄院士谈改革开放后到意大利访问经历

受访者简介

郑时龄（1941—）

男，出生于四川成都，原籍广东惠阳。1965 年本科毕业于同济大学建筑学专业，1993 年同济大学建筑系研究生毕业，获博士学位。同济大学建筑与城市空间研究所教授。长期从事建筑设计理论研究工作。运用建筑本体论以及与之相应的方法论，引用中西方人文主义思想，撰写著作《建筑理性论》，建构了"建筑评论"体系，出版专著《建筑批评学》，提出了一整套建筑评论的具体方法。对上海近代建筑做过深入且细致的研究，出版专著《上海近代建筑风格》。积极参与建筑创作实践活动，主持设计了上海南京路步行街城市设计、上海复兴高级中学、上海朱屺瞻艺术馆、上海格致中学教学楼、杭州中国财税博物馆、上海外滩公共服务中心等。2001 年当选中国科学院院士。

在其建筑创作实践中，致力于将设计与建筑理论相结合，追求创作活动的学术价值；并将学术思想融于建筑教学之中，形成自成一体的建筑教学思想。他的专著《建筑理性论》和《建筑批评学》建立了"建筑的价值体系和符号体系"这一具有前瞻性与开拓性的理论框架。后者以批判精神面向未来建筑的发展，奠定了这门综合科学的理论基础，填补了该领域的空白，并应用该理论于上海建筑的批评与建设实践。

曾多次应邀在意大利、美国、加拿大、日本、法国、德国、西班牙、荷兰、韩国和希腊等国的大学和学术论坛上作学术报告和主题报告。

采访者：戴路、李怡

访谈时间：2021 年 5 月 21 日

访谈地点：上海市四平路同济大学建筑设计研究院报告厅休息室

整理情况：2021 年 6 月 15 日整理

审阅情况：经郑时龄审阅，于 2024 年 5 月 11 日定稿

访谈背景：为了解改革开放初期到发达国家留学建筑师经历，对郑时龄进行采访，了解其于意大利生活访问的经历，回顾此段历程对其日后建筑遗产保护工作及建筑设计方面的影响。

郑时龄受访
图片来源：作者自摄。

戴 先生好！您曾在 1984—1986 年赴意大利佛罗伦萨大学访问。我们了解到，在出国前，您原本计划去德国，并强化了一年德语。您当时是如何"阴差阳错"地拿到了意大利的出国名额？

| 郑 当时，同济大学主要是和德国的学校进行交流，所以我们被送到留德预备部[①]强化德语一年，并组织出国考试。那时我已经通过了考试，获得了去德国的资格，但后来却有了到意大利交流的名额，所以我又到北京语言学院[②]进行了为期半年的意大利语言学习，之后我便作为访问学者，去了意大利佛罗伦萨大学。

改革开放后，大家都认为应该到德国去学习先进技术，但是后来到了意大利，在这里的学习生活经历能够极大地提升艺术修养。当时意大利的美术馆周末都是对外开放的，不要门票，与现在不同，我也因此能够有机会参观。

---

① 同济大学留德预备部正式成立于 1979 年 3 月，是国家教育部根据中德两国文化协定设立在同济大学的留德预备学校，是教育部直属的 11 个出国培训部之一。留德预备部接受教育部和同济大学的双重领导，主要为赴德语国家学习工作的人员进行出国前的德语和跨文化培训。
② 现北京语言大学。

1985 年 8 月郑时龄（左后二）在锡耶纳参加意大利语进修，与老师同学合影
图片来源：中国建筑工业出版社 . 建筑院士访谈录：郑时龄 [M]. 北京：中国建筑工业出版社，
2014: 20.

戴 在意期间，您进行了哪些工作？您在这段经历中体验到哪些未曾拥有过的经历？

| **郑** 我在佛罗伦萨做访问学者的时候，曾经参与过毕业论文讨论，也做过几次讲座。
我曾被安排到热那亚大学[①]、那不勒斯大学[②]等学校做讲座，谈中国建筑。意
大利的师生们对中国很不了解，我应该算是到意大利做访问学者的第一位中
国建筑专业人员，其他都不是搞建筑的，主要学习语言、数学、物理等专业。
等我们回国之后，第二批及之后再去意大利交流访学的人员中才逐渐有学建
筑专业的。

---

① 热那亚大学（意大利语：Università degli Studi di Genova）是一所位于意大利利古里亚大区
的国立综合性大学，学校创办于 1471 年。
② 那不勒斯费德里克二世大学（Università degli studi di Napoli Federico Ⅱ），于 1224 年创建。

戴　所历发达国家在建筑遗产保护、建筑设计等方面的实践做法，对您回国后的教学及实践有何参考价值和指导意义？

| 郑　意大利人以非常认真的态度来对待历史建筑保护问题，比如说要修复一座建筑，他们会将立面上的每一块石头都表现出来，不像我们只是很模糊地表示一下。而且他们在修复的时候会严格按照相应的理论，并不断以实践丰富该理论体系。《威尼斯宪章》^①就诞生于意大利，并且意大利地面以上的文物占全世界的 50%，文物资源非常丰富。

我主张学生们出国首先应该去欧洲，到意大利去。大概在 1996 年，意大利的大学校长代表团到中国来，到上海时，我同帕维亚大学的校长用意大利语交流，成功使我校与之建立了合作交流关系，这是其他学校未曾拥有的条件。于是，我校当年就派教师队伍赴意共同举办工作营，费用全部由帕维亚大学提供。很多年轻教师第一次出国都是去意大利帕维亚大学。我们也因此获得了与意大利更多高校、与国际更多组织交流合作的机会，如威尼斯建筑大学^②、佛罗伦萨大学^③、罗马大学^④等。他们会为我们提供一些技术方面的指导，双方的友好联系到现在依旧得以维系。意大利人非常热情，对中国人的态度蛮友好。后来意大利的相关组织也专门举办过一些遗产保护的相关活动，比如 2007 年举办的一次活动中，就邀请了中国代表团参加，同佛罗伦萨大学的专家学者们一起研讨。

---

① 《威尼斯宪章》是保护文物建筑及历史地段的国际原则，全称《保护文物建筑及历史地段的国际宪章》。1964 年 5 月 31 日，从事历史文物建筑工作的建筑师和技术员国际会议第二次会议在威尼斯通过该决议。宪章肯定了历史文物建筑的重要价值和作用，将其视为人类的共同遗产和历史的见证。

② 威尼斯建筑大学（Università IUAV di Venezia），简称 IUAV，坐落于意大利威尼托大区的首府威尼斯自治市，是一所成立于 1926 年的以建筑研究为主的高等学府，是建筑学"威尼斯学派"的学术中心。

③ 佛罗伦萨大学（Università degli Studi di Firenze），建于 1321 年，是意大利最重要的现代化高等学府之一。

④ 罗马大学（Sapienza University of Rome），即"罗马第一大学"的简称，又称"罗马一大"，成立于 1303 年，其规模在意大利排名第一，欧洲排名第三。

戴 如今，上海的建筑遗产保护工作走在国内前列，对于上海的建筑保护及实践，您认为应当如何平衡保护与开发之间的关系？

| 郑 自 2004 年开始，上海成立了历史文化风貌区和优秀历史建筑保护委员会，我任专家委员会主任，所以对此项工作就了解得比较多。一开始的时候，如同斯大林格勒保卫战一样艰巨，但从 2002 年，政府也开始慢慢重视这一工作。所以《上海近代建筑风格》这本书的完成、出版也是因为我亲身接触了很多项目，了解了很多信息，包括其中所涉及的建筑师们的信息。

戴 您在回国后，引用中西方人文主义思想，建构了"建筑评论"体系，并撰写著作《建筑理性论》等书，您认为建筑评论存在的必要性及其发展方向会是怎样？

| 郑 目前来看，业内及媒体对于建筑评论的关注度在逐渐提升。我觉得我们需要为建筑评论工作贡献一点普及力量，因为我们的建筑师普遍不太善于表达。另外，还需要解决建筑商业化的问题，现在大家在建筑审美、建筑美学修养等方面依旧存在一定的问题，所以我觉得建筑评论工作是非常有必要的。我们推动成立了中国建筑学会建筑评论学术委员会①，希望能够在这方面起到一些推动作用，有时候也在媒体上面发表一些观点。

戴 您在国内外各地走访时，习惯到博物馆参观，在意大利也曾居住了两年，这样的经历对于建筑师了解当地的历史文化、风土人情十分重要。不深入了解，走马观花地看，对于文化的了解就不会深刻。我们在教学当中也发现，学生对人文艺术缺乏的现象很严重，您认为在这方面可以通过怎样的方式，让年轻人，以及忙碌的建筑师们在繁忙的学习工作之余，在去旅行、参观的时候能够更有效地体会并掌握当地文化？

---

① 中国建筑学会建筑评论学术委员会于 2017 年 12 月 16 日在同济大学成立，标志着我国建筑评论领域的第一个学术组织诞生。

| 郑　现在公费出国留学访问，大多数至多只有一年时间，时间很紧张。去到他国，首先最好是要通语言，否则就会同当地社会脱节。我们当时到意大利去做访问学者，有些学者不懂意大利语，那他就只能生活在自己的圈子里。

戴　您说得对。现在去意大利留学也都是纯英文教育，这会为了解当地文化带来阻碍。

| 郑　另外，我的个人体会是，在刚出国的时候是要拼命地多看、多拍照。等到后来，就应该静下心来体会当地文化。那么多新鲜的事物，只通过看是看不完的，我们可以通过阅读书籍来掌握更多。其实在访学的两年期间，我对意大利的了解并不全面，很多是回国后通过研读书本才有了更深的体会，要反复地对新知加以强化。

再有就是要去博物馆、美术馆。改革开放后，我有机会去各个国家，每去一个新的地方，我就一定要去博物馆、美术馆，除了东欧国家，世界其他的著名展馆我基本都已去过。在参观中就会有更多新的收获，如以技术闻名的德国，其同样重视艺术，在柏林的博物馆、档案馆内都藏有大量重要文物。

戴　您这一代建筑师在改革开放初期，有机会到欧洲、美国、日本等发达国家留学，都希望能学到更多的知识，恨不得全天所有的时间都去看，去学习。

| 郑　对，那个时候就是想要多看、多写。我们比较幸运，但是像我们的老师，他们当年都没有机会有较长的一段时间在国外工作和学习。更可惜的是，当年在他们能做事情的时候没事情做，等到有事情做了却也老了，做不动了。我正好赶上了好时机，蛮幸运的是在考研究生的时候放宽了年龄，而且我是在距离报名结束前的最后一周报上了名。当时社会给了我们更多的宽容，也很重视，不然的话，可能如今命运的走向也就不一样了。

我们这一代建筑师在改革开放初期留学，有一些是公费出去，有一些是自费出去；有一些回来了之后又出去了，也有一些出去了留在那边没回来，也是蛮遗憾的。

外滩 15-1 号外滩公共服
务中心
图片来源：郑时龄提供。

李 建筑遗产是历史的、过去的东西，但随着时代的发展，新建筑一定会被建起。
　　对于历史和我们目前不断发展的新建筑之间的平衡，您怎么看？

｜郑 我们的老师冯纪忠①先生曾有一个很好的比喻——要开宴会了，大家都到了，
　　但我迟到了，这时该怎么处理？如果我不理睬人家，人家会觉得我太孤傲，

① 冯纪忠（1915—2009），1934 年进入上海圣约翰大学学习土木工程。1936—1941 年于奥地
利维也纳工科大学学习建筑专业，是当时两个最优等的毕业生之一，同时获得了就读博士期间
的德国洪堡基金会奖学金。1946 年回国。1949 年起在同济大学任教。回国后先后参加了当时南
京的都市规划及解放后的上海都市规划，设计了武汉东湖客舍、武汉医院（现同济医学院附属
医院）主楼等，并在同济大学创办了中国第一个城市规划专业，以及风景园林专业方向。20 世
纪 60 年代初提出了"建筑空间组合原理（空间原理）"并在教学上实施。20 世纪 70 年代末，
规划设计了松江方塔园、上海旧区改建等。冯纪忠是中国著名建筑学家、建筑师和建筑教育家，
中国现代建筑奠基人、中国第一位美国建筑师协会荣誉院士、首届中国建筑传媒奖"杰出成就奖"
得主。

所以必须要有一点表示。所以新建筑和旧有建筑之间的关系处理是非常重要的，不能孤立存在。

我们做过的一个项目，外滩 15-1 号外滩公共服务中心，是在原交通银行[①]和原华俄道胜银行[②]之间新建的一栋建筑，其被称为"镶牙"工程。我们希望新建建筑能够和周围的环境进行较好地衔接，同时也体现出它的新价值，而非完全仿古。我主张，城市中的建筑应该如同一首复调音乐，不该是单一的，因为历史的发展丰富多样，但是这在实际建筑设计中的确很难。

李　在您之后的几代建筑师有更多的机会去国外，归国后引领了实验建筑，开辟了很多新建筑的形式。中国几代建筑师肩负的使命不同，完成的工作也相异，您认为如今的中国建筑师，是否已经拥有足够的自信力，去应对当代建筑设计？

| 郑　第一代建筑师学贯中西，他们不仅有深厚的中国文化的底蕴，又从西方学到了新的知识，所以他们的成就体现着极大的创造性。现在年轻一代的建筑师们，对中国文化的了解可能并不那么深刻。因为我在教《建筑评论》课程的时候曾经统计过，学生们在上小学的时候有课时很多的语文课；到了初中，外语课跟语文课的课时大抵相同；但到了高中，外语课的课时远超语文课；在大学时，则完全不再有语文课。所以当代建筑师们对于中国文化的理解存在着一定的问题。"文化大革命"时期，很多东西又曾被当作"封资修"被批判。所以现在的孩子们古文底子是非常差的，很多东西他们都没有学过。年轻建筑师们容易接受新鲜事物，想要做新奇的造型，但是在一些招标现场，我觉得很多建筑师都讲不出设计的理念，所做方案仅仅只是形式的表达。所以我觉得建筑师对中国文化进行补课是非常必要的。

---

① 交通银行，外滩 14 号，现上海市总工会大楼。
② 华俄道胜银行，外滩 15 号，现中国外汇交易中心。

戴 您也曾多次提到中学语文老师对您产生了重要的影响。以前大学一年级还有语文课学古文，现在都没有了。

| 郑 中学的文理分科也有着很大的影响。文化、艺术，这些都是学习建筑最基本的东西，但是在今天，确实往往是最易被忽略的部分。

项秉仁先生谈美国留学工作经历及思考

受访者简介

项秉仁（1944—）

男，出生于浙江杭州。于 1966 年毕业于东南大学建筑系，1968 年即从事建筑设计工作至 1978 年继续攻读研究生，在 1981 年获建筑硕士学位。于 1985 年底成为中国首位建筑学博士，之后任同济大学建筑学院副教授。1989 年赴美，至亚利桑那州立大学任访问学者，旧金山布朗·鲍特温建筑事务所（Brown Baldwin Associates, San Francisco）项目建筑师，TEAM7 国际设计公司董事，在美取得加州注册建筑师资格，成为美国建筑师学会会员。1992 年到香港主持成立香港 BING & ASSOCIATES 贝斯建筑设计公司任总经理、总建筑师；1999 年回到上海，成立项秉仁建筑设计咨询有限公司（DDB International, Ltd.），而后成为"上海秉仁建筑师事务所（DDB Architects Shanghai）"。1999 年被特批为国家一级注册建筑师。现任上海同济大学教授，博士研究生导师。

采访者：戴路、李怡
访谈时间：2021 年 5 月 22 日
访谈地点：上海市吴淞路 575 号虹口 SOHO 1001 室
整理情况：2021 年 6 月 16 日整理
审阅情况：经项秉仁审阅，于 2024 年 5 月 11 日定稿。

访谈背景：为了解改革开放初期到发达国家留学工作的建筑师经历，对项秉仁进行采访，了解其于美国学习工作的经历，回顾不同国家现代建筑发展的思考与体会。

项秉仁受访
图片来源：作者自摄。

戴 先生您好！您曾在 1989—1990 年赴美国亚利桑那州立大学访问，除了自身强烈的留学意愿外，当时经历了怎样的选拔方式或相关考试得到此机会？

项 我在本科的时候，大学一至四年级基本上受到的都是传统的布扎教育方式，在水彩渲染、建筑造型、建筑构图等方面的训练很多，所做的建筑设计基本上是以功能类型来划分的，如住宅、小学、火车站等，但很少能够把握到世界最新的建筑潮流。当时在上《外国建筑史》课程的时候，我们都很感兴趣，但是课堂上所讲的外国建筑大部分都是古典建筑，老师讲得绘声绘色，但我们心里就在暗自发笑。因为我们都知道老师们从来没出过国，但在讲课时却好像曾去过一样。后来在四年级时接触到外国现代建筑，吴焕加 [1] 老师为我们介绍了现代建筑四位大师及其作品，更让我觉得国外是一个完全不同的世界，学习建筑应该要有实地的体验。我觉得，老师教授学生理论，但若自己没有实际的体会，好像在讲课的时候就是空洞的。所以我心里一直有这样的观点，如果要成为建筑师的老师，一定要出国去看，去考察世界上真正先进建筑的实际情况。

---

[1] 吴焕加（1929—），安徽歙县人，1953 年毕业于清华大学建筑系并留校任教。原从事城市规划教学，1960 年后转入建筑历史与理论教学，1980 年代曾在美国、加拿大、意大利、联邦德国等 10 余所大学研修、讲学和演讲。

我在博士期间完成了《赖特》^①那本书，但我当时从未见到过赖特设计的任何一座房子，只是根据书上的资料翻译完成了这本书。所以总觉得这是一个非常大的遗憾，而且经过"文化大革命"之后，我博士毕业已经39岁了，年龄的增长更让我觉得必须尽快到国外去看看。

戴 您是中国第一位建筑学博士。

| 项 对，我博士毕业后到同济大学教书，觉得如果要想成为一个称职的建筑设计教授，首先应该自己建立起对建筑的真实体会，之后才能够更好地指导学生。而且当时出国也比较困难，国家每年的指标比较少。于是当时我的内心有这样一个想法，如果45岁之前还出不了国的话，干脆就不要当老师了，就到设计院去做设计好了。但我也不敢提出要出国的想法，在此之前有一个到我国香港的机会，于是我在香港待了两周，回来以后正好学校里有出国做访问学者的机会，被选上的两位老师因英文过不了关而放弃了这次机会。

项秉仁博士论文答辩现场
图片来源：滕露莹，马庆禤，曹佟，等. 项秉仁建筑实践：1976—2018[M]. 上海：同济大学出版社，2020：55.

---

① 项秉仁. 赖特[M]. 北京：中国建筑工业出版社，1992.

戴　当时您也经历了考试选拔吗？

项　是的，因为两位老师都放弃了，然后才通知我去考试。我在读博士的时候学了一点英文，考前复习了一下，考过了之后便得到了这次机会。访问时间也比较短，只有6个月。那时是1989年，气氛还是蛮紧张的，怕在政策上有所收紧。所以我就赶快联系学校，哪所学校首先发来邀请信我就去哪所。亚利桑那州立大学①的邀请信很快就到了，我便立刻去办了签证。亚利桑那那里气候很恶劣，夏天热得受不了。当时是在12月底开学，先到达了繁华的旧金山，再中转到亚利桑那。不到6月天气太热的时候，我就"逃"了。当时也不甘心只在美国待6个月，又是在亚利桑那那样比较闭塞的地方。当时美国那边的政策放宽，等到学期结束，我有机会将签证换成工作签证，去了旧金山。但这时已无法再获得国家的资助，于是我便开始自己找工作。就这样在美国待了4年的时间，通过这个机会来多了解美国。

戴　您去的时间是国内政策正紧的时候，美国却因此放松。

项　有一些事情不正确，比如当时有人通过支持反华势力，以换取留下来的机会。我是不齿于这样做的，只是将公费改成自费，换成工作签证，这是获得了领事馆同意的。

戴　刚才您说，我们当老师要教学生，必须自己先去看过这些建筑。我们上学的时候人手一套"国外著名建筑师丛书"，其中您完成的《赖特》更是经典。那么当时您选择去美国，是不是有想再进一步研究赖特的意愿？或者说是否因为想继续研究赖特，您选择去了美国？

项　当时在概念上就觉得美国比较先进，我本身是非常喜欢做设计的，搞理论实际上也是为设计而服务的。我认为，在理论上有开拓精神，才会对设计实践

---

① 亚利桑那州立大学（Arizona State University），简称"ASU"，成立于1885年，坐落在美国亚利桑那州州府菲尼克斯，是世界一流的公立研究型大学。

有帮助。要想成为一个好的建筑师，理论和实践这两方面是并重的，理论会为设计提供支撑。但若是专门搞理论，就需要有更深厚的基础和更多的积累。

昨天，我的博士生打电话给我，跟我探讨他以后的发展方向。我说你现在需要给自己定下明确的目标，朝着这个目标逐渐去争取。他问我的目标是什么？我说我的目标一以贯之，也很简单，就是要当一个好的建筑师。一直以来，我都为好的建筑着迷，觉得自己也应该设计出好建筑。我生活在上海，看到了很多精美的建筑，在东南大学上学的时候，受到杨廷宝①、童寯等先生的影响，觉得建筑师学问精湛，为社会所尊敬，生活条件比较优越，工作条件也比较好，同时也能够做自己喜欢做的事情，便更坚定了自己的理想。所以我没有太多的野心，思想也比较单纯，不像现在的年轻人，除了做建筑师，还想要给自己搞一点更有名的头衔、更高的社会地位。

到了美国以后，我觉得两国的差异很大，一方面是中国当时在思想上还不够解放；另一方面，在艺术、技术等方面，中国同美国之间确实存在较大差距，我当时觉得，在美国有很多东西可以学习。

当初我们考上硕士研究生后，觉得可以学习的内容太少，那时中国的建筑师们也没有形成自己完整的一套理论体系。图书馆里面的藏书真正吸引人的就是外文书籍，因此我们就在图书馆里借阅。另外，现代主义建筑，在当时是非常先进的思想理论。我们在大学本科的时候，对于国外的建筑理论、建筑设计方法都知之甚少，所以读研究生是一个很好的时期，以更好地学习西方的新建筑理论，更好地认识西方的新建筑世界。同时也是为了弥补自己英文能力上的不足，逼着自己去看英文书。所以在写《赖特》这本书之前，我已经做了大量的阅读和翻译。这是一本"编著"，写它并不是为了体现自己的学术成果，而是想要将外国文献原汁原味地用中文呈现出来，让读者自己看后去分析。

---

① 杨廷宝（1901—1982），字仁辉，国立中央大学建筑系教授，中国科学院院士，中国近现代建筑设计开拓者之一，著名建筑学家，多次参加、主持国际交往活动，在推动建筑国际学术交流方面作出了重要贡献，在国际建筑学界享有很高的声誉，被誉为"近现代中国建筑第一人"。

戴 我对于《赖特》这本书的印象特别深刻，刚上大学的时候，初学设计，柯布西耶等大师的设计手法并不好学，我们大多数同学都喜欢学赖特的设计，比如罗比住宅 ① 等。在做小住宅设计，甚至后期做小公建的时候，大家都会仔细地去分析书里面所提供的那些平面图。虽然是黑白印刷，纸张也并不厚实，但大家却如获至宝。我们无法看到原版书，所以那本《赖特》对于我们那个年代的建筑学二三年级的学生来说影响特别大，起到了领路的作用。

| 项 荣幸的是，我有机会能够到美国实地访问这些建筑。做得确实经典，细部非常精妙。当时我得到了贝聿铭中国学者旅美奖学金，并不太多，2000 美元，以示对中国学生的支持。于是我就同另一位留学生朋友一起开车去看建筑。

在我上大学的时候，童寯老师非常令我们尊敬，同时也非常犀利。他当时对我们说，你们学英文的条件比我们好多了，有录像，有人教，要是再学不好，那就撞死算了！曾经有一位教授也是到美国做访问学者，回国后人家问他有没有去看流水别墅 ②，结果他说所在的大学组织学生去看，但是每个人都要出20 美元，这太贵了，便没有去。这件事情被童寯老师知道后，觉得这位老师实在不可理喻，将他骂了一顿。所以当时我就知道，到了美国，即使不去别的地方，流水别墅也一定要去。

戴 贝聿铭先生提供的旅美奖学金是需要自己申请吗？

| 项 贝先生在获得普利兹克奖后，将奖金存入银行，将每年一两千美元的利息提供给中国学生，便是这项奖金。当时我们一个月的生活费是 400 美元，这项

---

① 罗比住宅（Robie House）由建筑师赖特设计于 1908 年，并于 1908—1910 年建造于世界顶级学府美国芝加哥大学校园内（住宅具体位置为：5757 S.Woodlawn Avenue，Hyde Park, Chicago, IL）。罗比住宅被誉为赖特"田园学派"（Prairie School）最伟大的代表作之一和第一所纯美式建筑。
② 流水别墅（Fallingwater，另译为"落水山庄"）是世界著名的建筑之一，位于美国宾夕法尼亚州费耶特县米尔润市（Mill Run, Fayette County, Pennsylvania）郊区的熊溪河畔，由弗兰克·劳埃德·赖特设计。别墅的室内空间处理也堪称典范，室内空间自由延伸，相互穿插；内外空间互相交融，浑然一体。

奖金的数额也很多了。这需要自己申请，贝先生在了解申请人的情况后，每年会从中选一名学者进行资助。当时他说我的条件很好，另外他也预言我一定会回国的。用这个奖金，我去了纽约、波士顿、芝加哥等美国东部城市，亲眼看到了那些经典的作品，包括赖特的作品、密斯的作品、菲利普·约翰逊的作品等。过去只能从书本上、照片上看到，这同在实际现场亲眼看到的感觉是很不一样的，会受到更大的震撼。

戴 您之后也到访了很多国家，对于不同国家的访问经历，您有怎样的体会？

｜项 很多年以后，当我有机会到欧洲、澳大利亚等国家及地区访问的时候，会有这样的体会：美国还是一个比较"粗糙"的地方，无论是建筑的艺术性，还是建筑的精细度，欧洲还是胜于美国的。因为欧洲的文化底蕴更深厚，美国的商业性更强，是资本家的天下。

戴 您在美工作期间有怎样的体会？

｜项 我在中国生活、学习了这么多年，很想了解美国的建筑设计市场和建筑设计方式，所以我就去规模比较大的设计公司。到了美国以后，感觉到中国和美国的建筑设计体制是完全不一样的，虽然美国也有大型的设计公司，但是同中国的设计院是不同的，中国也没有美国很普遍的小型个人事务所。当时中国也还没有注册建筑师制度，但这在美国已经施行多年。另外，中美两国建筑师争取项目的方式也不一样，为争取更多项目，美国职业建筑师必须投业主所好，对其要求都要去满足，而且大部分建筑师事务所的生存是同市场紧密联系在一起的。这同学校里的教学是完全不同的，教授们可以不管市场，只谈个人对建筑的看法、理解和创意，当然教学是需要产生新成果的，要在原来的基础上有所突破，所以必须要做些探索，但这并不是职业建筑师的责任。

虽然我们的建筑设计市场已经开放了几十年，中国的土地提供了那么多的建设机会，但知名的中国建筑大师依旧屈指可数。为什么我们的国家就难出现如日本安藤忠雄①、矶崎新、伊东丰雄、妹岛和世等一批建筑大师？建筑师需要有自己的创意，并且需要有能力去完成一些重要的大型建筑，而中国现在很多大项目都是由外国建筑师完成的。

最近上海有一个安藤忠雄的展览，我看后有一个很深刻的体会，建筑师的思想很系统，无论是小的教堂，还是大的城市综合体，都有很鲜明的个人风格。安藤是1941年生的，我是1944年生的，我们年龄相仿，但我跟他的差距太大。这是个人的差距，同时也是两个国家建筑设计水平间的差距。

中国建筑行业在规范性上还是没有国外那样完善，另外建筑师的价值观念也比较"混乱"，总想"鱼与熊掌兼得"。其实我的选择也为很多人所不齿，仅仅想做一个建筑师而已。老师是什么样，学生也就会是什么样，我的研究生们毕业后，基本上现在都是"小老板"，都愿意自己开办事务所。这样也好，能心无旁骛地做设计，不需要费心在社交、追求社会地位上。但现在在招标的时候，还是更看重投标者的头衔，这些都会影响到建筑设计事业的健康发展。

1989 年项秉仁在赖特设计的亚利桑那州立大学前
图片来源：滕露莹，马庆禳，曹伟，等.项秉仁建筑实践：1976—2018[M].上海：同济大学出版社，2020: 27.

1990 年项秉仁（右三）在布朗·鲍德温建筑事务所
图片来源：滕露莹，马庆禳，曹伟，等.项秉仁建筑实践：1976—2018[M].上海：同济大学出版社，2020: 27.

---

① 安藤忠雄（Tadao Ando, 1941— ），以自学方式学习建筑，1969 年创立安藤忠雄建筑研究所，1997 年担任东京大学教授。作品有住吉长屋、光之教堂等。从未受过正规科班教育，开创了一套独特、崭新的建筑风格，成为当今最为活跃、最具影响力的世界建筑大师之一。

戴 回国后您有怎样的体会?

| 项 从美国回来,我先到香港过渡了一下。在这段时间里中国经历改革开放,发生了很大的变化,很多事物从无到有,比如注册建筑师制度,我是在美国考取了注册建筑师,回来发现中国应该是借鉴了美国的考试制度。另外,私人事务所也开始经营,逐渐赶上世界潮流。

回来之后,我始终有想要经营个人事务所的想法,这样才能以个人的名义来做一些项目,逐渐积累社会知名度。过去的时候,体制内的大型设计院都是集体创作,对于个人能力的发展产生了极大地限制。但是私人建筑事务所完成的作品往往参加不了国家级的评奖,选评制度还是有所限制,只针对体制内的垂直体系。

戴 您曾在美国获得注册建筑师资质。我国的注册建筑师考试于 1994 年开始,相对较晚,您觉得我们需要在哪方面进行完善?

| 项 我觉得设立制度很好。通过考试,设立职业资格,能够保证建筑师的水平,也能够对业主负责,国家和政府能够严格管理。1990 年我在美国考取注册建筑师资质,当时是有几个条件,或者有 5 年的学历和 2 年的工作经验,或者是有 5 年的执业经历。当时我已经在美国工作 2 年了,但在审查时,工作人员说国内的教育不被美国承认,还打电话给国内求证我的大学学历。最后大学本科、硕士都可以算执业经历,但在承认时将时间打了"对折",而博士则是学术经历,不能算作工作经验,所以最后连同我在美国事务所工作的时间加起来凑够了 5 年,有资格参加考试。所以美国人对执业经历还是蛮重视的,要求必须是专业从业人士。美国的每个州是单独进行资格审批的,我在加州参加考试,除笔试外还设口试。口试主要考的是规范和法规,当时有三个考官监考,问了我一些关于加州的海洋保护、历史建筑保护、城市设计等方面的问题,我自己也不知道答了些什么,但没想到最后竟然通过了。可能是出于"同情"吧!中国这些年逐渐设立并完善注册建筑师制度,这是在往好的方向发展。

戴 您在美国工作所经历的各种管理制度、工作机制、工作效率、合作关系等方面对您的影响如何？这些对于您回国后自己开设事务所是否曾提供了一些借鉴或产生了一些影响？

| **项** 在市场较好的情况下，建筑行业会很热门，工程项目也会很多，中国一直未曾经历过建筑业的大波动，直到现在还一直很热门。但我去美国的时候，那里已经在遭受经济危机的冲击，建设项很少，很多事务所都需要裁员，现实非常残酷。在美国，建筑师的工资本来就不高，普通的建筑师薪资大概是四五万美金，若没有工作，生活会很艰难。我在找工作时，正逢美国从手工制图到电脑制图的转变期，手工制图还是主流。我去考试时，他们看我画得好，好几家公司都想要我，于是我就可以选择一家条件较好的公司去上班。在那里的工作强度倒是不大，上下班的时间还是比较合理的，不加班。

事务所中，除了保证设计的质量，同时也需要保证项目的来源，所以公司也会招聘销售人员。他们需要去陪客户吃饭、搞关系，老板给他们发的工资也很高，但一旦拉不到项目就会被辞掉。另外，在那里工作，无论多么"劳模"，只要事务所经营面临危机，立刻就会有人被辞退——下班前突然通知你到办公室来一趟，支票都已经准备好了，明天就不必再来上班了。这就是资本主义国家当时就业的危机感。

那时我们国内没有私人事务所，国内都是在设计院"吃大锅饭"，情况很不一样。无论私人事务所的规模多小，老板都是需要全方位进行管理的。需要搞创新设计，参与市场调研，同业主谈项目，维持公司的技术班底结构，这些都需要协调好。老板最怕的是得力的人才被挖走，所以老板就会提拔他，做合伙人、高级合伙人等。所以我当时就觉得，做事务所老板很具有挑战性，与之相比，在大学里面做老师太轻松。

戴 所以您回来也是对自己发起了挑战。近几年国内在开始大力推行建筑师负责制，您对建筑师负责制有什么看法？

| **项** 建筑师负责制在国外是普遍推行的。每一个项目有固定的几个阶段，建筑师除了需要对前期设计负责，施工过程当中，也需要定期去工地视察。只有保证项目施行同设计之间达到足够符合的程度，才能够在文件上签字、交工。另外，建筑师也能够始终把控建筑设计的美学问题，不会因业主或政府意志而随意改变。在我国香港工作的时候，施工单位会努力"讨好"建筑师，因为如果建筑师不同意签字，施工方就拿不到钱。

建筑学当时是从西方引入中国，后来历经波折，是需要逐步完善的。中国还是需要一套法规，目前权力很大程度上还是在施工方。

李 您的每一个作品都体现着对环境的尊重，所完成的建筑类型多样，无论是胡庆余堂药业旅游区、杭州中山中路历史街区这些大尺度规划、上海复兴公园园门重建等小规模设计，还是江苏电信业务综合楼等高层建筑，都是建立在对城市的充分考察和研究的基础上，不断丰富着"新现代"理念。您认为建筑师应以怎样的态度回应建筑环境？技术在对提升环境质量上应起到怎样的作用？

| **项** 其实我在做设计的时候，并没有以一种固定的理论体系来限定设计的方式。当我还只是一个学生的时候，看到好的设计，在特定环境里发挥了特定的作用，我都认为这是美的，是打动我的。所以我认为，好的建筑师一定是一位艺术家，所完成的不仅是平面的艺术，而是立体的艺术，是空间的艺术。首先需要在外部形象上打动别人，更要让室内空间感动体验者。

在做设计的时候，建筑师首先需要面对的是业主，或者是政府，或者是私人，或者是开发商，需要满足业主所提出的设计任务。同时还要很自觉地去塑造美观、宜人，并能够为城市带来积极作用的建筑空间。

现代主义，或称功能主义，实际上是在建筑功能处理好的前提下，以现有的工程技术去实现设计构想。但是它也有一个明显的缺点，就是忽略地区文化，不太注意环境、节能等方面，缺乏对周边城市关系的考虑，只突出建筑的个体特性。所以我们提出"新现代"，就是要在现代主义合理性的基础上，体现出当代人对环境生态、艺术文化的追求，保持对传统文化的自信。所以我并不想设置一个框框，非要创造出个人的风格，我觉得做设计应该是能够真正解决问题的，创造性地满足要求。

比如我做的西安大唐不夜城贞观文化广场，它在大雁塔前面，在设计的时候需要迎合曲江整体的大唐文化。如果做一个玻璃盒子漂浮在水面上，那绝对是让人"大跌眼镜"的。根据城市环境，根据游客们的期待，这个建筑一定是要做大屋顶。虽然有人会抨击这是"复古"，想要让其变形、简化，但我觉得不妥。另外也有人说做大屋顶很浪费，但我们认为旅游建筑本身就需要大投入，只要合理，该做的还是需要做。对于大屋顶的具体比例尺度，我们认为，其细部比例都有相应的规定，是几代匠人一点点推敲出来的智慧结晶，所以我们就直接按照唐风塑造。这便是我们所给出的答案，与该建筑所在的时间、地点是适合的。

李　您身处第二代与第三代建筑师交接之际。留学成为很多第三代建筑师们提升的选择。他们归国后，大多走上了实验建筑的研究道路。虽然您在实践中不曾走向此方向，但您对此的态度依旧是积极的。您认为现代建筑如何在追求先锋、追求高技，甚至有些建筑是在刻意追求"网红"和流量的当代社会中，能够继续良性发展，或者您能够对现代建筑的未来发展方向做一些预判吗？

| 项　现在市场比较认可马岩松[①]等建筑师的作品，因为这既符合商业化、市场性，满足业主的需求，又能够体现出一些新的概念。但若是仅体现实验性，那么这在市场上的占有率是很低的，所以实验建筑师始终是小众群体。

---

① 马岩松（1975—　），曾就读于北京建筑工程学院（现北京建筑大学），后毕业于美国耶鲁大学（Yale University）。于 2004 年成立 MAD 建筑事务所，主持设计一系列标志性建筑及艺术作品，包括卢卡斯叙事艺术博物馆、加拿大"梦露大厦"、鄂尔多斯博物馆、哈尔滨文化岛、朝阳公园广场、鱼缸、胡同泡泡。2010 年，英国皇家建筑师协会（RIBA）授予其 RIBA 国际名誉会员，2014 年被世界经济论坛评选为"2014 世界青年领袖"。

我觉得建筑的好坏，质量的高低，还是取决于建筑师思想的成熟度。一时兴起去迎合市场的操作，可能并不能持久。很多年轻的建筑师从国外留学归来，都希望尽快地把所看到的一些新的事物引进来，我们现在的建筑市场也提供了一定的条件。愿望都是好的，但有些建筑的成熟度还不够，要做得经得起推敲还是挺不容易的。毕竟好建筑还是需要有一定时间的累积才能做成，现在国内知名的建筑师的作品，能够经得起推敲的也很少。

李 您觉得我们这些青年学生，应该从哪些方面培养自身的能力，以设计出更好的建筑？

| 项 首先就是要学好基本功。第二个就是要对自己提出高标准、严要求，要不断地审视自己的作品，找出问题，而不是回避问题，争取下一个作品比这个更好。因为建筑实践，最重要还是在于实践。现在有些作品就是快速生产的产物，总是留下了很多弊病，需要到下一次解决，而下一次又会留有更多的弊病，形成了恶性循环。建筑从图纸到建成，是一个解决问题的过程，建筑师也同样需要不断地积累，不同于画家和艺术家，只关注作品就可以了。我们现在去看赖特的罗比住宅，会觉得无可挑剔，无论是尺度比例还是细节，都就会让人一眼爱上，这就是经典的力量。

柴裴义先生谈日本研修经历及设计实践

受访者简介

柴裴义（1942—）

男，出生于天津。1967 年毕业于清华大学建筑系。1974 年起，在北京市建筑设计院（现北京市建筑设计研究院股份有限公司）任建筑师、总建筑师，现任顾问总建筑师。1981—1983 年赴日本东京丹下健三城市·建筑设计研究所研修。曾获北京市有突出贡献专家、建设部劳动模范，享国务院政府特殊津贴。2004 年获第四届全国工程勘察设计大师称号。2009 年获第五届梁思成奖。其作品涉及各类大型公共建筑，包括展览建筑、会议建筑、宾馆建筑、办公建筑、体育建筑、商业建筑、写字楼以及城市综合体等，其中包括多个国外大型建设项目。其设计的国际展览中心获国家金奖、建设部一等奖、国家科技进步三等奖、八十年代建筑艺术奖；孟加拉国际会议中心获建设部一等奖；中国职工之家（一期及二期）获国优银奖、建设部二等奖；国际投资大厦获国优银奖、建设部一等奖；加蓬国民议会大厦获建设部二等奖；雾淞宾馆获国优银奖、建设部二等奖。发表论文数十篇，在业内具有很大的影响力。

采访者：戴路、李怡、赵晔

访谈时间：2023 年 4 月 13 日

访谈地点：北京市望京西园柴裴义家中

整理情况：2023 年 4 月 20 日整理

审阅情况：经柴裴义审阅修改，于 2023 年 7 月 3 日定稿

访谈背景：为了解改革开放初期公派至日本研修的建筑师经历，对柴裴义进行采访，了解他在日本丹下健三城市·建筑设计研究所的经历，对比与国内工作体验的不同，并回顾其建筑设计实践。

柴裴义受访
图片来源：作者自摄。

戴 先生好，我们在做关于在改革开放初期留学建筑师的相关研究。您曾去日本丹
下健三城市・建筑设计研究所研修，当时是怎样被选上的？

柴 当时我是设计院里最年轻的，因为"文革"期间一直没有毕业生，断层了十几年。
1974 年归队到北京市建筑设计院前，我一直都在农场劳动，然后到了二汽的
施工单位。我们这代人都有那么一段经历。

20 世纪 80 年代，丹下健三在国际上已经是非常有名的建筑大师了，他的弟子
遍天下。好多国家的建筑师都陆陆续续地在他的研究所工作、研修或者学习。
很多有名的日本本土建筑师都是出自他的门下，黑川纪章、槇文彦[①]、大谷幸
夫[②]、菊竹清训[③]、矶崎新等，这一代人都是丹下的门徒。以丹下为代表倡导

---

① 槇文彦（Fumihiko Maki，1928—2024），新陈代谢派的创始人之一。1952 年毕业于东京
大学建筑系，师从丹下健三。1953 年赴美，先后获克伦布鲁克美术学院和哈佛大学建筑硕士。
1956—1965 年任华盛顿大学和哈佛大学建筑系助教。1965 年回到日本成立槇综合计划事务所。
1979—1989 年任东京大学建筑系教授。1993 年获得国际建筑师协会金奖和美国普利兹克建筑奖。
② 大谷幸夫（Sachio Otani，1924—2013），日本著名建筑师。1946 年东京大学建筑系毕业，
随即进入丹下健三城市・建筑设计研究所，一直工作到 1960 年。1961 年设立设计联合事务所。
1963 年因参加京都国际会馆设计竞赛获一等奖而崭露头角。他提出了信息功能的概念，认为建
筑单体涉及实用功能，而城市、环境、社会则涉及信息功能。代表作品有京都国际会馆、金泽
工业大学校舍、大阪博览会住友童话馆等。
③ 菊竹清训（Kiyonori Kikutake，1928—2011），1950 年早稻田大学建筑学毕业，后曾在村野藤
吾事务所工作，1953 年自设事务所。曾为新陈代谢派成员，20 世纪 60 年代末提出了"神""型""形"
三阶段的设计方法论。代表作品有出云大社厅舍、东光园旅馆等。主要著作有《代谢建筑论》《人
的建筑》《人的城市》等。

的"新陈代谢"，在国际上是很领先的，他的作品也是很成熟的西化建筑了，比如代代木体育馆都是国际上公认的最好的作品。当时他看到了中国未来潜在的市场，想找中国的学生去学习，也想看看中国人才的水平。他通过联系园田外相，和北京的副市长白介夫①协商，决定由北京市政府公派5位去研修，包括2个建筑的，2个规划的，1个施工的，但这个"搞施工的"咱们理解错了，本来是指设计人在后期去盯工地，结果派的是施工单位。我们5个人本应该是1980年去，但是办签证有点耽误了，最后是在1981年1月份春节前抵达日本。

到了之后，丹下先生给我们的待遇还是很好的，每个月发25万日元，当时日本刚毕业的大学生每个月工资约15万日元；给我们找的住处就在大使馆旁边，有栖川最好的地段，那个房子也很大，有三个卧室。丹下老先生很在意礼仪，给我们创造了好的条件。我们有机会去研修真是非常幸运。

他的研究所在"L"形的草月会馆中，我在第10层办公，他们4位在第9层。所以我当时是单独跟着研究所的员工做约旦大学的项目，完全是在日语的环境中，语言过关得更快一些。

戴 您参加了院里办的日语班？

| **柴** 对。在"文革"后期，大家都要归队学习了，有学英语的、日语的、法语的。我当时想，虽然自己在中学、大学学的都是俄语，但是耽误了这么些年后也不剩什么了，最容易学的应该是日语，可以看图识字。但实际上日语也是很不容易学的。我们一开始是自学，后来确定了要被派出，院里就临时办了一个日语速成班，开了半年，规划局、市政院的人也都来上课，有二三十人。

---

① 白介夫（1921—2013），陕西绥德县人，北京市政协原主席，中国共产党第十三次、十四次全国代表大会代表，第五届、六届全国人大代表，第七届全国政协委员。曾任晋东南《黄河日报》编辑，华北新华日报社副科长、记者，中共清原县委宣传部部长，长白县委书记等。中华人民共和国成立后，历任中共通化市委书记，营口市市长，中共营口市委书记，中国科学院大连化学物理研究所、北京化学研究所副所长，北京市科委主任，中共北京市委常委，北京市副市长、市人民政府顾问，北京市第六、七届政协主席等职。

到了日本后，我们在生活上交流没问题，但在专业上还是很吃力的。大概又经过了半年，对业务也就都没有问题了。他们的设计图纸标注的大部分都是英文，我们也是看图识字。

戴 后来您和马总还完成了一篇日本杂志的约稿《住宅的现状》。

柴 日本《玻璃和建筑》杂志社想约一篇关于中国建筑的情况介绍，马国馨找我说咱们俩一起写，经过协商，主题还是写住宅，因为当时中国没什么像样的公建。我写的前半段，中日关系的对比、中国的建设整体情况等，后面具体的项目是马国馨写的，就这样"凑"了一篇文章。这对我们来说是一次考验，因为之前我们都没有直接用日文写过文章。

戴 研修时您日常的工作生活状态是怎样的？

柴 在丹下那里我们刻苦钻研。一想到我们是改革开放后第一批出国的人员，政府给了我们这么好的机会，我们得好好珍惜。那个时候是9点上班，有资历的人10点多才到，我们8点多就到了，去看资料、复印资料，就这样做了一些积累。

工作的时候我们抓紧时间跟他们一起做工程。当时我参与的第一个项目是约旦大学城，它的规模很大，中心区是一个圆形的图书馆，周边有四块大台阶式样的论坛，形态很经典也很现代。我当时负责的工作就是图书馆这部分的图纸和模型。之后有些项目就开始交给我来做方案，比如新加坡的大厦，阿联酋的王宫，还有几栋办公楼等项目，我们都直接参与。

刚开始的时候，丹下先生也是在考验我们，比如先让做这一部分的任务，等做成了再做另外的部分。我们就是不管让干什么，都尽量干好。开始的时候他会让我们做方案，但是关键时刻他要拿主意。比如，我曾经参加过新加坡的一个双塔写字楼的项目，他看了几轮后定了我们设计的一个方案，但是看到我们在弧形的地块上还是做弧形的建筑，就在跨街的位置把它拉直，形成了弧和直的穿插关系。当时我们还不太理解，但是后来想，这样就对了，建筑的刚柔整体感就强烈多了。当时就是这样潜移默化地跟着先生在那儿学。

第一个月上班拿到工资后，我们就去买了相机。当时每周日休息，有时候没事儿的话星期六的下午也可以休息，我们就利用这些业余时间，早饭后就到处去看建筑，也不光是去看丹下先生的作品，当时觉得什么都是新鲜的，什么都感觉有必要去学习，所以就抓紧一切时间和机会去看。其他人放暑假的时候，我们也回不来，丹下先生就让我们去旅游，回来给我们报销。除了北海道来不及去，其他的地方我们都去看过。

在那个阶段，我们才真正认识现代建筑，了解实际的国际水平，获得对外接触的渠道。我们第一个星期就到代代木体育馆去看，真是非常感动——结构和建筑的美达到完全统一的形态，周边环境的做法也都非常有震撼力和感染力。它的地面不是铺砖，全是碎石，和明治神宫①一样，都用了这种很有纪念性的做法。我去了好多次，里里外外地看，学习大师的作品。

戴 您刚才说在那儿印了好多资料，后来带回来了吗？

| **柴** 我们当时吃饭都特别省，主要的花钱地方就是出去考察和拍照，还给家里省出来了"八大件"。第二年春节放了十天假，回来后我带着孩子们到紫竹院②去，拿着相机拍照，过路的人都问，这是哪来的相机？从日本回来的时候，他们日本人看我们，呦！怎么这么多东西？全是一箱箱的资料，复印下来的东西，好几十箱，都是海运回来的。

戴 您在丹下先生那边学到了什么新的设计方法？

| **柴** 咱们国内做设计往往就是画透视图，北京院也有模型组，但在方案推敲中用模型比较少。但是在丹下那儿做所有的项目都要做模型，包括室内设计，而

---

① 明治神宫位于日本东京都涩谷区代代木，是日本神道的重要神社。
② 紫竹院公园位于北京海淀区白石桥附近，首都体育馆西侧。

且是从方案的第一阶段就开始做模型，用聚苯块、白纸板做。比如大谷饭店的大堂，当时那个项目施工图都已经完成了，并且实际也已经在施工了，但是丹下先生从法国回来看到后并不满意，于是就全部拆掉重新设计。设计组日夜奋战，加班加点地用 1：5 的大模型推敲，模仿那种尺度感和氛围。从始至终就是用模型不断地验证，不断地调整。

戴 您之前已经在北京院工作过多年，和在国内相比，在日研修有什么不同？

| **柴** 一个是效率和速度。"文革"后期我回北京院的时候，就是"大锅饭"阶段。我在援外室做扎伊尔人民宫①，方案设计的是两层，"4 条腿"，中间是中轴线。院里原来的老楼里一个大屋子有 30 个建筑师，大家都做这一个项目，每人画一张图，从开始到最后就是这张图，来回地调整，拿刀片在硫酸纸上刮。反正也没有时间限制，大家都非常慢。等到了丹下那儿，项目确定了方案后马上就要做施工图，是一个连贯的过程。特别是在方案阶段，都是大家加班加点设计出来的。

第一天上班时，他们 4 个人在楼下干一个新项目，到了晚上 10 点多，他们都还在加班。我在做另一个项目的施工图，不是特别着急，我就可以先回去休息了。我就用丹下先生给我们买的公交卡去坐公交车，结果下车后找不到路了，绕来绕去好不容易才找到。他们都是在 12 点以后才回来的。我们在那儿基本上没有哪天是不加班的，基本都是在 10 点以后才能回家。如果有的项目比较急，三十几个小时一直在连续干。虽然非常辛苦，但是大家也都没有怨言。

另外，那时候在国内干项目是大家一起完成，不会有个人署名。比如我们曾经在做前三门大街建设的时候，因为工人阶级领导一切，所以最后署名的是工人代表，我们设计者都没有签字。丹下那儿是建筑师私人研究所，一切都是他说了算。技术上由他本人把关，行政上的事儿也都是由他夫人来管，另外还有一个大的行政班子。研究所当时总共有 80 多人，在日本已经是规模很大的了。

---

① 扎伊尔人民宫，建于首都金沙萨市格瓦拉区胜利大街，总用地面积 18hm²，建筑面积近 4 万平方米。主要供国内及国际举行各种会议和群众性活动之用。于 1979 年 5 月竣工。

在去日本之前，国内那时候没有什么像样的项目，基本没有公建项目，后来才有些住宅小区要做。比我资格老的建筑师也都没有工程做。

戴 到丹下先生那儿突然有这么多的项目工作要做，会特别有干劲吧？

柴 那会儿我 38 岁，正是干活的时候。之前我被分配到农场劳动的时候，盖房子、养猪、种菜，种一地麦一地稻……劳动强度很大，非常辛苦。我是学建筑的，会画画，所以布置会场、出板报，也全都交给我干了。正赶上三十八军要搞造纸厂和机械厂，我就被调去，建筑设计只有我一个人，从总平面到工艺全负责，还有另外一个人做结构，这是很考验人的。我们做完后，甲方不放心，把图拿到泰州市建筑设计院去问，人家一看就说，这画得太细了，我们都画不了那么细。我记得我连门窗节点大样都画了。主要还是因为我在清华学的基本功、施工图这些知识还是很扎实的，独立做一个项目没问题。等 1974 年到了北京院，我也还是个小年轻，所以也是抢着干活。

戴 回到北京院后，您一直在援外室工作？

柴 当时的领导看我能力还行，1976 年初要做扎伊尔体育馆，派去考察的团队 12 个人各专业都有，建筑只派了我一个人。白天我跟着去开会，或者跟对方研究方案，晚上画图。基本上在那儿几个月就把初步设计都做完了。回来画施工图还是由我来主持。施工图都画完了，先道队也都派去要施工了，扎伊尔爆发内乱，非常遗憾，这个项目就撤回来了。过了几年后又重新招标，最后不是我们院做的，当时的方案没有实现。

加蓬国民议会大厦①，本来是总统夫人的项目，要做妇女之家，后来改成了劳动部党部的大楼，最后又改成了国会大厦。每一次变动都和政治相关，我们就得跟着变。孟加拉国际会议中心②换了两次地方。缅甸国际会议中心的初步

---

① 加蓬国民议会大厦，位于加蓬共和国首都利伯维尔市邦戈大道。1999 年 12 月 12 日竣工。
② 孟加拉国际会议中心，位于孟加拉国达卡市，2001 年竣工。

设计都已经做完了，但首都从仰光迁到了内比都，我们又得重新选址、重新设计。所以每一个援外项目我都得去现场好几次，而且不是一次就能成的。

但是援外项目有个什么好处呢？一旦定了以后，建筑师说了算，没有甲方干预。甲方是商务部，并不懂建筑专业上的问题，只定基本的造价。我记得当时孟加拉国际会议中心是以低价招标，选了报价最低的那家，当时我也去参加了评标。中标单位拿到标后就说要他们说了算，但商务部坚持说"这个项目没有柴总签字，一律都不行"，真正是"建筑师负责制"。

戴　建筑师负责制能得到贯彻真是很难。

| **柴**　对，很难。20 世纪 80 年代末至 90 年代初那会儿还没有设计费，甲方对建筑师还是很尊重的，我比较幸运，所做的项目基本上都是甲方委托，把几个方案报到规划局选一个出来，不像现在招标投标反复折腾，完全是甲方的市场，建筑师没有发言权。我们当时也没考虑设计费什么的，只是想要实现建筑的最佳状态。就连项目所用的材料我都是反复推敲的，既要省钱又要提高质量。后来计

加蓬国民议会大厦

孟加拉国际会议中心

算了孟加拉国际会议中心的造价，本来预计是要 2 亿元人民币才能完成，但施工单位是以 1900 万元中的标。我们把底层设计提高档次改为大理石广场，对于面积很大的二层，则尽量节约成本。原来设计地面铺装要用美水水磨石，比较贵，而且施工速度慢。通过到当地的厂家调研，我发现有杂色的、橙色的、灰色的、黑色的各种霹雳砖，非常好看，于是我就改用霹雳砖的废料来做，节省造价。最终的效果不错，施工也快多了。这是我们建筑师以主观能动性处理的结果。

既要考虑经济性，用普通的材料，不一定非要用大理石、大面积玻璃幕墙，但也得做出好的效果来，这是建筑师的职责。

戴 在做这些援外项目的时候，在地域性的表达方面您有怎样的考虑？

｜柴 比如说孟加拉国际会议中心，这个项目我们当时做了 3 个方案，最后选出的这个方案更有整体性。开始我们是按 3 万平方米做的，后来调整成 2 万平方米。从调整方案到施工图再到盯工地，我都是亲自在做。期间我去了 4 次孟加拉国跟对方协调，包括所用的材料、生态节能这些方面都有考虑。绿色建筑、生态建设这些概念在那个年代还没有被提出，我们那会儿看到过杨经文①做过的那些节能建筑，逐渐有了绿色节能的意识。

孟加拉国这个国家太穷了，如果说你给他设计一个挺现代的东西，可是那边连电都用不起，所以就得想办法节能，尽量少用空调，多用自然风。另外在十几年的援外工程中，很多建筑都会漏水，总是需要返修，商务部也很头疼，所以跟我们说，你们一定要把漏水的问题解决了。所以我们想，一个是通风，一个是防雨，要解决这两个问题，我们就在两个体块的中间加了一个大的钢屋顶。另外西向的墙体全都是封实的。本来我们还做了些水池降温，结果在第一次施工结束后，我趁参加亚太建筑师交流会的机会去看，院子里种的椰子树好多都

---

① 杨经文（Kenneth King Mun YEANG，1948—），男，出生于马来西亚槟城，1975 年毕业于英国剑桥大学沃尔夫森学院建筑系，获博士学位。国际著名建筑师、生态环境学家和社会活动家，是生态建筑的倡导者和生态建筑理论的创立者。2016 梁思成建筑奖获得者。

缅甸会展中心

枯了，池子里的水全干了，就是因为没钱供电养护。

后来我们再做缅甸国际会议中心①的时候——缅甸方看了孟加拉国际会议中心这个项目觉得特别好，指明让我们来做，商务部也就不设投标，直接委托我们做这个3万平方米的建筑。缅甸方首先就提出来，少做水池。这些都是穷国家，一定要考虑生态节能，雨水收集。

戴　不同国家的建筑文化表达不同，比如孟加拉国际会议中心里用的拱元素。这是他们提出要求必须要这样做的，还是您自觉设计的？

|柴　我们在设计之前会找资料，看他们国家都有哪些建筑艺术文化。孟加拉国是南亚伊斯兰国家，有很多独特的符号，比如拱券、花格图案，我们在设计里就把这些做法考虑进去。

包括材料的运用，原来做的援外项目，会堂等建筑不常用，有的时候半年都空着，有些壁纸、锦缎因为潮湿都发霉了。所以我们就把霹雳砖从外一直贴到里面，比如800人的宴会厅内外墙面都是，在上面做了一些铁格花艺，只在主席台局部用了大理石。

---

① 缅甸国际会议中心，位于缅甸新首都内比都。项目总建筑面积约3万平方米，2008年竣工。

柴装义在中国国际展览中心前留影

戴 您回国后所做的第一个项目就是国际展览中心。我们了解到此建筑的造价才 400 元 /m²，控制造价是规定还是设计中的自觉？对于材料您当时是如何选择的？

柴 在我从日本回国之前，当时的周治良 [①] 院长就跟我说，你回去马上就去国际展览中心这个项目上做。因为当时亚太博览会是第一次在咱们国家举办，但北京展览馆这类建筑都是小空间小柱网，不适合举办这种大型的商业展览，非常紧急。所以我从日本回来后，只休息了 10 天就开始做方案，十来天就做了 3 个方案，跟院里汇报后，确定了其中的一个方案，然后就开始做初步设计。因为时间紧，这个项目是倒排周期的，确定什么时候开会，什么时候出设计图，什么时候完成施工，以确保最后能在会上亮相。规划局说我们这个项目没经过审批，周总说总图不是批了么？就这样这个项目很快就完成了，没受到什么干扰。

我们当时跟甲方反复强调，这个项目的造价不光是用在那 2.5 万平方米的建筑，而是整个 15hm² 的地上，还有一大堆的配套设施。后来甲方同意造价最多 1000 万元，因为超过 1000 万元的项目就需要国务院总理亲自批复了。我们当时坚持结构要简单，材料要常规，所以最后就是现浇混凝土结构，四角锥钢网架。外墙就是在加气板外抹灰后喷丙烯酸涂料——这也是我们国家第一次在

① 周治良（1925—2016），1949 年于北洋大学建筑系毕业。北京市建筑设计研究院股份有限公司原副院长、顾问总建筑师。

建筑中用丙烯酸涂料。当时我在日本看到很多的建筑都用它，并不是用在档次高的建筑中。这种材料就是喷出来的塑料漆，在上面可以压出花来。当时进口丙烯酸涂料的造价是 20 元 /m^2 左右，但室内涂料才 2.8 元 /m^2，便宜得多。临从日本回来的时候，我搜集了很多厂家的样板，留下了联系电话，做这个项目的时候我就和他们联系，用上了丙烯酸涂料。当时的施工单位都没用过这种材料，不知道怎么干，也不肯干，最后只能由我来翻译，把整个施工流程、材料说明由日文翻译成中文，交给他们去施工。最后甲方看我实在太辛苦了，奖励我 50 块钱（笑）。那个年代，大家不会去计较哪些是分内的，只要需要就去做。

当时东三环路刚修好，周边全是稻田。做这个方案最省钱的办法就是重复形式，按照 9m 的模数，做 4 个 63m×63m 的大方块，中间保证 13m 的防火间距。使它成为一体，形成有起伏高低变化的群组。

另外就是以建筑雕塑的办法来设计白色的墙体、门头等。当时咱们连面砖都用不起，更不用说大理石这些材料，最省钱的办法就是用光影来创造，这也是这个项目能够打动很多人的原因。墙的凸出凹进全都是和结构自然天成的——外柱网缩进 1/4 跨，也就是 2.25m，上面的实墙体都是挑出来的。

当时没有人看好这个项目，都觉得像一个厂房。但是我在日本的时候曾经到晴海去看过国际展览中心，基本上也是以实的体块为主，不做外表皮的雕饰。

戴 20 世纪 80 年代的时候，正逢各种"主义"涌入，又有"夺回古都风貌"的政策，那您在做设计时，如何抵抗"大屋顶"的运用？在日研修的经历是否为您提供了设计现代建筑的启发？

| **柴** 在大搞"复古风"的时候，我们院专门有一个"帽子小组"。因为当时像北京站做了多少轮方案就是通不过，只能"戴上帽子"。日本其实也有过"帝国风"那么一段，但是日本的建筑师西化以后就不走这条路了，不再直白地加大屋顶，转而以其他方式结合日本的民族特色和文脉。其实梁先生也不主张在建筑上到处都用大屋顶，虽然他是研究古建筑的。

建材经贸大厦模型

当时规划局打电话问我，建材经贸大厦能不能考虑"戴个帽子"？我说这个项目开工的时候市领导参加了，赞成我们的方案，没有提出要加大屋顶。后来也就不提了。

建材经贸大厦这个项目是分两期做的，第一期是要和亚运项目同时进行，所以我们先做展览那部分，这个大展厅的位置是在建材总局的材料堆场，是一个下坎，有一条铁道，长度大、宽度窄；第二期是高层的办公楼和酒店。

我们当时做了好几个方案，我实事求是地说，我是受了矶崎新的一个项目的影响。看到杂志上的那个建筑的形状就是扁的、弧形的，非常流畅。我们面对的这个地段也是狭长的地段，正好把建筑一字排开，把高的搁在一端，展馆的那部分就可以做成弧形的。做成弧形有没有道理？要满足2万多平方米的面积，就得在并不是很大的空间里塞满展台，所以三层的展厅一点点往上缩，符合下面多上面少的人流量，满足建筑功能。所以就做成了最终的造型和结构一体的建筑，也没有多夸张，但还是能给人留下深刻的印象。当时规划局审的时候，

北京市检察院办公楼

时任规划局处长单霁翔[1]说，这个建筑也像个火车站。

我们在设计当中也考虑建筑和城市的融合。比如说在做北京市检察院办公楼时，其实某单位原有方案的施工图都已经做完了，但是在规划局那边审查总是通不过，所以规划局就让我们北京院和建设部院又做了两个方案。当时限定这个建筑不能超过9层，我们考虑它旁边是广电大楼，也没必要跟它比高，就设计成5层，能够把电梯省了。基地地形狭长，我们做了一个方块城堡式的建筑，运用了一些雕塑的手法，在东西向开大门洞，减少体量和面积。把会议厅、餐厅等一字形排开，让它们在体量上压得住，不是非要做得高。

---

① 单霁翔（1954—），江苏江宁人。高级建筑师，注册城市规划师。2012年1月，任故宫博物院院长。第十届、第十一届、第十二届全国政协委员，中国文物学会会长。毕业于清华大学建筑学院城市规划与设计专业，获工学博士学位。被聘为北京大学、清华大学等高等院校兼职教授、博士生导师。2005年3月，获美国规划协会"规划事业杰出人物奖"。2014年9月，获国际文物修护学会"福布斯奖"。出版《文化遗产·思行文丛》等数十部专著，并发表百余篇学术论文。

方圆大厦

再比如说方圆大厦，它旁边的首都体育馆是一个大体块，对面是高层腾达大厦和世纪饭店，东边是法式建筑铸币厂；还有动物园，其中也包含很多的西方古典元素。甲方当时委托我们做这个项目的时候，希望我们做西洋古典风格的，但我们觉得不能完全照抄或者复制古典的东西，建筑师不能走这个路。后来我们做的方案是折中的，主塔是退台式的攒尖塔，底下有个商场做拱廊，后面还有一个住宅，把它们拉成一个整体。实际就是方圆结合的现代建筑，在手法上运用了后现代建筑的方式，用了一些古典的符号。

戴 那您如何看待当时后现代主义影响下的符号化倾向，对您的设计有影响吗？

| **柴** 后现代是一个流派，也是一种做法，它是对现代建筑千篇一律的一种反叛。但是作为建筑师，不能因为无法创作出好的东西，纯粹靠符号去拼贴。

所以我们首先还是要做现代建筑，需要用符号的地方我会去用，但是一定是和建筑的结构、功能和形体结合起来。

李　您完成了一系列大体量的建筑，在长时间的积累当中，您是否形成了自己的一套设计体系？

| 柴　设计确实有一个积累和升华的过程。我在做建筑时是在整体中求变化。我第一次介入国际投资大厦这个项目其实是去做评委，当时境外的、中国香港的十几家单位都参加了投标，那块基地也不是很大，但要做15万平方米的建筑，大多方案都是一栋一栋的建筑，在基地中很拥挤，不是一个整体。我们的方案是沿着二环路做了4栋板楼连成一体，中间高两边低，形成了建筑自己的轴线，让它有足够的体量。当时西二环这条街上没有几栋特别耐看的建筑，我们的建筑建起来以后，大家都比较认可。

我们那个年代，两三万平方米的建筑就已经很大了。但要是说建筑师形成了自己的风格，我觉得还谈不上。我们是国有制单位，会受到体制的影响，也会受到甲方等各方面的制约，很难形成建筑师自己的风格，但是我会努力达到自己做设计的理想水平。

国际投资大厦

注：未标明来源的图片均为受访者提供。

鲍家声先生谈美国访学经历及归国教育改革

受访者简介

鲍家声（1935—）

男，出生于安徽池州。1954 年高中毕业于安徽省贵池中学，同年考入南京工学院建筑工程系，1959 年毕业并留校任教。1981 年公派赴美国麻省理工学院（Massachusetts Institute of Technology，简称 MIT）做访问学者，为期一年，按时回国。1983 年任建筑系民用建筑设计教研室主任。1985—1992 年任两届东南大学建筑系系主任，1993 年创建东南大学开放建筑研究发展中心。2000 年创办南京大学建筑学科，曾任南京大学建筑研究所所长、南京大学建筑学院名誉院长，南京大学资深教授、博士生导师。

1989 年先后任全国高等学校建筑学专业学科指导委员会副主任委员和主任委员、全国高等学校建筑学专业教育评估委员会副主任、亚洲建筑师协会教育委员会中国代表、香港中文大学建筑系顾问，英国《Open House》杂志编委，中国《建筑学报》编委，中国建筑学会理事，中国建筑学会人居环境学术委员会委员，建设部 2000 年小康住宅示范工程专家组成员及多届国家自然科学评选专家组成员等职，享受国务院政府特殊津贴的有突出贡献的专家。先后主编出版了《公共建筑设计基础》《图书馆建筑》《城市的形态》《支撑体住宅》《建筑设计教程》《可持续发展的城市与建筑》及《鲍家声文集》等十余本教材及专著。曾担任建筑发展战略研究等数项国家自然科学基金及教育部博士点基金课题，参加了《中国大百科全书建筑卷》及《图书馆建筑规范》等重要书目的撰写。在国内外发表论文近百篇，工程设计及作品近百项。20 世纪 80 年代以来，所倡导的支撑体住宅理论、开放建筑理论及开放图书馆建筑理论等已在国内广泛应用与推广。1984 年在无锡完成的无锡惠峰新村——支撑体住宅实验工程于 1985 年获首届全国优秀住宅创作奖、联合国人居中心尼古利亚国际荣誉奖、联合国技术信息促进系统（TIPS）中国国家分都（设于国家科委）"发明创新科技之星奖"和首届中国建筑教育奖等。

鲍家声受访
图片来源: 作者自摄。

采访者: 戴路、李怡

访谈时间: 2023 年 5 月 4 日

访谈地点: 南京市玄武区长江路德基大厦

整理情况: 2023 年 5 月 20 日整理

审阅情况: 经鲍家声审阅修改, 于 2023 年 9 月 18 日定稿

访谈背景: 为了解改革开放初期公派至美国做访问学者经历, 对鲍家声进行采访, 了解他在美国麻省理工学院的经历, 及对其归国后的建筑教育改革与建筑实践的影响。

戴 您曾于 1981 年作为国家公派访问学者去往美国麻省理工学院访问，当时是如何被选上的？

| 鲍 我是单位选派的，而且我根本没有思想准备。因为在这以前，1980 年我正参加南京金陵饭店的设计。这是咱们国家第一批引进侨外资的旅游饭店[①]。方案由香港巴马丹拿事务所[②]设计后，国内组织联合设计组，有十几个人。建筑组由我们南京工学院（现东南大学）的钟训正[③]、徐敦源[④]、高民权[⑤]和我共 4 位老师组成，水电结构组是江苏省建筑设计院派人员去的。我到香港工作了

① 经国务院批准的第一批引进侨外资的旅游饭店有：北京建国饭店、北京长城饭店、广州白天鹅宾馆、上海华亭宾馆、上海虹桥宾馆、南京金陵饭店 6 座。

② 巴马丹拿集团始于 1868 年，由英国建筑师威廉·萨尔维（William Salway）在香港创立，是东南亚历史最悠久、规模最庞大的建筑设计事务所及设计咨询公司，集团总部在香港。在中国完成的主要作品包括：上海汇丰银行大楼、外滩中国银行大楼、南京中央大学大礼堂等，南京金陵饭店是改革开放后巴马丹拿在中国大陆后负责设计的第一个项目。

③ 钟训正（1929—2023），出生于湖南武冈，建筑学家，中国工程院院士，东南大学建筑学院教授、博士生导师。1952 年毕业于南京大学，毕业后分配到湖南大学任教，1953 年调整至武汉大学水利学院任教，1954 年于南京工学院任教，1985 年 1 月担任南京工学院教授，1997 年当选为中国工程院院士，2010 年获得第四届中国建筑学会建筑教育特别奖。1958 年与北京工业建筑设计院合作设计北京火车站，他所作的综合方案（造型），以及 20 世纪 60 年代所设计的南京长江大桥桥头堡，均是周恩来总理选定后实施建成的。80 年代以后，他主持方案设计并与孙钟阳、王文卿（正阳卿小组）合作完成项目所取得的成果有：无锡太湖饭店新楼获国家教委一等奖、国家建设部优秀设计二等奖、国际建协第二十届世界建筑大会"当代中国建筑艺术创作成就奖"；兰州甘肃画院和海南三亚金陵度假村获国家教委二等奖；另外，杭州胡庆余堂保继旅游中心设计获竞赛第一名。

④ 徐敦源（1934—2022），上海人，1951 年 9 月至 1952 年 9 月在南京大学建筑系学习，1952 年 9 月至 1955 年 9 月在南京工学院建筑系继续完成学业，毕业后留校任教。编写教材 8 本，完成了各种类型一百多项建筑工程及方案设计，其中多项荣获部省级优秀设计奖及设计竞赛一、二等奖。著有《国外铁路旅客站》《旅馆设计规划及经营》《现代城镇住宅图集》等多部专著或资料集，发表论文 10 余篇。80 年代中期起兼任南京市建筑艺术咨询委员会委员，1996 年起受聘兼任江苏省政府参事。

⑤ 高民权（1934—），男，美国籍，江苏中大建筑工程设计有限公司总建筑师、中华人民共和国外国专家局专家、美国建筑师学会副会员、全国注册建筑师考试委员会专家、东南大学建筑学教授、国家一级注册建筑师、东南大学建筑设计研究院顾问总建筑师。先后主持设计了大量公共建筑及居住建筑，如南京金陵饭店、上海中央大厦、南京师范大学仙林校区全部建筑、南京国际展览中心、南京地铁大厦、南京全民健身中心、吴健雄纪念馆、美国俾士麦教堂、美国明尼苏达州摩海州立大学商学院等。

南京金陵饭店国内联合设计组成员合影

近3个月，所以我没想到我会被选去出国。

金陵饭店的建筑设计方案是对方在香港做的，设计了37层。我们研究了方案后提了一些问题，比如总体布置的问题，饭店选址在南京市中心新街口的西北角，而游泳池就设在了新街口十字路口转折的地方，我们觉得这太不合适了，建成之后容易引起围观，阻碍交通；还有个是裙楼和塔楼的位置，他们把裙楼放在西边，把高层放在东面，太靠近新街口十字路口，而且基地下的岩石层西高东低，桩要打得很深，依然有滑坡的隐患，我们觉得这不大合适。当时还提了其他几个意见，但主持这项工程的市领导说："这是外国人设计的，不能动。"后来我们就请外国人到南京来实地考察，当面进行交流，交换了意见后，他们认为我们提的意见是客观的，就全部接受了我们的意见，调整了方案，将裙楼与塔楼互换了位置，并按此意见建成。

1980年的下半年，大概10—12月我们去了香港，春节以前回来的。当时杨廷宝先生和童寯先生似乎都觉得设计成37层有点高了，我就想是否能改低一点。后来我们在香港调查后发现，宾馆标准层设24～28个客房是比较经济的，但当时的方案标准层设计了24个房间。因此我提出能不能标准层设

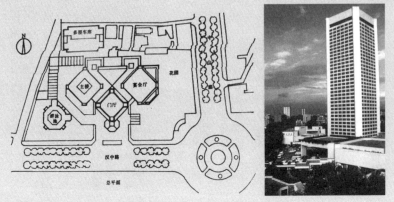

按照意见修改游泳池位置后的南京金陵饭店总平面图（左图）及建成后的外貌（右图）

28 个房间，并画好了方案，这样便能使层数减少 5 层。当时国家建委设计局和江苏省建委都派了一位处长参加联合设计组，跟着我们一起去的，他们很赞成我这个想法和设计方案。回国汇报时，国家建委设计局的那位处长就把我画的修改图纸直接带到北京去了，他向国家建委领导汇报，他们都同意了我的方案。

后来初步设计方案审查的时候，国家建委特地派了设计局龚德顺[①]局长来南

① 龚德顺（1923—2007），北京人，1945 年 6 月毕业于天津工商学院建筑系。1949 年 2 月起，先后在华北公路运输总局建筑公司、中央设计公司、中央建筑工程部设计院、北京工业建筑设计院等单位工作，1978 年任中国建筑工程总局副总建筑师，1982—1985 年任城乡建设环境保护部设计局局长，1983 年任第六届中国建筑学会秘书长，1989—1993 年任建筑师学会会长，1987—1993 年任建设部建筑设计院中港合资企业—华森建筑与工程设计顾问有限公司董事、总经理、总建筑师，后任建设部建筑设计院高级顾问。历任北京市政府二、三、四、五、六届专业顾问。1989 年被授予中华人民共和国建筑"设计大师"称号，1992 年 10 月受到中华人民共和国国务院表彰"为发展我国工程技术事业作出突出贡献"。负责设计的工程项目达 60 余万平方米，主要设计项目有建筑工程部办公楼、甘孜飞机场、人民日报印刷厂等，援助蒙古人民共和国的项目有百货大楼、乔巴山国际宾馆等。出版《中国现代建筑史纲》《大百科全书建筑设计卷》《现代建筑室内设计》等，编译《约翰·波特曼的建筑设计与事业》等。

京参加方案审查会，表明国家建委同意 32 层的方案的意见，但地方领导未接受，并对联合设计组不满，会后还为联合设计组办了学习班，名义上是要总结一下前期的工作，实际上就是查降层数这个方案到底是怎么出来的。当时我就讲这个方案是我从专业角度分析后自己想的。第二次要再去香港的时候，我就被除名了。我们学校知道此事后，学校党委不同意，就对他们说："若不让鲍家声去了，其他 3 位也不去了。"后来我突然接到通知，让我去 MIT。

后来我才知道这是改革开放初期邓小平提出的，要派 5000 名科技人员到国外去学习考察。当时大多数出国人员都是从重点高校选拔派出的，我们南京工学院建筑系派了 5 位，分 2 批。第一批是去 2 年，1981 年上半年出发的；我是第二批，1981 年 12 月 9 日离开南京到上海再到纽约，1982 年 12 月 9 日离开纽约回国，整整一年。我们去的都是比较好的学校，两年期的老师分别去了明尼苏达大学、伊利诺伊大学，一年期的老师去的是哥伦比亚大学、耶鲁大学，我去了 MIT。后来我想，可能当时系里考虑了各个学科的发展，我们这 5 个人分属不同的学科，我和杨永龄[①]是搞设计的，有的是搞建筑物理的，有的是搞建筑历史的。另外就是年龄，我们大部分都是中年，40 多岁。我当时是 46 岁，我们中最大的就是搞历史的刘先觉，50 岁。我想我们这些人在师资力量中都是处于承上启下的阶段。还有就是在政治上业务上我们应该都还是可以的。

我们这 5 个人都是公派，也有自己打报告出去的，但他们是自费。我们公派出去的，国家一年给 4800 美元（每月 400 美元），另外会给我们每人做套西装。那时候都很穷，自己只有中山装穿。

我们出去后都按时回来了，没有留下来的。其实我当时完全可以留下来。

---

① 杨永龄，东南大学资深教授，享受国务院政府特殊津贴。国家一级注册建筑师，美国伊利诺伊大学建筑硕士，曾任东南大学建筑系建筑设计教研室主任、东南大学建筑设计院顾问、东南大学工程设计研究院总建筑师。

鲍家声（左）在 MIT 与同事杨永龄（伊利诺伊大学访问学者）合影

1982 年 9 月，我接到了 MIT 校长办公室给我的一封信，说延长手续已经给我办好了，让我去补办家属迁移到美国的手续。可是当时我自己根本就没有提出过延长的申请。我们都是国家培养的，自己又是共产党员，怎么会留在外面？我就婉言拒绝了，家国情怀我还是有的。当时我在美国参观时，有一次坐 Greyhound（灰狗巴士）从波士顿到纽约，高速公路上看两边风景，一路觉得美国高速公路和两边的景色都很好，我把看到的有趣的建筑快速画下，并在笔记本上写下了一首不像样的打油诗《途中见思》："千里行程绿海洋，

笔记本记录的《途中见思》

片片白宇似涛浪，宛如银带劈绿海，五颜六色闪金光。自然景色幽幽静，奔流交响生气强。异国虽美他人造，我求祖国强于他，千里迢迢独身行，宗旨自为十亿人。""都是人家的，我们要把我们国家建设得比这还要好。"

戴 在出国前您的外语学习是如何完成的？

｜鲍 我中学是学英语的，可以用英文写简单的作文，但到了大学后，因为"一边倒"的政策，我们改学了两年俄文。实际上我俄文学得也不错，老师上课讲的单词，我下课基本上就都记住了。"文革"的时候我还翻译了一本俄文书——《新城市的形成》。

当时南京工学院是全国第一个5年制的建筑学专业，我赶上了第一批，在三、四年级时有选修课，我选修了英语。我们建筑系有位张其师教授，1956年从美国回来，他是国立中央大学校友，他的夫人是美国人，她教英语，我选了她的课。再加上"文革"时我到五七干校的那半年，白天放牛，晚上把牛安排好后，自己再做些翻译，俄语英语都翻。那时我翻译了世界博览会"EXPO"从1851年第一届英国海德公园世界博览会一直到1958年布鲁塞尔第二十一届世界博览会的有关文献资料。因为我的毕业设计和毕业论文做

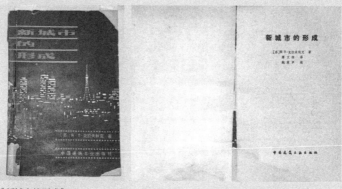

《新城市的形成》

录音机

的就是博物馆建筑，所以就很关注它。我当时就感慨，总有一天世界博览会会在我们中国举办。

真正为了出国学英语，我参加了学校举办的培训班，听了不到一个月的课，就出国了。出去以后，我感觉自己语言掌握得还不是很好，所以在 MIT，我就经常到学校的语音实验室，戴上耳机听，慢慢训练自己。为了提高听说水平，我还特地买了一部录音机，不过在与美国人交流时，美国人倒鼓励我，总是说"You speak English is better than I speak Chinese！"这样，我也就更大胆地说了。

戴　您刚才提到的翻译世博的资料，是学校里的还是通过其他方式获得的？

|鲍　我们南工建筑系图书馆当时订了一些国外的杂志，有一二十种。

戴　您到美国后，有怎样的感触？

|鲍　到了美国，我们先在中国驻纽约领事馆待了两天，他们安排了接待组。到了美国，我一看，的确是先进发达，很热闹——高楼、地铁，家家都有电话、彩电、汽车。在国内的时候，我们打个电话都需要去公共电话亭，离家好远，

一个街道上可能只有一个站点，电话打来还得有人到家里去喊你来接，要发电报还得去电报大楼。那时候家里有个电风扇就不得了了，哪里还有空调，去了之后有些东西都不会用。

第二天我们集体上街，我就去买了一台照相机。当时南工建筑系只有摄影室里有照相机。我走的时候杨廷宝先生见到我就对我说，小鲍你马上要到美国去了，机会难得，你要多看看，多参观，多拍点照片。那时，一般人都还没有照相机，所以我一定要买一台照相机，最后我买了一台尼康E，200美元。到了波士顿又花了10美元买了一辆二手自行车，骑车出去拍照。这样我半个月的生活费就没了。当时国家给的是每月400美元，一年共4800美元，还要拿出200美元交到大使馆作医保，供自己支配的只有4600美元。一卷胶卷十几块钱，只能拍36张，再冲洗一下也要几块钱。我希望多拍点照片，生活费就尽量节俭。到纽约我曾经到世界贸易中心最上面往下看，也用照相机拍了照，还是蛮感慨的，"9·11事件"后，这些照片也就成了历史资料了。后来我又买了录音机、打字机，都是为学习和工作所需。那时，国家规定出国回来可带"八大件"，所以，有的人出去就要留钱买"八大件"，但是我就想多买点胶卷多拍点照片。

在美国所见所闻，对美国人的生活也有所了解，美国虽然很先进，经济发达，但贫富差距对我的冲击还是很大的。晚上屋檐下面有无家可归的流浪汉就睡在人行道上。当时中国在美国的留学生还不多，我们都是两个人或几个人成群结队地一起出去考察。MIT附近有很多穷人住着，晚上的时候中国留学生在那一带很容易出事，我经历过的就有五六次。有一次我从住的地方到MIT办公室，路上大概只需要30分钟，结果我发现后面跟着一个黑人，我转弯他也跟着我转弯，直到一个路口我远远地看到有一位看上去像中国人，但我确实不认识，我用中文喊了一声，他在那边回应了我，跟着我的那个黑人以为我找到熟人了，赶快跑了；还有一次，我们同批去的南工的一位老师，当时在美国塔芙茨大学（Tufts University）做访问学者，他来我的住处一起吃完饭后——当时菜刀都是我们自己带的——我送他到他的住所等他进了电梯，几个坐在台阶上跟他热情打招呼的黑人，也进了电梯，结果关门后就掐住这个老师的脖子，"Money! Money!"当时，按大使馆的要求，身上都放 20 美元作为救命钱。这几个黑人就拿了这 20 美元，踢了我同事一脚，门一开就跑了；还有一次，一位中国人骑着自行车，把手提包夹在自行车后座上，通过十字路口时，一个黑人跑来就把他的包抢走了……

当时，住在 MIT 校本部附近的中国访问学者，晚上组织轮班站岗，守护晚上回宿舍的同事，手上拿着一根长棍，以确保安全。

在国外看到新鲜的东西，我还是很敏感的。我在 MIT，认识一位加拿大的教授，他有个笔记本电脑，他教我们怎么用计算机画图，当时就用他的软件教我们简单地画平面和立面图。我当时跟其他的访问学者聊，计算机今后会有大的发展。回来以后我向系里学生做的第一次汇报讲座就是关于未来计算机在建筑设计中的应用。1985 年学校要我做建筑系主任时，我就积极要筹建计算机实验室。当时世界银行可以贷款，我们就积极申报，最终获批，并得到 46 万美元的资助，我们争取到了建立国内建筑院校的第一个 CAD 实验室。

戴 您在访问期间进行了哪些工作？

| **鲍** 我在 MIT 主要干了这几件事情。一个是随班听课，主要是听本科课，因为我们南工那时候还没招研究生，全是本科教育。当时我听了《总体设计》这门课，他们非常强调总体的概念和环境的概念，而我们国内只教建筑单体怎么设计，没有讲总体设计的理论课。第二个听的是技术课，即装配式建筑，包括材料、构造、经济、施工等，我想这个也是之后发展的一个方向。第三个是参与三年级的一个设计课。另外我还听了一门研究生的选修课，就是关于 SAR[①] 支

---

① SAR 体系住宅是 Stichting Architeten Research 的缩写，住宅设计和建筑设计分为两部分——支撑体和填充体，并对此提出了一整套理论和方法。住宅的支撑体即骨架也称不变体，可容纳面宽和面积各不相同的套型单元，并在相邻单元之间的骨架墙上适当位置预留洞口，作为彼此空间调剂的手段。填充体为隔墙、设备、装修、按模数设计的通用构件和部件，均可拆装。

撑体。这是 Habraken[①] 在 20 世纪 60 年代创立的，他提出的这个概念的影响比较大，所以 MIT 就请他去当系主任，后来他成了 MIT 的终身教授。他的文章我在 1974 年就看到过，觉得这个想法不错，后来到了 MIT，我就直接去找他了，听他的课。

为什么 Habraken 提出了这个概念？是因为第二次世界大战欧洲城市遭到严重破坏，战后城市复兴，采用快速工业化标准化方法建设住宅，建设后所有的住宅都一样，千篇一律。此时，人们就普遍认为这二者是因果关系，这也是绝大多数专业人士的意见，而 Habraken 等少数专家认为，大量新住宅今后仍要采用工业化、标准化方法建造，而造成千篇一律的主要原因在于住宅整个建设的过程中，使用者被排除在外，无论是策划、设计、施工、建造，几乎都不参与，使住宅不能满足个性化的要求。因此他提出要创造一个能够让住户可参与设计的住宅设计理论方法和设计模式，让住户能参与设计自己的家。

听此课后，我很感兴趣，于是就利用课下的时间把 Habraken 在这方面发表的文章找来翻译，做了比较详细的研究，并与他进行了多次交流，谈了一些我的想法。最后我用英文写了两篇文章，一篇是 *Some Thoughts on the Application of SAR in China*，另一篇是 *New Philosophy and New Method in the Process of Mass-Housing-Introductory Theory and Method on the Support of the SAR*。

我写完那两篇英文文章后，请一位美籍波兰的朋友帮我看，他和我年龄差不多，人很好。那时候我也不会打印，都是手写的。后来我又约了 Habraken，把这两篇文章给他看，他看了以后非常欣赏，并写了评语，建议第一篇在国外发表，

---

① N. 约翰·哈布瑞肯（N.John Habraken），荷兰建筑师和教育家。他曾担任 SAR 基金会创始董事，埃因霍温科技大学建筑与城市设计系的创始人，麻省理工学院建筑学系教授兼系主任，现任名誉教授。曾斩获众多建筑奖项。著作包括《骨架：大量性住宅的选择》《普通建筑结构：建成环境中的形式和控制》《帕拉第奥之作》等。他还与他人合著了《变化：支撑体的系统设计》一书。

SAR 英译中原稿

Some Thoughts on the Application of SAR in China 英文原稿

New Philosophy and New Method in the Process of Mass-Housing-Introductory Theory and Method on the Support of the SAR 英文原稿

第二篇在国内发表。但是我怕在国外发表还要交费，我又没钱，但他说这个你就不要管了。结束在美学习工作后，我的第一篇文章就在 1984 年第 9 卷第 1 期 *Open House International* 上发表了，与此同时，英国该杂志还邀请我做编委。第二篇后来在《建筑师》上发表，体现了新的理念。

Habraken 写的评语

Open House International 杂志

戴 您回国后依照 SAR 理论设计了无锡支撑体住宅项目。

| 鲍 我当时觉得这个理论非常好，方法也是可行的，它和中国的传统建筑一脉相承，非常有生命力。SAR 理论把住宅分为支撑体和可分体两部分。支撑体是建筑的支撑结构，由专家设计；可分体是里面的隔墙、门窗及装修等，可以让使用者来设计，采用什么材料，什么颜色，放在哪里，都可按照个人的需要来设计，而且是可变的。再加上当时国家要改革住宅建设制度，原来的福利房变成商品房，福利房是国家包投资、包设计、包建造、包分配，但商品房就有商品的属性了，需要有让人们挑选的余地，不能是一样的。这样的大形势下，需要有新的设计模式。1983 年我出差到北京，看到《北京晚报》有篇文章《投资三百亿，群众不满意》，因为建设的住宅楼所有的房子都一样，不能满足个性化要求。我看后很感慨，这也促使我下决心搞支撑体住宅，让这个概念在中国落地。回国后，我就开始构思做方案设计，完成后，我带着文章、设计方案和建筑模型向有关部门游说。首先拜访了南京市有关部门领导，后来

无锡支撑体住宅试验工程设计模型

还拜访了江苏省住建厅领导。当时江苏省建设厅有5位正副厅长，我逐一拜访，直到最后，得到了一位主管副厅长和省房管局局长的认可和支持，与无锡市房管局合作。他们在无锡提供了一块地，0.85hm²，用于支撑体住宅实验工程。我们认真并很快完成了施工图设计，不久就开工了。每个礼拜六上完课后我就到无锡的工地去，周日晚上回来，第二天再上课。在工地上我还跌过一跤，把眼睛磕破了。

1984年，北京市召开了中法社会住宅学术讨论会[①]，主办方邀请我参加，大会规定每个人发言15～20分钟。清华大学的吕俊华[②]老师主推的是四层台阶式花园住宅，我介绍的就是支撑体住宅。当时的场景我到现在都还很难忘——

———————————————

① 中法社会住宅学术讨论会由中国建筑技术发展中心和法国建筑学研究院共同举办，于1984年11月在北京召开，92名中方代表以及18名法国建筑专家参加。会议由中法双方宣读了19篇论文（中方12篇，法方7篇），主要交流和讨论了两国在住宅建筑方面的经验。

② 吕俊华（1932—2021），出生于江西九江，祖籍浙江嵊县。1950年毕业于上海进德女中并考入南京工学院建筑系学习，1953年毕业后考入清华大学建筑系，攻读城市规划方向的研究生，1956年毕业后在清华大学建筑系留校任教，至1999年10月退休。主持编写的中英文专著《中国现代城市住宅（Modern Urban Housing in China）》，系统总结了中国现代住宅的发展历程，是全球范围内研究中国现代城市居住问题最重要的文献之一；主持设计的"台阶式花园住宅"，创造性地探索了住宅设计标准化与多样化的有机统一，获得中国建筑学会新中国成立60周年建筑创作大奖等重要国家奖项；作为城乡建设环境保护部聘请的专家，参加国家城市住宅小区建设试点、国家小康住宅示范工程的政策研究和项目评审；主持完成了北京、泉州等地的危旧房改造和城市更新实践；还参与创建了清华大学住宅与社区研究所。

每当我放一张幻灯片，法国代表就全部站起来拍照，后来时间不够了，我问主持人咋办，主持人说没关系，他们都感兴趣，你就继续讲吧。于是我花了40多分钟来讲，会后法国人又都围过来问问题。当时我讲了 SAR 的理论和无锡的实践，结合了中国的现实情况，地方建筑语言，如女儿墙、小青瓦，每家还设有一个露天平台作屋顶花园，满足现代人的生活需求，创造人居自然的居住环境。1987 年，"为无家可归者提供住所国际年"（International Year of Shelter for the Homeless），简称"国际住房年"，南工举办了住房国际学术研讨会，参会 100 多人，外国学者也来了不少，Habraken 也应邀到会。我就带他们去无锡看支撑体住宅，参会后，Habraken 回国后还专门写了一篇评论寄给了我。他对无锡支撑体住宅试验工程给予了充分的肯定，文章说"我非常喜欢这个工程的建筑设计的质量和优美"。几十年来，不断有学者来参观，前年还有日本东京大学的博士生来调研。

我的第二篇文章在 *Open House International* 上发表后，他们每年召开的学术研讨会都会邀请我参加。20 世纪 80 年代末，有一次是在民主德国魏玛德绍的包豪斯学校开会，我们从联邦德国汉堡出发去民主德国柏林，乘火车穿过柏

无锡支撑体住宅试验工程建成后照片

Habraken 参观后写的评语

林墙从联邦德国到民主德国。联邦德国的火车车厢里面干干净净的,人也很少,还有一些包厢,民主德国的火车车厢里则是大包小包挤得满满的。后来大使馆把我送到了包豪斯学校,那次会议有 100 多位参会人员,但只有两位中国人参加,我和前辈冯纪忠先生。当时参加会议的人都住在包豪斯学校学生宿舍,我与冯先生两人合住一个房间。两天的会议是分专题小组讨论。有一位老先生看到我的研究报告资料后说,内容很好,建议在大会上报告。然后他马上就给汉堡大学的教授打电话,说安排中国的 Prof. Bao 明天在大会上作大会主旨发言。后来我了解到,这位老先生是杨廷宝先生当时在美国留学时的同学。第二天晚上我在大会上介绍了 40 多分钟,包括我的设计理念、设计方法、设计方案、建成效果及使用情况等。我当时还是蛮紧张的,因为英语不是特别熟练。但讲完后很多人都围上来了,他们说这个概念是荷兰人搞出来的,但没有想到中国人能应用得这么好,而且这也符合包豪斯的一些思想,也有人说"This is new Bauhaus"。我觉得这个评价很好,德文的 Bauhaus 英文可以写作"Bao House",中文就是"鲍氏房屋"。所以,我的微信名就是"鲍浩思"。后来法国专门派了一位记者到南京来采访,然后我带他去无锡看,他回去以后写了一篇报道,刊登在法国建筑杂志上。印度的一位建筑师了解后,又约我在印度的建筑杂志上发表了一篇文章,介绍此项工程设计。

后来我跟 Habraken 交流的时候说,这个思想不仅可以用在住宅,也适用在任何类型的建筑,因为每一个使用者都希望能在自己理想的建筑环境中生活。

《法国建筑》杂志文章

他也很同意，所以之后"Open House"就拓展成了"Open Building"。

1992 年我不再任系主任后，就成立了东南大学开放建筑研究与发展中心（Center of Open Building Resarch and Development），这是我设立的第一个教授工作室，由我和我的博士研究生一起设计建造而成。之后在我所有设计过的建筑中，都体现 Open Building 的理念，尤其是在图书馆设计中。我的研究生也围绕着这个课题来做研究。我的第一个博士生韩冬青[①]，他的论文题目就是《开放建筑设计理论与方法》。另外还有 3 个博士生写的都是相关的课题。

1992 年提出可持续发展的概念，我认为 Open Building 的理念是完全符合可持续发展思想的，因为它有灵活性，可以调整功能持续使用，且节省能耗，可以不断地更新发展。我花了 3 年时间准备，1995 年给东南大学的研究生开了一门课程"可持续发展的城市与建筑"。

---

① 韩冬青（1963—），东南大学建筑设计研究院有限公司总经理、首席总建筑师，东南大学建筑学院教授、博士生导师。住房和城乡建设部科学技术委员会建筑设计专业委员会委员；中国建筑学会常务理事；中国建筑学会城市设计分会第一届理事会副主任委员；中国建筑学会建筑改造和城市更新专业委员会第一届理事会副主任委员；住房和城乡建设部第七届全国高等学校建筑学专业教育评估委员会副主任委员；《建筑学报》编委会副主任；《建筑师》编委会委员；上海市住房和城乡建设管理委员会科学技术委员会委员；英国皇家建筑师协会会员。2011 年获江苏省人民政府授予"江苏省设计大师"称号，2012 年获评"当代中国百名建筑师"。2018 年获"建筑教育奖"。

可持续发展的城市与建筑

鲍家声 编著

南京大学建筑研究所
2001年

开放建筑工作室成员合影 　　　　　　　　　　　　　《可持续发展的城市与建筑》

纵向来看，我的研究是从开放住宅到开放建筑再到可持续发展建筑；横向来看，改革开放以前我是研究公共建筑的，讲课也讲的是公共建筑设计原理，每种建筑类型我都接触过，医院、体育馆、剧院、电影院、宾馆等。以前甲方直接委托我做的项目，位置在全国最北的是黑龙江省佳木斯大学图书馆，最南的是在深圳，最西的是在云南省玉溪聂耳图书馆。

自从到美国 MIT 做访问学者后，我的研究方向一时有所改变，即从关注公共建筑转向对住宅问题的研究，开启了支撑体住宅的研究。一是因为有了 SAR 的理论，希望引进来进行研究，并在中国实践；二是看到国外大学不少著名教授也都在关注如何去解决社会生活中的实际问题。更重要的是，我国改革开放后，住房制度改革，由福利房制度改为商品房制度，这就要适应商品属

黑龙江省佳木斯大学图书馆

深圳职业技术学院图书馆

鲍家声在云南省玉溪聂耳
图书馆前留影

性的住宅新模式。所以，自回国后，我对住宅的研究一直没有间断，因为人的基本需求就是衣食住行。在吃这方面，袁隆平先生他尽了责任，一辈子都在为解决中国人民"吃"的问题，作出了巨大贡献。住的问题，我想我们建筑师应该有责任来研究，为住户创造好的居住条件，让住户能自己设计自己的家，让住宅更实用，更可持续。为了能解决住有所居的刚性问题，我还对高效空间住宅进行研究，就是如何在 $20 \sim 30m^2$ 的住宅中解决一家人甚至两代人居住的问题。另外，现在我们追求高质量发展，要绿色转型，我想，要建设美丽家园，要真正满足人民的物质生活和精神生活的要求。那么，什么是"美丽"家园？我认为，要有房，要有园。

我希望能创造出一种每家都有小花园，能感受自然的居住环境。我就设想出一种有天有地的天苑式住宅综合体的新模式。目前，正想方设法寻找机会让它落地。

但在学术上，住宅问题并未受到应有的重视，我国的建筑评奖，过去很少有住宅设计获大奖，获奖的绝大多都是重要的大型公共建筑，没有几个设计大师、两院院士因为研究住宅和设计住宅而功成名就，也没有看到有几位大师、院士在专心研究和设计住宅，一些人甚至看不上做住宅设计和研究。

《住有所居 一种适应刚需的集约型
住房设计模式》封面

"居有美居"的住宅新模式——有
天有地的天苑式住宅综合体

戴 您回国后担任了南京工学院建筑系系主任。在 MIT 的经历对您回国后的教学改
革有怎样的指导？

| 鲍 我从MIT 按时回国后，不久，系领导要我出来担任建筑系民用建筑设计教研室
主任，这是南工建筑系最大、最重要的品牌教研室（也叫"111 教研室"，在全
校建筑系是第"1"系，建筑学是第"1"专业，教研组是第"1"教研组），杨廷宝、
童寯先生都在这个教研室，共有30 余人，几乎占了建筑系老师的1/2。在我接
受此任务后，我就想起建筑设计教学中我们与MIT 设计教学的差异，我就想吸
收他们一些好的理念和方法，对我们学校的设计教学进行改革。于是，我就写
了一份《关于建筑设计教学改革的设想及实施意见——1984 年南京工学院建
筑设计教学改革建议书》提交给系领导。20 年后东南大学建筑系领导发现了
这份建议书，觉得仍有意义，就推荐在《新建筑》上发表[1]。

1985 年春节期间，我们的总支书记突然到我家拜年，告诉我学校领导要让我
出任建筑系主任。当时我在思想上是毫无准备的，因为之前都是杨廷宝、
刘敦桢这些老前辈任系主任。我还是个讲师，没有水平担任此职。我就一直推，

---

① 鲍家声.关于建筑设计教学改革的设想及实施意见：1984 年南京工学院建筑设计教学改革
建议书[J].新建筑，2006（3）：110–111.

关于建筑设计教学改革的设想及
实施意见（节选）

但最后领导说，鲍老师你是党员，要服从组织决定。我实在没话说了，只能接受了这个任务。后来，书记又告诉我："去年系里有1%增加工资的名额，经研究这一名额就给你。"我听后说："我很感谢，但现在我不能要。"书记问为什么。我说："若我刚上任系主任就拿这1%，人家会想，一上来就'捞一把'，这多不好！所以我不能要。要我任系主任，我绝不拿这1%，要我拿这1%，我就不当系主任，二者只其一，这是我的态度。"书记说："好，我向校领导汇报一下。"第二天，书记告诉我，系主任必须要当，1%的工资名额就不给我了，但这个名额给谁，就由我这个新上任的系主任决定。最后，我选择给了一位建筑历史教研室的教授，30余年后他去世时，他也不知道这个内幕。

我想既然组织上这么信任我，我不能辜负组织，就要全力以赴。当时实行系主任负责制，让我自己组阁选择副系主任，我想了半天，只请了一位老师。我们校长就问我，别的系都是三四个副系主任，你只选一位，能应付过来吗？我说学校工作最重要的是教学工作，系主任主要管的就是这个，否则就只是行政的主任了。我当时就是一手抓改革，一手促开放，即主管外事和教学，科研、生产我都交给副主任。另外我请了一批秘书，全是年轻人，我有意识地为年轻人搭建平台，借以培养他们。

在教学方面的改革主要有三条线。第一条就是在建筑历史与理论方面，我基本的想法就是不要只讲史，要把"史"和"论"结合起来，要把中国建筑和城市建设规划理念中的原则和思想挖掘出来，用以指导我们当代的规划与设计。历史这个领域的改革主要是交给刚硕士毕业的陈薇①、朱光亚②两人。第二条线是建筑设计，要改变我们传统的建筑设计"只可意会不可言传"的认知，要讲究理性的教学，强调建筑的综合性，强调逻辑思维与方法论。设计的改革我交给了顾大庆③、丁沃沃④等。第三条线是技术，技术的改革交给了结构老师薛永葵、余季森。我们要真正办成建筑学的技术课，而不是土木系的技术课，要真正为建筑设计服务。设计课上，不仅设计老师上堂，结构和建筑物理老

① 陈薇（1961—），毕业于南京工学院（现东南大学），1983年获学士学位，1986年获硕士学位。分别于1988年、1994年、1996年和2002年作为高级访问学者在日本爱知工业大学、澳大利亚墨尔本大学、新南威尔士大学讲学。1997—1998年在瑞士苏黎世联邦理工学院（ETH-Z）作为交流学者学习。现任东南大学建筑学院教授、博士生导师。兼任中国建筑学会建筑史分会理事和学术委员、中国艺术研究院创作委员、中国建筑学会会员、东南大学教学委员会委员、《华中建筑》和《东南大学学报》杂志编委等职。1992年获国务院政府特殊津贴。1986年工作以来，先后获省部级一、二、三等奖8项；省级表彰4次。1997年被遴选为"江苏333跨世纪学术、技术带头人"。2000年获"江苏省普通高等学校新世纪学术带头人"人选。研究方向为建筑历史与理论。
② 朱光亚（1942—），于天津大学获学士学位，于东南大学获硕士学位，1990—1992年赴加拿大多伦多大学访问。现为东南大学建筑学院教授、博士生导师、国家文物局专家组成员、住房和城乡建设部专家委员会成员、中国大运河遗产保护规划江苏省段负责人，享受国务院政府特殊津贴。
③ 顾大庆（1957—），毕业于南京工学院（现东南大学），1978年获学士学位，1985年获硕士学位，后留校任教，1987年赴苏黎世联邦理工学院进修，于1994年获博士学位。1994—2019年在香港中文大学建筑学院任教，现为荣休教授。2019年8月起任东南大学建筑学院特聘教授。著有《设计与视知觉》《建筑设计入门》《空间、建构与设计》等教学专著以及各种有关建筑教育和设计理论与方法的学术论文。
④ 丁沃沃（1956—），南京工学院（现东南大学）学士、硕士，并留校任教，后任东南大学建筑系教授。瑞士苏黎世联邦理工学院（ETH-Z）建筑系任客座助理教授，先后获Nachdiplom学位和工学博士学位。2000年任南京大学建筑研究所教授、副所长，两任南京大学建筑学院院长，2011—2017年任南京大学建筑与城市规划学院院长。现为南京大学建筑与城市规划学院教授、学术委员会主任委员、博士生导师。主要从事建筑设计方法论、城市形态学理论、城市形态与城市物理环境的关联性问题等领域的研究。主要兼任中国城市科学会中国名城委员会城市设计学部主任委员、中国美术家协会建筑艺术委员会委员、中国建筑学会理事、中国建筑学会城市设计分会副主任委员、中国建筑学会环境行为学术委员会副理事长、中国建筑学会建筑评论学术委员会常务理事、江苏省土木建筑学会城市设计专业委员会主任委员。

师有时也要上堂指导。这两条线的改革我都让年轻人去推进，因为未来还是年轻人的。

讲实在话，去 MIT 对我之后的教学改革影响还是很大的。当年，我在 MIT 参与了三年级的建筑设计课，题目是让学生在城市里的几块地中自己选择，看在这块地上盖什么东西比较好。比如说要建个餐馆，需要把它设计出来，而且能够让它建起来。从可行性研究到最后设计，整个全过程的问题都要学生自己考虑。这个过程其实包括了对学生思维及工作方法的训练，需要每位学生去现场进行社会调查，到有关部门收集资料，开展访谈活动，在调研和交流中锻炼他们的创新思维能力、分析能力及实际的工作能力。其中有一个学生，他说调查后发现这块地周边各类生活服务设施都有了，不需要再建任何建筑，认为做一个公园休闲地最好。他完成了一份调查及可行性报告，并有一个休闲的设计方案，最后也通过了。我觉得我们国内的大学教育有些刻板，设计题目中对建多少面积，多少个房间，都已经有了具体的要求。虽然二年级做俱乐部、三年级做宾馆、四年级做剧院的设计题目，但设计的程序是差不多的。

另外让我难忘的是，在 MIT 时，一次建筑教学交流会上，大约有 20 人参会，分别来自美国、日本、韩国、加拿大等地。我介绍了南工建筑设计课教学的情况，并把南工学生的作业做成幻灯片展示，从一年级的作业到毕业设计都有。看了我介绍的设计后，大家都说，感觉我们的学生只是在设计一栋房子，有的时候地形都没有，没有对环境进行设计；第二个就是重视立面，比例划分、阴影虚实；最后就是效果图很漂亮，比美国学生画得好。所以就是"one building, one facade, one picture"。我想了好几个晚上，觉得他们讲得真对，一针见血，把我们的优点和问题都指出来了。

所以我回到学校后，在设计教学中就提出要注重"三法"的培养，即对想法、方法和技法的培养。首先是培养想法，不是凭空想象，要做社会调查，做历史考证，了解发展的趋势、市场的需求后，再定位具体做什么。形成自己的"想法"，当然是要以正确的想法做正确的事。第二个是掌握方法，要培养学生逻辑理性的思维，在错综复杂的社会问题中，找到它的规律，把主要的、次要的问题分清楚，采取什么方法，即如何去做，学习正确再去做事。第三个才是技法，设计技巧和手头功夫，努力把事情做好、做正确。所以建筑设计教学要"三破三立"，即破"悟性教学"，立"理性教学"；破"熏陶式教学"，立"方法论教学"；破"重艺术轻技术教学"，立"综合性教学"。当时东南大学、天津大学都是比较注重技法、手头功夫，非常看重图纸的线条及渲染效果，并且把画得好不好看作评价学生水平高低的一把钢尺，甚至对教师也是如此。我毕业留校后，还要我们青年教师画画，并开展画展、画评，且美术课是必修课，要连续学习 2 年，非常重视美术的教学。但是我在 MIT 看到课程表的必修课里没有素描这些美术课，但有画室，学生可以选修。在 1987 年废除了我校报考建筑学专业的考生要进行美术加试的规定，就凭高分录取。我的做法也遭到一些人的质疑，有一位外校的老师给我来信，问我懂不懂建筑？但是我当时广泛地听取了其他老师的意见，特别召开了美术教研室的座谈会。有些美术老师讲，现在有些学生交来的美术加试图不是自己画的，有的是临时抱佛脚搞出来的，不成路子，反而难教，倒不如"一张白纸"好教，所以他们同意取消。再加上有 MIT 的实例在，这是美国最好的建筑系之一，他们都没有美术课，所以我心里有底。但是具有一定的艺术修养及鉴赏能力还是很重要的，关键是学生能有这方面的志向和兴趣，但是把美术作为建筑师的唯一基础，这个我认为是不对的。但是如果学生喜欢建筑，脑子灵活，就一定能学好。

我在废除美术加试的时候补充了一点，可以实行转系制度。因为刚考进来的学生对建筑不太了解，他们考进来的时候分数很高，如果感到学不下去了可以转到别的系，想到哪个系我都同意。外系的学生如果真的想要学建筑也可以转进来，但是第一年平均成绩一定要在 80 分以上。另外也要在面试中考核一下他有哪些兴趣。每年都会有两三个外系的学生转进来，结果这两三个之后都是尖子生。

还有就是很重视评图，他们会从外面请来建筑师，当时哈佛就在大厅里面评图。那时候我有时也去观看他们评图。此外我还参观访问了不少地方的大学，如波士顿大学、耶鲁大学、哥伦比亚大学、塔芙茨大学……最后还认识了一位加拿大的教授，就又去加拿大交流，了解了国外的教学到底是怎样的。国外的实际教学跟我们也有相同的地方，一个老师带一定数量的学生，但是他们的训练方法和我们不太一样，在教学中讨论比较多。而且通常都邀请设计公司的建筑师参加设计课教学和评图，讨论起来国外的老师也很随意，有时候直接坐到桌子上了，有时候学生把宠物狗也带来了。讨论的气氛很好，老师学生都不注重形式。我们传统的教学则是一位老师带 8～12 名学生，4 节课，在每个人的位置上坐 20 多分钟。当年，我在设计教学时，也是这样，一般带 8 名学生，当时我争取一个上午 4 节课，给学生们看两遍，第一遍指出问题和解决问题的方向，第二遍要看这个问题是怎么解决的，没有解决好我再帮他出出主意，动动手。

我发现他们国外的老师会议比较少，但是每年学期末都要开会，讲讲这一年的发展情况，也要讨论哪些人需要另外找工作了。后来我私下问他们，老师留下来的标准是什么。他们回答说，如果教师这一年没有什么新的成果，就不拟被继续聘用了，因为没有新的东西教给学生，这一点也挺残酷的。我就联想到我们的老师，东大和天大的老师都喜欢设计，但不太写文章。当年很少人申请国家自然科学基金，我记得 1985 年我第一次申请的时候，南工只有我和潘谷西①申请。所以我做系主任后就鼓励我们的老师加强研究工作，只有通过研究才有新的东西教给学生。建筑系的老师做设计跟设计院的建筑师应该不一样，应该要做研究型设计，一定要把理念贯彻到设计里面去，把实践进行总结，上升为理论，写了文章再去发表，供大家交流。所以我提出要办

① 潘谷西（1928—），江苏南汇（今属上海）人，1947—1951 年就读于中央大学及南京大学的建筑系，毕业后留校。1987 年任博士生导师，并曾任南京工学院（现东南大学）建筑系副主任、系学术委员会主任、校学术委员会副主任等职。他在建筑系曾讲授建筑设计初步、建筑设计、中国园林史、中国建筑史、宋营造法式、清工程做法、古建筑保护及重建设计、风景园林规划设计等多门课程。代表著作有《中国建筑史》《中国古代建筑史·元明建筑》《曲阜孔庙建筑》《中国美术全集·园林建筑卷》《南京的建筑》《营造法式解读》等。

《建筑理论与创作》

个读物，于是就办了《建筑理论与创作》[①]，鼓励大家写文章。另外还搞学生
论文竞赛，提倡学术研究氛围。

戴 您在南工任系主任时，同 ETH-Z[②]（瑞士苏黎世联邦理工学院）签署了两系的
交流协议。原校际交流是互派学生，您建议中方改派青年教师、对方派学生，
这是出于怎样的考虑？

鲍 当时签了两次协议。第一次签协议是我刚上任的时候，我看到学校跟瑞士
ETH-Z 有校际合作，所以我就想把校际合作也引到系里面。但如果派学生去
交流，毕业后就都走掉了，我要派年轻教师去交流，回来进行教学改革。这
种交换是不对等的，但这是退一步进两步。因为我派教师出去，是有目的，
带着教学改革的任务。比如我让顾大庆带着一年级设计初步如何改革的任务，
丁沃沃带着二年级设计改革的任务，要他们回来后主持一年级和二年级的设
计课改革工作；张雷负责三年级设计课程改革。他们都如愿回来了，并积极
认真地进行教育改革，成效初显。当时天大建筑系的系主任胡德君[③]、清华建

---

① 南京工学院建筑系. 建筑理论与创作 [M]. 南京：南京工学院出版社，1987.

② 苏黎世联邦理工学院（Eidgenössische Technische Hochschule Zürich）是世界最著名的理工大
学之一，于 1855 年建立。

③ 胡德君（1929—2017），出生于四川荣县，1953 年毕业于天津大学建筑系，并留校任教。
历任讲师、副教授、教授，1987 年任建筑系主任职务。

筑系的系主任高亦兰问我，"鲍老师你的卫星上天回收地面的技术是什么？"我一时懵了，想了一下，实际上就是问我们怎么让送出去交流的人都回来了。我说这很简单，我们要他们回来有明确的任务去做，他们感到有奔头；另外也帮助他们解决了一些后顾之忧。

其他的老师，我也根据他们的年龄和外语情况，派出去短期交流。除了欧美学校，我们和日本爱知工业大学之间是姊妹学校。外语实在不行的，就跟团去日本，反正有翻译。另外就是每年开一次国际学术会议，创造条件，提供平台。

李　您在国内外均担任专业期刊编委，即中国《建筑学报》和英国 *Open House International*，您有怎样的不同体会？

| 鲍　*Open House International* 每年都召开学术研讨会，有些会议论文，就刊登在杂志上。1987年，我在会上发表的一篇文章就刊登在该杂志的第12卷第1期。《建筑学报》每年都召开一次编委会，讨论下一年的报道内容及方向。《建筑学报》编委会有时还会在全国其他地区召开，如在合肥、乌鲁木齐及澳门等地，与当地主管部门合作，方便在开会期间到当地做一些调研。

我是怎么成为《建筑学报》的编委呢？那是在20世纪70年代末，中国建筑学会理事会在北京召开，杨廷宝先生任理事长。会议决定《建筑学报》要增强力量，增加年轻的编委，要求老四校每个学校推选一位。杨先生当时就在会上推荐了我作为南工的人选。后来回到学校，杨老遇到我，喊我："小鲍，有个事情没有跟你商量，《建筑学报》要增选编委，我就推选了你。"不久聘书就发下来了。杨老说："以后我就不喊你'小鲍'了，改叫'老鲍'。"我真没想到，我就这样当上了《建筑学报》的编委。事后，杨老见到我，真的改口了，就真的喊我"老鲍"，我真的不好意思，我说，"在杨老面前我永远是小鲍"。讲实在话，杨老他给过我不少机会，对我的确很关照。

1987 年发表在 *Open House International* 杂志的文章

例如，1964 年，北京市召开"北京长安街规划设计研讨会"，邀请全国著名
建筑设计及规划专家参加，杨廷宝先生自然是被邀请的嘉宾。杨先生觉得
这次会议是高层次的一次重要学术会议，他向会议主办方要求，要多带几
位去，会议主办方同意了。他带了南工的三位老师，即潘谷西、钟训正和
我，组成了一个老中青三代人结合的 4 人"代表团"去北京参加会议。我是
最年轻的一个，杨老有意带我去见世面，见名士名家，也就在此会议上，
我见到梁思成、陈植、赵琛等我国第一代建筑师。在会上我也学习了很多，
收获不小，还有幸登上了天安门城楼！这都是恩师给我提供的难得的学习
机会。又如，国庆十周年，北京搞"十大工程"；江苏也搞四大博物馆，即
革命历史博物馆、工业博物馆、农业博物馆和科技博物馆，设计组都是学
生和年轻教师。我当时是在大学四年级，最高年级，我被指派任农业博物
馆设计组组长，杨先生、童先生指导。我们组做得比较快，马上要开工了，
南京市委打电话来南工，说彭冲[①]书记要看一下图纸，杨老就要我自己带着
图纸到市政府，秘书把我带到了彭书记的办公室。我向他汇报后他没什么
意见，说你这么年轻就做这么大的博物馆？我也不拘束，说"现在是'破除迷

① 彭冲（1915—2010），原名许铁如，出生于福建漳州。1932 年加入共青团，开始从事学生运动，
1933 年转为中共党员。新中国成立后，任福建省委秘书长、统战部长兼龙溪地委书记，华东局
统战部副部长，南京市长、书记，江苏省委书记，南京军区第二政委，上海市委书记、市长、
警备区政委。是第二至六届全国人大代表，第五、六、七届全国人大常委会副委员长，第五届
全国政协副主席，中共第九、十届中央候补委员，第十一、十二、十三届中央委员，第十一届
中央政治局委员、书记处书记。

由鲍家声设计和绘制的江苏省农业博物馆

信、解放思想'"。回来后，我把汇报情况向杨先生说了，杨先生说："彭书记也很年轻啊！"（当时彭书记41岁）

毕业以后我就留校任教，毕业设计和毕业论文都做的是博物馆。杨先生参加了我的论文答辩，杨先生晓得我做过博物馆，只要有博物馆设计，杨先生都找我。1965年，河南洛阳市文化局局长来南京，请杨先生为洛阳设计一座历史博物馆。但当时杨先生身兼要职，顾不上，他就交给我做，我就带学生去洛阳做毕业设计，完成了这项任务。最后设计也建成了。

1976年周总理逝世，要在江苏淮安建周恩来总理纪念馆，请杨先生去策划，杨先生就打电话让我到他办公室去，问我跟他一道去好不好？我求之不得，自然高兴地答应了。第二天，我们就坐上吉普车去淮安，一路上都是土路，8个小时才到。到了之后，我就坐在招待所门厅的沙发上休息，杨先生到外面去打太极拳了。回来以后，见我还坐在沙发上，他说"小鲍，人要活动活动，要活就要动"。所以我现在还坚持每天散散步。

第二天开会大家发言后请杨先生说，可杨先生却说"鲍老师是研究博物馆的，请他先说一说"。但我哪里"研究"过博物馆？我只是做过毕业设计。但他就把我推到第一线。我就只好壮着胆子讲，第一个，讲博物馆的选址问题，不宜设在老城的民居旁边，城市还要发展，最好再选一个远一点、环境好一点的

洛阳市历史博物馆

地方；第二个是规模问题，周总理为人很低调，因为韶山毛泽东同志纪念馆刚建立不久，面积是5000多平方米，所以设计时建议不宜超过这个规模；第三个是形式问题，因为总理提倡四个现代化，应该表现他的这个思想，形式可以现代一点。发言后，杨先生又接着讲他的意见。他同意我的说法，他形象地说："建筑设计就像做衣服一样，要量体形，再决定用什么料子，用在什么地方。"后来南工要扩建图书馆，他也让我去做。

戴 后来您担任全国高等学校建筑学专业指导委员会副主任和主任职务及全国高等学校建筑学专业教育评估委员会副主任。在建筑学学科评估、专业教育改革方面，国外访问经历具体起到了哪些推动作用？

｜鲍 国外有注册建筑师制度，我们考虑到要允许人家进来，我们也要出去，要考虑接轨的问题。所以首先要确立注册建筑师制度，能跟国外互认，另外学位也要互认。这就要开展建筑学教学评估，在建设部的领导下，讨论建立建筑学教学评估制度，并积极在我国开展教学评估工作。

当时请了美国的 AIA、英国的 RIBA 等组织的人员，开了几次研讨会，最后制定了中国的建筑教育评估制度以及中国的注册建筑师制度。1992 年正式实施，我带评估专家组到清华去评。评估制度首先是要求改革教学计划，原来我们都是 4 年制，后来改成 5 年制了，因为英国当时是 5 年。但是后来发现，英国的 5 年是 3 年本科 2 年硕士，但我们 5 年才本科毕业，所以后来我到南大就改了，改成本科 4 年。更注重加强实践教学，让学生到设计院去实习。学科评估是以评促进，通过评估对各校工作起到积极的推动作用。

此外，参考国外的做法，开展了全国大学生建筑设计竞赛活动，1993 年开始执行，一直延续至今。

后来我去了南大后，继续推行教学改革。这是一所综合性大学，过去老八校都是在工科的背景下办学的，在南大我们可以通过通识教育搞一种新的模式。学校领导很重视我们的想法，交代我们，就按我们的想法办。我这就放心了，但是责任更重，办得不好就全是自己的责任了。

戴 1984 年您在北京香山参加了中国现代建筑创作研究小组筹备会，小组中也有改革开放初期到国外留学过的建筑师。您能讲讲关于创作小组的创立及发展吗？

｜鲍 1983 年中国建筑学会在南京开会，有一些中青年建筑师参加，但是很少，于是就想搞一个平台，让年轻人有个交流的地方。牵头人是吴国力[①]，当时他在北京工作。我当年正好从美国回来，在南京，他们找到我。谈及此事，我们都说这是好事，约个时间找一些人议论一下，于是吴国力同志回北京后就筹备此事，他是活动的积极推动者，我是积极参与者。

---

① 吴国力，1968 年毕业于清华大学，1978 年考入哈尔滨建筑工程学院就读建筑研究生，1981 年毕业于中国建筑科学研究院，获硕士学位。1981—1984 年任《建筑学报》编辑部编辑。1984 年调入中国建筑工程总公司设计部，当选为首届建筑师学会理事。后在港澳地区、欧洲多地工作，世界华人建筑师协会发起人之一，任常务理事、副会长，世华建协建筑设计咨询（北京）有限公司总经理。

他与《新建筑》编辑部联系，由编辑部邀请。1984 年，我们就在北京香山开了工作会议。为什么要在香山饭店开会？因为刚刚落成的北京香山饭店是著名美籍华人建筑师贝聿铭先生设计的，它既是现代建筑，也具有中国味，当时，在国内外的影响都很大，大家也想去看看。那时大家都没钱，住不起新馆，都住在香山饭店的老楼。参会的有 30 人左右，有《世界建筑》的曾昭奋[1]；刚从美国回来在贝聿铭事务所工作过的王天锡，当时他在美国时，在 MIT 做过报告，我去听过，他那时也很积极；还有张锦秋的先生韩骥[2]，云南的毛朝屏[3]和顾奇伟[4]，北京市建筑设计院的黄汇[5]、马国馨，天津大学的荆其敏，清华大学的傅克诚，合肥工大的姜传宗[6]等。

会议的中心议题就是我国改革开放以后大规模的经济建设必然会带来建筑市场的繁荣，建筑师会有大量的工作要做，那么中国的建筑发展之路到底应该怎么走，朝哪个方向走？经过大家讨论，一致同意建筑创作要创新，要追求现代性，创造现代建筑，并且要创造中国的现代建筑。这就是大家当时的共识。

---

① 曾昭奋（1935—2020），广东潮汕人，1955—1960 年就读于华南工学院（今华南理工大学）建筑系，师从夏昌世教授。1960 年到清华大学土建系（当时建筑系和土木工程系合并）工作，任教于城市规划教研组。1979 年至《世界建筑》工作，1985—1995 年任《世界建筑》主编。著有《清华园随笔》《清华园里可读书？》《国·家·大剧院》《建筑论谈》等。

② 韩骥，1960 年毕业于清华大学建筑系，师从梁思成。韩骥从事城市规划设计研究 40 余年，主持了西安市总体规划编制。曾长期担任西安市规划局局长，现任西安市规划委员会总规划师、中国城市规划协会常务理事、建设部城乡规划专家委员会委员、全国历史名城专家委员会委员、清华大学兼职教授级博士生导师等职。

③ 毛朝屏，原云南省建设委员会总建筑师。

④ 顾奇伟（1935—），江苏无锡人。1957 年 10 月同济大学建筑系城市规划专业毕业，1957 年 10 月分配到云南省城建局及建工厅规划处工作，1961 年调云南省建工厅设计处工作，1964 年进入云南省设计院，1984 年起在云南省城乡规划设计研究院任院长兼省建设厅副总工程师，1992 年在云南省城乡规划设计研究院任技术顾问。任中国建筑学会理论与创作学术委员会、中国当代建筑创作小组（现华人建筑师学会）、中国城市规划学会历史文化名城规划分会、昆明市城市规划委员会委员等。

⑤ 黄汇，教授级高级建筑师，毕业于清华大学建筑系，曾在新疆维吾尔自治区从事建筑设计，北京建筑设计院从事规划、建筑设计、科研及技术管理，获得建设部或北京市科技进步奖 7 次。

⑥ 姜传宗，1959 年从天津大学毕业后到合肥工业大学任教，是建筑学系首任系主任。曾任中国建筑学会理事、安徽省土木建筑学会副理事长、建筑创作学术委员会主任委员。

我还特别强调一点，中国的现代建筑创作应当主要依靠本土的建筑师。我记得那天晚饭以后，在一个大房间里，不是标准间，房间里有好多铺，大家就你一言我一语，一直讨论到半夜两三点钟。

另外，经过讨论，大家决定要成立一个研究小组，就起名为"现代中国建筑创作研究小组"，目标明确，就是要创作中国现代建筑。名字要低调一点，因为当时刚改革开放，这个组织的性质是民办的、自发的、学术的，能不能得到建设部的同意还是问号。后来得到戴念慈副部长认可后，就在《建筑学报》上公布了。

这样，筹备的工作就开始了，云南省建设厅的总工程师毛朝屏说，他们那里可以提供成立大会的条件，所以我们第二年就到了昆明^①，开了第一次创作小组会议，也就是正式成立的会议。原华中理工大学建筑系^②于 1982 年成立，1983 年创办了《新建筑》，其中一位领导叫陶德坚^③，她很积极，主动提出下次会议就到我们武汉来办吧。因此第一次现代建筑小组学术研讨会议就是在武汉开的。除了参加筹备会议的人员，还邀请了罗小未、关肇邺、齐康及建筑学会张祖刚等人。

之后基本上每年召开一次会议。20 世纪 90 年代末在深圳大学开完后，有两三年会议暂停了，不知何故。恰好那时候我刚到南大组建了南京大学建筑研究所，对外我办的第一件事就是和许安之联系，我说创作小组活动停办两三年了，我们南大愿意来主办下一次会议。因为我觉得创作小组这个平台很好，有利于促进中国建筑现代化的创作与交流。于是在 2001 年 9 月下旬，现代中国建筑创作研究小组会议在南大召开，中心议题是"新世纪中国建筑创作论坛"

---

① 1984 年 4 月，现代中国建筑创作研究小组于云南昆明市召开了小组成立会，会议讨论并确定了《现代中国建筑创作研究小组公约》。

② 现华中科技大学建筑与城市规划学院。

③ 陶德坚（1932—1997），广东番禺人。1953 年毕业于天津大学建筑学系，同年去清华大学建筑学系任教至 1982 年，转至华中工学院（华中理工大学）创办建筑学系，创办了《新建筑》杂志。1988 年在建筑系任副系主任和《新建筑》杂志主编。

建筑创作思想讨论会侧记

1983年中国现代建筑创作研究小组在武汉召开会议

及筹组"世界华人建筑师联谊会"。2003年世界华人建协正式在上海成立[1]。另外，在会上大家同意把小组改名为"当代中国建筑创作论坛"，这个建议是李大夏提出来的，大家都同意。

---

[1] 经上文提到的2001年现代中国建筑创作研究小组第九次学术会议等的筹备，世界华人建筑师协会于2004年4月在上海浦东正式成立。

在南京大学召开的《现代中国建筑创作研究小组》2001年学术年会暨《世界华人建筑师联谊会》筹备工作会议

世界华人建协／中国建筑论坛2003年筹备会

李 在多次国际交流后，您如何看待中国建筑文化？结合您的设计谈谈中国建筑文化的基因是什么？如何延续？

| 鲍 讲实在话，我们对此一直在思考，就像现代中国建筑创作研究小组提出的，要努力创作中国现代建筑，既是现代化的，又是有中国味的。但由于水平有限，研究还很不够。但我在创作中一直倾向于要体现中国的特点、地域的特点，表达的结果好不好是水平问题。我们倡导文化自信，华夏文明延续了几千年，而且56个民族的文化各不相同，中国建筑也应该有自信。

我觉得中国建筑文化不仅是形式上的斗栱、屋顶等，还有它的内涵，它的"天人合一"哲学寓意，以此形成基本的设计思想和理念。从"基因"来讲，它应该是可以传承的。人的基因可以决定生死健康，并且会遗传，在人的整个生命过程中都会起作用。我觉得建筑文化也是这样，一方水土一方人，一方水土一方建筑，这个水和土就是一种基因要素。贵州的、云南的、高山的、平原的，南方的、北方的，都不一样。

我在做设计时，一般都是从两方面去考虑的。一是基地地域的自然环境，二是地域的人文环境以及二者形成的地域的建筑特征。比如我们设计的池州学院，这是我家乡的第一所本科的高等学校。在设计时，从总体到单体都尽量考虑结合自然条件，更要结合皖南的书院文化。现在的大学校园建筑看起来都差不多，但我设计的校园力争有自身特色，要有中国味、地方味、皖南味，一看就是徽派的，校园总体布局结合山势地形，采用皖南村落式布局，建筑教学楼是四合院式的，即仿书院形式，建筑形式采用马头墙，白墙灰瓦等。

又如皖南泾县云岭新四军史料陈列馆的设计，我们一方面是从地域生态环境的角度来考虑，另外就是结合地域文化。选址一开始是在一片平地上，但皖南山区平地少山地多，平地基本上都要种稻子，所以为了不占耕地，我们向县委书记提出改换选址，不要占用农田，另外再从坡地上选一片地。最终我

池州学院

们的建议被接受，地址改选了。我们根据当地的地形条件，依山就势，采取
了台阶式的平面布局，运用了马头墙的元素创建了徽派特色。

贵州黔东南榕江县游泳馆，也是我们设计的。我们在设计中充分考虑当地的
传统木构建筑特色，又结合当今可持续发展的要求，在建筑材料选用上、建
筑形式创作上都认真考虑地域建筑特色，发现当地的民居全是木构，所以建
游泳馆的时候，即便跨度50多米，也都选用木构，尽量少用钢筋混凝土，

泾县云岭新四军史料陈列馆

前面的部分用地方石料，也把贵州侗族的"三宝"，大歌、鼓楼、风雨桥都结合起来。

建筑基因作为建筑成长的基本要素，会在自然环境和社会环境的共同作用下传承，要适应当地的地理气候、地形地貌、风俗习惯、社会文化。为什么南方建筑的出檐那么深？就是因为风雨多，要保护木结构，不是完全从美的角度，而是为了适应环境。所以在设计建筑的时候，一定要将当时当地的自然环境、人文环境作为我们建筑创作的出发点。要发展中国的建筑文化，要守正创新，以优秀的传统作为创新的依托，努力创作中国现代建筑。

贵州黔东南榕江县游泳馆

当然，我在建筑创作中，虽然在追求创作中国现代建筑，也并不是为了追求中国味而把中国的地域的建筑形式元素生硬地绑扎在我设计的建筑上，它不是绝对的，既要守正，更要创新，包括创作新的元素。我们在设计第二炮兵工程学院（现为中国人民解放军火箭军工程大学）图书馆时，就结合"二炮"的特点，创作了一种新的建筑形象，把平常的楼梯空间设计为火箭式的形象，得到了主管领导们的一致认可，建成后视觉效果不错，也得到军内建筑工程一等奖。

鲍家声等在第二炮兵工程学院图书馆前留影

获奖证书

注：未标明来源的图片均为受访者提供。

傅克诚先生忆在东京大学做研究、回国后参政议政点滴，及对城市发展的思考

受访者简介

傅克诚（1935—）

女，1960 年毕业于清华大学建筑系。1970—1988 年任清华大学建筑系讲师、副教授。1986 年在日本东京大学工学部建筑系任研究员，师从世界著名建筑家槙文彦，研究日本现代建筑及建筑家。后在东京大学高桥研究室完成博士论文，1990 年获东京大学工学博士学位。在日期间曾担任神户工科艺术大学客座教授，日本大学、东京艺术大学、千叶大学研究员，日本建筑学会讲师、日本建筑学会会员，并担任中国驻日本大使馆建筑顾问。1995 年归国任上海大学教授，曾任第七届全国人民代表大会代表，第九届、第十届上海市政协常委，原上海市市政府参事。

代表著作有《日本著名建筑事务所代表作品集》（1998 年）、《地震应急干预政策研究》（2009 年）、"国外著名建筑师丛书"《槙文彦 FUMIHIKO MAKI》（2014 年）、《综述集约型城市三要素 紧凑度 便捷度 安全度》（2016 年）等。参与设计项目包括北京 CBD 商务中心区规划（国际竞赛二等奖）、深圳蛇口海上世界及海上世界文化艺术中心、日本日光迎宾馆等。

采访者：戴路

访谈时间：2023 年 5 月 15 日

访谈地点：上海市静安区福朋喜来登酒店咖啡厅

整理情况：2023 年 5 月 30 日整理

审阅情况：经傅克诚审阅修改，于 2023 年 7 月 31 日定稿

访谈背景：为了解改革开放初期至日本东京大学留学经历，对傅克诚进行采访，了解她在日本攻读博士学位、任多校研究员的经历，及其归国后的工作及对城市发展的思考。

傅克诚近照

戴　先生好！您曾去往日本，当时是如何获得留学机会的？是自己联系的吗？

| 傅　20 世纪 80 年代我在清华大学建筑系任教的同时研究日本现代建筑，并开始自学日文，当时李道增[①]教授是清华大学建筑系系主任，通过他的介绍，我有机会作为东京大学研究员初次来到日本。1985 年到 1986 年我任东京大学建筑学科槇文彦研究室研究员。

回到清华继续任教两年后，1988 年底再次赴日。槇文彦先生是世界著名建筑家，我深入学习了他的理论和作品，并通过槇先生介绍，有机会当面采访了日本当时多位现代主义建筑大师。根据当时大师事务所提供的很多一手资料，回国后编著了《日本著名建筑事务所代表作品集》。书中刊登了所访问

①　李道增（1930—2020），上海人，祖籍安徽合肥，1952 年获清华大学建筑系学士学位并留校任教。1988 年任清华大学建筑学院第一任院长，1999 年当选为中国工程院院士。提出了"新制宜主义的建筑学"的理念。主持设计了清华大学建校百周年纪念性建筑——新清华学堂、校史馆、蒙民伟音乐厅，以及中国儿童艺术剧场、北京天桥剧场、台州艺术中心等文化建筑工程。著有《西方戏剧剧场史》，对环境行为学有深入的理论研究。开设环境行为学、西方剧场发展史等创新课程，并为我国执业建筑师制度与专业学位制度的国际化作出卓越贡献。

《日本著名建筑事务所代表作品集》

的以丹下健三为代表的 21 个著名事务所作品 121 项[①]，由中国建筑工业出版社出版。

当我 1988 年再次来到日本，槙文彦教授已过东京大学规定的 60 岁退休年龄，我随即进入高桥研究室继续担任研究员。高桥鹰志[②]教授的研究方向是建筑环境科学，当时在这个领域非常著名。利用这次的学习机会我希望继续提高学术水平，正好获知经过东京大学教授的介绍可以争取论文博士学位，随即开始了博士课题研究。论文博士与一般博士生读博不同，当时东京大学的要求很高也很严格。

我选择了做中日建筑比较方面的研究课题，内容涉及建筑理论、环境理论、人类学和比较学等多个学科。担任论文审查组委员的都是东京大学建筑学科学术带头人。记得论文答辩主审官是东京大学教授高桥鹰志，研究建筑理论

① 傅克诚，日本顾问编辑委员会. 日本著名建筑事务所代表作品集 [M]. 北京：中国建筑工业出版社，1998.
② 高桥鹰志（1936—2022），毕业于东京大学工学部建筑学科。历任名古屋工业大学讲师、东京大学教授、新潟大学教授、日本大学研究所教授、早稻田大学人类科学部特任教授等。著有《环境行为与空间设计》等。

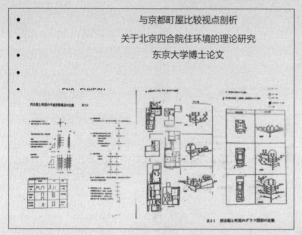

与京都町屋比较视点剖析

关于北京四合院住环境的理论研究

东京大学博士论文

傅克诚博士论文部分内容

的香山寿夫[①]教授，外国建筑史的铃木博之[②]教授、长泽泰教授和当时还是副教授的大野秀敏[③]以及研究日本建筑史的大河直躬[④]教授。

以下摘读审查教授委员对论文的评审结论：

"本文着眼于中国清代北京城市及其主要构成要素——四合院式住宅，通过对其形成原因的历史分析、平面形式的类型化以及人们生活行为的追踪等，从

---

① 香山寿夫（1937—），毕业于东京大学工学部建筑学科，1965年完成宾夕法尼亚大学美术系研究生院硕士课程之后，进入路易斯·康研究室学习。历任九州艺术工科大学副教授，耶鲁大学美术史专业客座研究员，宾夕法尼亚大学客座教授，东京大学工学部教授。

② 铃木博之（1945—2014），毕业于东京大学工学部建筑科。曾执教于东京大学工学部，历任日本建筑学会副会长，建筑史学会会长、监事，博物馆明治村馆长。主要著作有：《建筑世纪末》《建筑的七种力量》《建筑的基因》等。

③ 大野秀敏（1949—），毕业于东京大学研究生院，在槙文彦综合设计事务所工作，后在东京大学从事教育研究。代表作品有YKK滑川寮、东京大学数物联合宇宙研究机构楼等。

④ 大河直躬（1929—2015），毕业于东京大学工学部建筑学科，研究日本住宅史。在东京电机大学、千叶大学任教授。主要著作有《日本的民居：其美与结构》等。

多个角度考察了北京的居住环境特性。同时，以日本传统居住形式之一的京都街景和町屋为例，运用同样的研究方法，对中日的居住形式及其文化内涵进行比较探讨。

将北京和京都的街道、住宅作为居住环境，尝试从三个观点进行比较分析，推导出各自居住环境的特征。

第一章以物理环境为主，援引环境心理理论分析了平面构成的结构。解析了四合院与町屋的物理领域与居住者的心理领域之间的相互关系，提出了关于各个空间的开放性、封闭性差异的理论。

第二章针对居住平面的构成，提出了表现四合院与町屋空间概念差异的模型，并通过图论验证了该模型的有效性。从理论上阐明了以往经验上被分类为中庭型或通庭型的两者之间的区别。

第三章从符号和象征的侧面分析了由四合院、町屋的表层所规定的街道，明确了前者是以阶级，后者是以商人，作为符号、象征的物质，而形成了街道。

综上所述，本论文对迄今为止系统研究较少的北京四合院式居住及其建造的街道，不仅运用建筑史的研究方法，还运用生活行为或环境心理等比较文化的方法，从多个角度揭示其特性，以笔者在中国、日本的居住体验为基础的论述，开拓了居住研究的新道路。在这里收集到的地图、文献资料，对于今后的研究者来说是非常宝贵的，给了后学的人们很大的鼓舞，作为中日之间比较研究的典范得到了很高的评价。

因此，授予工学博士学位。"

戴 资料显示您一年内便完成了这篇高质量的论文，您是如何做到的？

| 傅　我感觉这是因为自己不断积累、不断思考。

在清华教书的时候，我就已经对日本建筑有所了解，当时，"传统和现代"是大家最关心的课题之一，也普遍认为日本的建筑把这二者结合得比较好。当时我也写过一些关于结合传统和现代的文章，我的想法就是要寻找结合点，而结合点是要创造出来的。日本的建筑在这方面做得比较好。他们历史上也做过改造"大屋顶"的尝试，但是后来不用了。

当时在日本做相关研究还是有一定优势的，我记得我经常去东洋文库找资料，找到了1750年清北京城的图纸资料，也走访调查了京都、奈良多个城市的实例。我在论文中提出，日本的古建筑和中国的古建筑有不同的地方，这体现在日本的古建筑和西方的现代建筑某些理念相近，讲究流动回游式雁形空间，而中国的官方古建筑则同西方古典建筑理念较为一致，讲究轴线对称。当时我整理了很多资料，做了很多形式上的比较，并进行图表分析。在1990年，那时还没有人用过这种方法做建筑研究。

戴　您当时在那边属于研究人员？

| 傅　是的。在东京大学时我并不是公派留学生而是研究人员，相比来讲调研各方面的条件还算优越。但是我心里还是把自己当成一个学生的。获得东京大学博士学位的时候，槙先生说，你现在是学者（Gakusya）了，我说，不，我还是学生（Gakusei），这两个词读音很像，把他也逗笑了。

我以学习和研究的视角来分析研究对象，所以每天都能了解新的感兴趣的东西。在东京大学的时候，我经常在研究室待到夜里12点才走，也是东京各大图书馆的常客。

戴　您后来在日本东京大学、日本大学、千叶大学、东京艺术大学等校任研究员，是受到了这些学校的邀请吗？

| 傅 是的。因为我已经拿到了东京大学的博士学位了，当时的东京大学博士在日本还是有一定影响力的，不管是院校还是在建筑公司。

日本的大学教授研究各有特色。如千叶大学工学部的北原理雄①教授研究国际比较大都市问题，和日本国土厅大都市圈整备局、名古屋市合作多年，调研世界范围大城市的变化，并每年出版调查报告。日本大学工学部的佐藤平②教授是研究无障碍设施的专家，现在遍布全国的盲道最早就是他提出的。东京艺术大学片山和俊③教授曾与上海大学建筑系合作调查福建民居土楼并在日本发表了论文。

在这些大学的研究经历开阔了我的视野，对我后期研究有很大的帮助。

戴 您曾采访了许多日本建筑师？

| 傅 那时候还算年轻，无论大师采访还是建筑调研都是我一个人完成的。当时在东京的著名建筑事务所我差不多都去过，当面采访过前川国男④、丹下健三、芦原义信⑤等很多建筑大师，也和日本设计、日建设计等大型综合事务所以及清水建设、竹中工务店等大型建筑机构进行了全面的访谈。

戴 后来您在日本继续从事了五年建筑设计工作？

---

① 北原理雄（1947—），毕业于东京大学工学部都市工学系。1990年起任千叶大学大学院工学研究科教授。主要著作有《城市设计》等。
② 佐藤平，毕业于日本大学工学部，后任日本大学工学部教授。主要著作有《建筑设计计划》等。
③ 片山和俊，1968年毕业于东京艺术大学美术学部建筑科，后任东京艺术大学美术学部建筑科教授。主要著作有《都市空间作法笔记》（合著）等。
④ 前川国男（1905—1986），曾分别在巴黎和东京为勒·柯布西耶和雷蒙做草图设计师，其代表作包括东京晴海公寓（1959年）、东京世田谷公共中心（1959年）、埼玉文化中心（1966年）等。
⑤ 芦原义信（1918—2003），毕业于东京大学工学部建筑学科，后毕业于哈佛大学研究生院。1956年开设芦原义信建筑设计研究所，1959年成为法政大学教授。代表作品有中央公论大楼等，主要著作有《外部空间的设计》等。

日本日光迎宾馆　　　　　　　　　　　　　北京 CBD 国际竞赛方案

｜傅　是的。记得当时永山建筑事务所的社长要做日光山地的小型会所建筑，邀请
　　　我出个方案，没想到建成后还获得了建筑设计奖。

　　　在日本设计任职期间参与了一些工程设计，其中超高层建筑设计是日本设计
　　　第一任社长池田武邦定位的，实践过程中各专业配合严谨规范，给我的印象
　　　十分深刻。在东京新宿地区很多超高层建筑都是他们的作品。期间开始承接
　　　一些中国项目，比如大连小窑湾等是国内最早邀请海外设计单位参与的大型
　　　项目。

　　　除此之外，我也和日本都市环境研究所合作了一系列国内城市设计竞赛项目，
　　　比如北京 CBD 是获奖项目之一。

戴　当时是什么原因让您回到上海大学来办建筑系？

| 傅　钱伟长^①先生调到上海工业大学当校长并筹备上海大学，他把我从东京叫了回来。当时我已经快 60 岁了，能回国效力还是感觉很兴奋。回来以后我觉得在上海生活很方便，刚开始的时候是经常在中日两边跑的工作状态。

戴　回国后您和槙先生有合作吗？

| 傅　2012 年我和槙先生开始合作深圳蛇口海上世界文化艺术中心项目，这是槙文彦事务所在中国的第一个作品，于 2017 年建成。

槙先生亲自考察蛇口海上世界用地环境后，对于项目的态度由谨慎转为非常重视，经反复推敲明确了"三叶草"的方案，从三个方向呼应用地周边多个要素，是现代主义建筑设计手法的集大成者。

设计团队从东京先后到蛇口现场办公近 60 次，事务所专业严谨的作风给当时招商地产留下了深刻的印象。

项目进行期间我出版了"国外著名建筑师丛书"《槙文彦 FUMIHIKO MAKI》，

---

① 钱伟长（1912—2010），江苏无锡人，世界著名科学家、教育家、杰出的社会活动家。1935 年清华大学物理系毕业后，考取清华大学研究院。1940 年赴加拿大多伦多大学应用数学系学习，主攻弹性力学，1942 年获多伦多大学博士学位。1946 年回国后，应聘为清华大学机械系教授，兼北京大学、燕京大学教授。1955 年被选聘为中国科学院学部委员（院士）。1956 年当选为波兰科学院外籍院士。中国人民政治协商会议第六至第九届全国委员会副主席，中国民主同盟第五届、六届、七届中央委员会副主席，第七届、八届、九届名誉主席，中国力学学会第一、二届理事会副理事长。曾任中国科学院力学研究所副所长、研究员，中国科学院自动化研究所筹备处主任、所长，中国科学院学术秘书、中华全国自然科学专门学会联合会组织部部长，中华全国青年联合会副秘书长，民盟中央常委，清华大学副教务长、教务长、副校长，上海工业大学校长，上海大学校长，漳州职业大学名誉校长，沙洲职业工学院名誉院长，南京大学、南京航空航天大学名誉校长，江南大学名誉校长、名誉董事长，暨南大学名誉校长、董事长，扬州大学名誉董事长，上海大学附属中学名誉校长，天津市耀华中学名誉校长，重庆交通大学《应用数学与力学》杂志主编，上海市欧美同学会名誉会长，中国海外交流协会会长，中国和平统一促进会会长等职务。在应用数学、力学、物理学、中文信息学，以及在弹性力学、变分原理、摄动方法等领域有重要成就。

在多次讲座中向日本建筑学会等单位介绍中国教育、建设等

参加东京举办的世界女建筑师大会作学术报告及展出作品

名　称	蛇口海上世界规划概念方案	完成时间	2004年5月

由深圳市规划局、招商局指名的国际竞赛，指定美国2家及博克诚1家作规划，获得最优秀案。对实施案有实质性的指导意义。

场地40ha，建筑面积46万㎡（商业、娱乐、住宅等）。

规划理念：山水自然环境、人文景观成一体；

以海上世界为中心，完善蛇口城市结构；

以创造当代建筑艺术精品为目标，融入时代及地域新文化；

以人为本，创造蛇口商业生活文化中心。

蛇口海上世界规划

深圳文化艺术中心项目启动仪式

与槙综合计划事务所项目团队在模型前合照

槙文彦与世界著名建筑家、纽约市长讨论纽约世贸中心，槙文彦设计4号馆

深圳海上文化艺术中心模型、建成实景效果

　　所有的资料都来自槙文彦事务所，书中的文章图片都经双方反复确认。这本书出版后，槙先生很高兴，他说世界上各个国家出过很多本关于他的书，但是这本书中既有他的作品也有他的建筑理论，很完整。

戴　您当时博士论文做的是中日建筑的比较研究，为何后来将研究方向从建筑转向了城市？

"国外著名建筑师丛书"《槙文彦 FUMIHIKO MAKI》 《世界三大金融中心 CBD 概况 纽约·伦敦·东京》

| **傅** 　我在上海大学做了建筑学院的院长，时间不长，带了几个研究生。上海大学那个时候刚起步，现在发展得不错了。原来我的专业是建筑学，担任上海政协常委、市政府参事后，政协及参事室经常讨论城市问题。如对 2010 上海世博会项目讨论过很多次。我需要跟上上海发展，学习城市发展，特别是国际化大城市发展的问题。

国际大都市建设是我后来学习研究的主题，也参与了一些相关工作。2000 年，我参与了北京 CBD 国际竞赛。与日本都市环境所合作，获得二等奖，听说是实施方案。我应北京 CBD 主办者要求写了《世界三大金融中心 CBD 概况 纽约·伦敦·东京》，并在大会作主题发言。

在参政议政方面，2016 年我与上海参事室合作出版《综述集约型城市三要素紧凑度·便捷度·安全度》；2017 年在上海市参事室主办上海第 11 届参事国是论坛，作了《根据集约型城市三要素紧凑度便捷度安全度原则分析上海城市转型与定位》的报告。在参政议政中，与多学科的合作研究很有必要。我与上海大学力学所、美术学院、管理学院等教师们合作成立了研究组。2018年 9 月，参事室组织专家向上海市政府汇报了《黄浦江两岸公共空间贯通后

在上海第 11 届参事国是论坛上发言

《综述集约型城市三要素：
紧凑度 便捷度 安全度》

的后续规划和开发》，我代表研究组作了"借鉴国外城市滨水区开发经验构筑滨江科学研究体系"的发言。

戴 您很早就提出了集约型城市的概念。

| 傅 我在 2016 年出版的《综述集约型城市三要素 紧凑度 便捷度 安全度》一书中，分析了紧凑度、便捷度、安全度的理论，并提出近距离生活圈的理念。上海城市发展很快，最近又发布了上海大都市圈规划。我们跟进研究了日本首都圈发展，近期在研究城市结构发展，在对"集约型城市多核协同型网络化城市结构"作研究。

注：图片均为受访者提供。

仲德崑先生谈于英国攻读博士学位经历及归国后的学科贡献

受访者简介

仲德崑（1949—）

男，出生于江苏南京。1968年底赴江苏省江都县宗村公社插队，1973年进入南京工学院（现东南大学）建筑系学习，1977年毕业后于陕西咸阳铁道部建厂局设计处工作，1978年作为恢复研究生教育第一批硕士研究生回到南京工学院建筑系学习，1982年春获得南京工学院工学硕士学位，1982—1984年于南京工学院建筑研究所工作，1984年4月赴英国攻读博士学位，1986年7月获得英国诺丁汉大学博士学位。1986年夏归国后，继续在南京工学院建筑研究所工作，任所长助理；1996年至2001年，任东南大学建筑系主任（院长）、东南大学城市规划设计研究院院长；2014—2019年，任深圳大学建筑与城市规划学院院长；2019年至今，任深圳大学建筑与城市规划学院名誉院长。

中国建筑学会会员、中国城市规划学会会员、中国建筑学会UIA北京之路工作组成员（1998—）、中国建筑学会教育与职业实践工作委员会副主任（2001—）、全国高等学校建筑学学科专业指导委员会主任（2000—2013年）、全国高等学校土建学科教学指导委员会副主任（2000—2013年）、江苏省土木建筑学会建筑创作委员会主任（1998—2023年）、长三角建筑学会联盟主席（2012—）、中国建筑学会建筑教育分会副理事长（2014—2020年）。

研究领域为可持续发展的城市形态与结构、公共建筑及建筑群体设计、现代城市设计理论与实践、城市公共空间环境设计、中国传统城市设计、中国古代城市和历史街区更新与保护。主持的霍英东基金项目"中国传统城市设计及其现代化途径"获得该基金优秀成果奖，荣获中国建筑教育奖。主持和参与的多项设计曾获国家级、省部级优秀设计奖。在国内外发表过数十篇学术期刊和会议论文，先后译、著出版了《城市建设艺术》（1990年）、《建筑学教程——建筑设计原理》（1997年）、

仲德崑近照

《小城镇的建筑空间与环境》（1993 年）、《小小地球上的城市》（2004 年）等著作。1999 年在第 20 届世界建筑师大会上作分题报告。

采访者：戴路、李怡

访谈时间：2023 年 6 月 8 日

访谈地点：南京市栖霞区仲德崑家中

整理情况：2023 年 6 月 20 日整理

审阅情况：经仲德崑审阅修改，于 2023 年 10 月 6 日定稿

访谈背景：为了解改革开放初期公派至英国攻读博士学位经历，对仲德崑进行采访，了解他在英国诺丁汉大学学习 2 年的经历，及其归国后对城市设计学科建设与建筑教育方面所作出的贡献。

戴 先生好！您于 1984 年作为教育部公派的第一批攻读博士学位人员，去往英国诺丁汉大学攻读博士学位，当时您是如何获得这个机会的？

| 仲 1983 年，教育部首次提出公派留学生出国攻读博士学位的计划，要求已经获得硕士学位，年龄在 35 岁以下并通过英语水平 EPT^① 考试。1982 年，当时我刚刚获得硕士学位，留校在南京工学院建筑研究所，给齐康^② 老师当助手。根据这个通知，学校派我到上海外国语学校去参加 4 个月的英语培训，结业后考试。我们建筑系有两人通过了考试，除我之外，另一位是学建筑物理的严小婴^③ 老师。

戴 当时的选拔对年龄还有限制？

| 仲 有的，要求 35 岁以下，当时我恰好 34 岁。和我同级的研究生同学项秉仁和黎志涛^④，他们的年龄都超了。

---

① EPT（English Proficiency Test），出国人员留学考试，专门用来鉴定赴英语国家留学人员的英语水平。

② 齐康（1931—），原名齐毓康，祖籍浙江天台，浙江杭州人，出生于南京，建筑学家、建筑教育家。1949 年 7 月毕业于南京金陵中学，1952 年毕业于南京大学建筑系，院系调整后历任南京工学院（现东南大学）讲师、副教授、教授、副院长，1993 年被选为中国科学院学部委员（院士），1995 年起担任中国国务院学位委员会委员职务，1997 年被选为法国建筑科学院外籍院士，2001 年以最高票数获得首届"梁思成建筑奖"。著有论文近百篇，出版《城市建筑》等专著近 20 本。长期从事建筑和城市规划领域的科研、设计工作。最早参与中国发达地区城市化的研究及相关的城市化与城市体系的研究，如"乡镇综合规划设计方法""城镇建筑环境规划设计理论与方法""城镇环境设计""现代城市设计理论及其方法"分别获教育部科技进步一、二、三等奖和教育部自然科学一等奖。从 20 世纪 50 年代起出他设计、参与和主持的建筑工程设计及规划设计大小近百处。武夷山庄、南京梅园周恩来纪念馆和南京雨花台纪念馆、碑等建筑设计项目获国家优秀工程设计金质奖两项、银质奖一项、铜质奖两项等。

③ 严小婴，1982 年获得南京工学院硕士学位，1984 年赴美攻读博士学位，后获得美国内布拉斯加大学林肯分校（University of Nebraska Lincoln）终身教职。

④ 黎志涛（1941—），出生于重庆。东南大学建筑学院教授、博士生导师、国家一级注册建筑师、江苏省高等学校教学名师。1966 年毕业于清华大学建筑系，1981 年在南京工学院建筑系（现东南大学）获硕士学位。曾获国家教委、国务院学位办颁发的"作出突出贡献的中国硕士学位获得者"称号，多次荣获国家及省级优秀教学成果一、二等奖，获全国及省部级各类建筑设计竞赛一、二、三等奖。出版编著专著 20 部，发表学术论文 40 余篇，完成工程项目设计 50 余项。

戴 您和项秉仁、黎志涛先生曾是研究生同学?

| 仲 是的。1978年,"文革"后恢复研究生教育,报考的同学中,有来自全国的"文革"前毕业的老大学生,还有工农兵学员[①],初试有好几十人,后来参加复试的有5人,在教室里每人一块图板做快题设计。据说计划录取4个人,复试后建筑设计方向只录取了3个人,因为有一位导师成竟志[②]教授去了香港,只剩3位导师:刘光华[③]、齐康、钟训正[④]。所以就招了3个学生:项秉仁、黎志涛和我。

---

① "文化大革命"开始后,全国高考被取消,直到1970年大学才重新开始招生,实行群众推荐、领导批准和学校复审相结合的方式,这些从工农兵中选拔的学生被称为"工农兵大学生"。

② 成竟志(1920—2010),湖南湘乡人。1937年考入中央大学建筑系。1944年考取租借法案留美实习,1945年抵美,在纽约奥斯汀工程公司(The Austin Co.)从事工厂、水坝、车站、飞机库设计。1945年入哥伦比亚大学建筑学院,为特别奖金生(Special Fellowship),1947年获硕士学位,在爱格斯建筑司(Eggers Higgens)做医院、学校设计。后特随巴黎大奖大师摩根(Lioyd Morgan)做Park Labrea L.A. & Park Merced S.F.住宅群。1955年底回国,任南京工学院(现东南大学)教授兼工业教研组主任,教学以高年级设计为主。先后参加了北京火车站、北京体育馆、长江大桥桥头堡、十周年南京规划、淮海战役纪念塔及馆、上海党史陈列馆、梅园新村总理纪念馆、阜阳面粉厂、紫金山钟表厂、国家图书馆、徐州城市规划等工程设计。1978年因服伤出国就医,1989年归国,为东南大学荣誉教授。

③ 刘光华(1918—2018),江苏南京人。1936年考入原中央大学(现东南大学)建筑系,1940年毕业,获工学学士学位。1943年参加第一届自费留学生考试,录取后赴美留学,1946年毕业于哥伦比亚大学建筑研究院,获建筑学硕士学位。1947年起历任中央大学、南京大学、南京工学院建筑系教授、建筑设计教研组主任、建筑系学术委员会主任等职。曾兼任南京市政委员会委员、顾问,江苏省建筑学会理事、名誉理事长。在建筑系期间主要担任建筑设计、城市规划理论与设计等课程教学和研究生培养工作。在承担教学工作的同时,主持和参与多项城市规划设计和建筑设计项目。1983年应美国BALL STATE UNIVERSITY建筑与规划学院之聘,担任访问教授,1986年离职,开启了长期的写作及讲学生涯。于20世纪50年代末率队创作的"无锡建筑工作者之家"设计方案在学界引起积极的反响,于1980年提出的"人—建筑—环境"的建筑思想影响深远。他于20世纪80年代出版的 *BEIJING: THE CORNUCOPIA OF CLASSICAL CHINESE ARCHITECTURE* 和 *CHINESE ARCHITECTURE* 是国际学术界了解中国古典建筑的经典著作。

④ 钟训正(1929—2023),出生于湖南武冈,建筑学家,中国工程院院士,东南大学建筑学院教授、博士生导师。1952年毕业于南京大学,毕业后分配到湖南大学任教,1953年调入武汉大学水利学院任教,1954年于南京工学院任教,1985年1月担任南京工学院教授,1997年当选为中国工程院院士,2010年获得第四届中国建筑学会建筑教育特别奖。1958年钟训正与北京工业建筑设计院合作设计北京火车站,他所做的综合方案(造型),以及20世纪60年代所设计的南京长江大桥桥头堡,均是周恩来总理选定后实施建成的。20世纪80年代以后,他主持方案设计并与孙仲阳、王文卿合作完成项目所取得的成果:无锡太湖饭店新楼获国家教委一等奖、国家建设部优秀设计二等奖、国际建协第二十届世界建筑大会"当代中国建筑艺术创作成就奖"、兰州甘肃画院和海南三亚金陵度假村获国家教委二等奖、杭州胡庆余堂保继旅游中心设计获竞赛第一名。

黎志涛是清华本科1966届毕业生，当时清华建筑学是6年学制；项秉仁是我们南工的1966届毕业生，他在20世纪60年代那批学生当中是最拔尖的。就相当于一个教学小组3位老师，共同指导3个学生，并没有分谁是谁的导师。虽然到写论文的阶段，一位导师负责一个学生，刘光华老师负责项秉仁，钟训正老师负责黎志涛，齐康老师负责我，但实际上，我们3个同学都是3位老师共同的学生。

南京工学院老师的学术功底都是很深厚的，刘光华先生在理论方面很有造诣，他翻译了一些国外的建筑理论著作，可惜仅仅作为讲义，没有正式出版。齐老师、钟老师的手头功夫都是很厉害的，对我们要求也很严格。我从3位老师身上学到了他们各自独具特色的功夫。此外，我的基础比黎志涛和项秉仁差，所以我除了跟老师学习之外，从两个师兄那里也学到了很多。那时候，我们这一届7个同学都在一个教室里面，不懂的地方我就去请教他们，大家做一样的设计题目，慢慢地耳濡目染，我也逐步跟上了他们。到毕业的时候，齐老师选择我留在建筑研究所作为他的助手。记得有一次他和我说道，他看重的是我的综合能力、英语水平，特别是觉得我对建筑的感悟好。

刘光华教授去美国前，和钟训正教授带3个研究生一起去承德避暑山庄考察和收集资料时所摄（前排从左至右分别为：黎志涛、王世仁、张静娴、刘光华、钟训正、仲德崑、项秉仁，后排为当地的陪同）
图片来源：https://mp.weixin.qq.com/s/gJ7jdzE7Ylmt5YL369lSmw.

1983 年陪同导师齐康在无锡太湖游船

戴 您刚才说您是工农兵学员，当时通过怎样的机会考上大学？

| **仲** 我是 1973 年考上大学的。1972 年上大学还都是推荐、选派，但我们那一届是考试。我听说要考试的消息后，就做了一些准备。我算是"老三届①"，那时候在扬州地区的农村插队，但上大学的梦想从未泯灭。

我当时插队的地方是江都县宗村公社西贾大队，是扬州地区"农业学大寨"的典型，在扬州地区很出名。在农村那几年，各种农活我都干过。我还做过一段时间的农业科研，用生物化学的方法生产赤霉素，俗称"920 农药"。我自学入门，生产出来的产品送到江苏省农科院去检测，那里的研究人员都不相信，我自己一个人在农村能做到这么高的含量。回来后将其用在两块相同面积的水稻田做对比实验，结果发现喷洒过 920 农药的地块，稻子的长势更好，稻谷的千粒重高出不少，产量更高。

1972 年，是我知青生活的第 4 年，公社让我去参加"一打三反"工作队。公社信用社会计被查出了问题，公社就安排我去当信用社会计。但我跟公社书记讲，我不喜欢当会计，我想上大学。书记说今年已经来不及了，让我好好干，

---

① 老三届是指"文革"暴发时，在校的 1966 届、1967 届、1968 届三届初、高中学生。六届中学生同年毕业当知青，将此前以农场（含兵团）模式为主的上山下乡改变为以插队模式为主。

明年就推荐我参加考试。我中学上的是南京最好的学校——南京市第一中学。各门功课都很好，就是现在说的"学霸"吧。第二年，我被推荐去参加了考试，一下就考了全县第一名。但因为张铁生"白卷先生"事件，在别人都拿到通知的时候，我一直都没拿到。我就跑到公社去找书记。书记给教育局打电话，回复说我考得太好了，但通知还不敢发，让我老老实实在家里面等风头过去了再说。填志愿的时候，每人可以填三个，我的第一志愿是南京工学院建筑系，第二志愿是南京大学生物化学系（因为我搞的赤霉素就是属于生化领域），第三志愿是扬州师范学院①的物理系。过了半个多月，我终于拿到了南京工学院的录取通知书。

戴 当初为什么第一志愿报了南工的建筑系？

｜仲 就是因为当时知道杨廷宝先生，他在江苏，乃至全国都很有名气，所以我当时就知道南京工学院建筑系好。我在中学时就喜欢画画，是学校美工队的。当时我的想法是，学建筑是要把盖房子和画画结合起来，后来发现这就是建筑学的本质，就是要把工程和艺术结合起来。所以我当时的判断还是很对的，至今仍然十分热爱建筑学专业。

1973 年春天开学后，我一到学校就开始"反击右倾翻案风"。那时候，工农兵大学生来自工人、农民、解放军，我们班上的支部书记是部队的连指导员，班长是车间主任。大家的基础都不一样，我是高中毕业，当时一心读书，也有一定的绘画基础，因为用心去学，我在那几届的工农兵学员当中，成绩是最好的。

1977 年毕业后我被分配到陕西咸阳的铁道部建厂局设计处，前身是铁道部专业设计院，是全国知名的设计院。我在设计院跟着给我指定的王作云老师扎扎实实地画了一年半的施工图，学到了很多东西。后来听说研究生招生要恢复，我就想考研。因为我是南方人，在北方天天吃玉米窝头，一个月只有 5 斤大米，很不习惯，而且我当时的女朋友（就是现在的太太）在南京，想解决两地分

---

① 现为扬州大学。

居的问题。那一年我做了很多准备，也给学校原来的老师写了信，他们回信让我好好准备，支持我考回去。

其实在我考上硕士研究生的那一年，我正在北京做现场设计。突然接到了学校教务处给我发的一封信，通知我在北京外国语学院参加英语考试。如果通过了考试，就直接公派出国读硕士。当时齐老师请杨老帮我推荐了美国哥伦比亚大学。但那次考试我没通过，错过了一次好机会。可见"机会总是留给有准备的人"的说法是对的。

戴　您在硕士阶段就开始研究城市设计的问题吗？

| **仲**　是的，这主要是受齐康老师的影响。齐老师主攻建筑设计，但他曾经在北京的一个规划团队工作过一段时间。所以，他既有建筑设计的背景，也有城市规划的背景。齐老师一直都很重视城市问题，他常和我们说，不懂得城市的建筑师不是一个完整的建筑师；不下工地的建筑师，不是一个优秀的建筑师。我对建筑的很多领悟都是通过和齐老师学习到的。在论文选题的时候，我选了一个题目——《建筑环境中新老建筑的关系处理》，齐老师很支持。齐老师在指导我的论文工作时，为我提供了很多帮助，让我去拜访过他的一些朋友。比如到天津大学拜访了彭一刚[①]先生、聂兰生先生和邹德侬[②]先生，到北京拜

[①]　彭一刚（1932—2022），出生于安徽合肥。1953 年毕业于天津大学土木建筑系建筑学专业，后留校任教，1983 年晋升教授，1985 年担任博士生导师；1989 年，他的名字被美国 ABI（American Biographical Institute）收入世界名人录；1991 年享受国务院颁发的政府特殊津贴；1995 年当选中国科学院院士；2003 年获得第二届梁思成建筑奖。曾任全国政协第八、第九届委员，民盟中央第八届委员会委员。民盟天津市第九、十届委员会常委会委员，民盟天津大学第二、三届委员会副主任委员。还曾担任过国务院学位委员会第三、第四届学科评议组成员，人事部博士后专家组成员。

[②]　邹德侬（1938—），出生于山东福山。1962 年毕业于天津大学建筑系。研究方向为建筑设计及其理论，中国现代建筑、西方现代建筑及西方现代艺术史。出版《西方现代艺术史》《西方现代建筑史》等 6 种英译译著，《中国现代建筑史》《中国现代美术全集·建筑艺术卷 2—5卷》等 14 种学术专著。建筑作品有青岛山东外贸大楼、南开大学经济学院、天津大学建筑系馆等 20 余项。《中国现代建筑史研究》获教育部自然科学一等奖（2002 年）及国家自然科学奖一等奖提名奖等 10 项。

访了张开济^①总工、陈占祥^②先生。到同济大学拜访过李德华^③先生、陶松龄^④先生。我的硕士论文写完后，答辩时得到很高的评价，《建筑学报》分两期连载刊登^⑤，这在当时是很难得的。

戴　后来您硕士毕业后通过了英文考试，在上海外国语学院的集训都包括哪些课程？

| **仲**　当时的培训很正规，除了中国老师，每一个班还有 1 位外教。学习的重点就是语法、听力、阅读理解和写作。

---

① 张开济（1912—2006），原籍浙江杭州，1935 年毕业于南京中央大学建筑系，后在上海、南京、成都、重庆等地建筑事务所任建筑师。历任北京市建筑设计院总工程师、总建筑师、高级建筑师、中国建筑学会第五届副理事长、第六届常务理事。曾任北京市政府建筑顾问、中国建筑学会副理事长。1990 年获全国首批"勘察设计大师"称号。曾获得中国首届"梁思成建筑奖"。他曾设计天安门观礼台、革命博物馆、历史博物馆、钓鱼台国宾馆、北京天文馆、三里河"四部一会"建筑群、中华全国总工会和济南南郊宾馆群等工程。

② 陈占祥（1916—2001），原籍浙江奉化。1943 年毕业于英国利物浦大学建筑学院建筑系，1944 年获该校都市计划硕士学位。1945 年至 1947 年任第一届世界民主青年大会副主席。曾任上海市建设局都市计划委员、总图组组长。历任北京市都市计划委员会企划处处长，北京市建筑设计院副总建筑师，中国城市规划设计研究院总工程师、高级工程师，北京大学名誉教授，中国建筑学会第五届常务理事。1950 年与梁思成合写《关于中央人民政府行政中心区位置的建议》一文。撰有《中国建筑理论》《古代中国城市规划》等论文。

③ 李德华（1924—2022），上海人，1945 年毕业于上海圣约翰大学土木工程系，获建筑工程理学士和土木工程理学士双学位，1946 年起参加大上海都市计划的编制工作。自 1952 年起从上海圣约翰大学建筑系转入同济大学工作，历任同济大学建筑系、城市建设系讲师、副教授、教授、副系主任、系主任，并于 1986 年担任新成立的同济大学建筑与城市规划学院首任院长。主编撰高校教学用书《城乡规划》《城市规划原理》，负责《中国大百科全书（建筑卷）》《辞海》等中有关城市规划、建筑和风景园林的词条编撰；并发表了多篇重要的学术论文。主持或主要参与了一系列重要的规划建筑设计项目，其中包括同济大学教工俱乐部、嘉兴市总体规划、上海市大连西路实验居住区规划、青浦县及红旗人民公社规划、波兰华沙人民英雄纪念碑、莫斯科西南区规划国际竞赛方案、阿尔及利亚新城规划等，并获相关奖项。曾获"中国城市规划学会突出贡献奖""中国建筑学会建筑教育奖"等。

④ 陶松龄（1933 年—），江苏常熟人。1955 年毕业于同济大学建筑系，1961 年获波兰华沙工业大学建筑系城市规划博士学位。长期从事城市规划理论及设计的教学与科学研究。曾任同济大学建筑规划学院城市规划系主任，上海市建筑学会城市规划学术委员会副主任。参加编制的《现代海港城市规划与港区合理布置的研究》获 1984 年城乡建设部科技二等奖。合编有《城市规划原理》《城市对外交通》等。

⑤ 见《建筑学报》1982 年第 5 期、第 7 期。

当时我们需要自己联系留学的学校。在外语学院里可以查到一些资料，有一本叫 *Who's Who* 的书，还有一些外国学校的册子。但当时我联系了许多学校后，发现国外的建筑学专业基本不培养博士，难怪杨老、童老等老一辈都是硕士毕业。有可能招收建筑博士的学校不超过 10 个。我给各个学校寄出信后，唯一的回信来自诺丁汉大学。导师 Dr. Stewart Johnston^① 是诺丁汉大学资深教师，他对中国文化和中国园林特别有兴趣，表示愿意接收我。

于是我决定去英国诺丁汉大学。当时出国读博士的 80 个人是由世界银行贷款项目资助，但是等到了办出国手续的时候，我才发现，我的项目被别人对调了，对调后的项目只能为我提供 2 年的经费，而原来的项目时间上是很宽松的，可以资助四五年，经费相对来说也高一些。

戴 那您就只能在 2 年之内拿到博士学位。

| 仲 对，否则就没钱了。那时候也没办法去打工，当时在英国打工是非法的，时间上也不允许。我是 1984 年 4 月份去的，我给自己定了一个目标，就是在 1986 年 5 月 1 日，我一定得把论文交了。那时候条件真的很艰苦，一个月的经费是 110 英镑，住房大概要花掉 50 英镑——我刚去的时候先住在学校宿舍，后来发现住不起，一个学期后我就搬出来住了——还要花钱吃饭，买书和文具，所以就必须得节省着用。

在 2 年时间内完成博士论文，是一件艰苦卓绝的任务。为了节约时间，我每周休息一天，把一周的饭菜全部做好，存放在冰箱里。每天 9 点出门，深夜归来，工作 14～16 个小时。我如饥似渴地阅读了近 200 本文献资料，并详细做了笔记；马不停蹄地调查了近 40 个不同类型的英国城镇，拍了 3000 多张幻灯片，近千张黑白照片，还收集了大量的图纸、资料。

论文的写作阶段共花了 9 个月时间。这 9 个月相当艰苦，特别是最后几个月，

---

① R.Stewart Johnston，时任诺丁汉大学建筑与规划系高级讲师。

从左至右：仲德崑，导师夫人 June Johnston，导师 Stewart Johnston，当时正在诺丁汉大学访问的郑光复教授

简直是用自己的性命在拼搏！最关键的时刻，齐老师给我汇来了 1000 英镑，支持我完成了学业。我经常讲，我这一生有两次插队，第一次插队是在江苏兴化的里下河农村插队，第二次就是这次"洋插队"。

在完成论文的最后阶段，我有半个月左右的时间一直在工作室里没出过门，不分日夜地工作。最后弹尽粮绝，我就请其他中国留学生同学给我送来饭菜。等到 5 月 1 日我写完论文，导师开着车到学校把我那些复印好的论文送出去装订。我一出门，看到路上一树一树的花都开了！我的心情一下就放松下来。

5 月交了论文，6 月答辩，7 月 11 日，我参加了学位颁发典礼，拿到了博士学位，成为中国第一个在国外拿到学位的建筑学博士，也是诺丁汉大学有史以来用最短时间拿到博士学位的学生，学院里跟我同时拿到博士证书的一个美国人，则读了整整 8 年时间。

诺丁汉大学校园，叫 University Park，只有一栋 16 层的高层建筑，我的办公室在第 11 层。那里的老师都说，我那一盏灯永远都是亮着的。所以他们觉得不能让我这么玩命，到了周末下班的时候，他们有时会来找我，说"德崑，跟我回家"。我就跟他们到家里面住一个周末，然后周一再回学校。

1986年的大年初一，仲德崑的导师夫妇所送的手绘水彩画贺卡，画的是诺丁汉大学校园中，他所在的 11 层办公室那盏几乎永远亮着的孤独灯光

戴 您和那里的老师们相处得很好。

| 仲 我在诺丁汉大学里面算是很特殊的一个学生。我当时已经是南工建筑系讲师了，有硕士学位，也不是小年轻了，他们都把我当同事。我的导师是苏格兰人，他和夫人对我特别好，把我当自己的孩子一样。每个星期一的下午五点，他开着车把我接到他位于 Beeston 的家里，到他家喝茶、聊天，导师夫人已经把饭准备好了，饭后喝完咖啡，我就跟导师去他的书房，先谈谈我这一个星期的研究进展，然后进行另外一项特别的任务。导师喜欢中国古典园林，正在写一本相关的著作。他复印了很多中国杂志上关于园林的文章。每周我就拿着他复印的那些资料给他做口译，他做笔记。等到我论文写完了，他那本书也完成了。书名叫 *Scholar Gardens of China*，剑桥大学出版社出版，我用毛笔在扉页上题了书名《中国文人园》，还给导师起了个中文名字——江思东。

有时候，导师夫妇周末出去旅游也会带上我，一般是一日游，开着他心爱的 Van（面包车），带我到诺丁汉周边的小城镇去旅行，既方便我收集资料，也帮我放松心情。有一次在外边野餐时，我在诺丁汉大学其他专业的一位同学剥开塑料包装纸随手扔在了草地上，师母把它捡了回来放进垃圾袋，说塑料在大自然中很多年后都无法降解。那是我第一次有了"环保"的意识。每到圣诞夜，导师一定会接我到家里去吃饭。1984 年的圣诞夜，导师让我用他家的电话给我家打个电话，我当时眼泪就掉下来了，我说家里没有电话。那时

《中国文人园》封面、内容简介、仲德崑题字及部分内容页图像

候国内都是要到电信大楼挂长途，接通后到几号包间里面去打电话。和家里联系主要就是靠写信，怕丢失，所以每一封信都要在信角的某一个位置编上号。圣诞节过后的第二天，就有另外一位老师到导师家里接上我到他家去住一两天，然后再到下一家，从12月25日到第二年的1月4日，10天时间，像接龙一样，等圣诞假期过后我再回到学校继续工作。

我的口语甚至比英语系的留学生都好，可以很流利地和当地人交谈，甚至用英语讲笑话。出去留学，不仅仅是要读书学知识，还要融入当地的社会文化，这样才能学到更多东西。

戴 您当时研究的课题是关于中西城市设计的对比，这个课题是如何确定的？

| **仲** | 实际上我之前就有这个想法，已经在国内搜集了一些资料。我建议的研究课题是 "Urban Design, A Comparative Study of Western and Chinese Urban Design"。我把我想研究的东西给导师看，他很感兴趣。这大约也是诺丁汉大学录取我的原因之一吧。课题确定了，在出国前那一年的寒假前后，我去了中国的很多城市，北京、苏州、徽州、宁波、绍兴等，拍了很多黑白照片，收集了很多图纸资料。后来齐老师给我 10 卷幻灯片和彩色胶卷，那个时候幻灯片很金贵。我在英国的 2 年时间里，走遍了英国的 30 多个城市。诺丁汉在英格兰的中部，很方便出行，被称为 "Queen of Midland"，当地有这样的说法："Wherever you go, you're halfway"。

现在翻翻自己的博士论文，感觉到有些稚嫩，虽然用英文洋洋洒洒写了 500 页，有数百张图片，大部分平面图、分析图和钢笔画都是我自己画的。我当时还特别在扉页写了一句话——献给我可爱的祖国和热爱她的人们。

博士论文中部分页图像

仲德崑翻译的《城市建设
艺术》

实际上我是最早一批把城市设计介绍到中国来的学者之一。我1980年在南工
完成的硕士论文《建筑环境中新老建筑关系处理》实际上属于对城市设计领
域的研究。正如 Frederick Gibberd 在 *Town Design*[①] 一书中所说的，当涉及两
栋建筑之间的关系的时候，它就不再是建筑设计，而是城市设计了。20世纪
60年代初，齐老师的研究开始涉及城市设计，童寯先生嘱咐他先看 Camillo
Sitte 的 *The Art of Building Cities*[②]，《城市建设艺术》这本书，Sitte 在 100 多
年前写的这本书被称为"现代城市设计"的经典，作者也因此被称为"现代城市
设计之父"。齐老师也向我推荐了这本书，我在南工写硕士论文和在英国写博
士论文的时候一直在读。一边看一边做笔记，所以我的论文里面的写法、插图，
都受到过这本书的影响。回国以后，我翻译了这本书，1990年在东南大学出
版社出版，2017年由凤凰出版社再版。

李 城市设计引入之后，在国内引起了怎样的反响？

| 仲 1988年《世界建筑》在哈尔滨建筑工程学院举办过一次学术会议[③]，那是我

---

① Frederick Gibberd. *Town Design*[M]. London: The Architectural Press, 1959.

② Camillo Sitte. *The Art of Building Cities*[M]. New York: Reinhold Publishing Corporation, 1945.

③ 此次会议主题为"世界建筑学术演讲讨论会"，于1988年8月17日由哈尔滨建筑工程学
院和《世界建筑》杂志社联合召开，出国攻读学位、研修考察归来的25位专家应邀在会上作了
学术讲演。

回国后作的第一个学术报告，题为"英国建筑与城市"。我讲了英国的城市设计，而且提出了要把城市设计的理论引进到中国。报告后来以"英国城市建筑环境设计的实践及其启示"为题发表在《世界建筑》杂志上。我也在国内的一些杂志和学术会议上多次专门介绍过英国的城市设计，呼吁在我国的大规模城市建设中引入城市设计的理念。20世纪90年代初，齐老师提议建筑研究所和南京市规划局联合成立了南京城市设计办公室，齐老师担任主任，南京市规划局陈润强总规划师和我担任副主任，并着手开展了南京市新街口地区城市设计，这是国内最早进行的城市设计实践。成果后来发表在《城市规划》杂志上①。

东南大学是全国第一个在本科设计课中增加了城市设计课题的高校。我当时任院长，力主在四年级设计课题中增加城市设计，在硕士研究生教学中增加城市设计研究方向，这样就跟上了欧美知名建筑院校的步伐。

改革开放以来，中国的大规模城市建设还十分粗放，大拆大建，几乎不考虑古城保护、历史街区更新改造这些问题，也不注重城市的功能结构、空间结构、交通结构和景观结构的研究。一批学者致力于引介城市设计理论和概念，成效甚微，因为那时候考虑更多的是有无的问题，而不是好坏的问题。直到近10来年，中国的各个城市才开始注重城市设计，中国建筑学会也专门成立了城市设计分会。

李　您当时用计算机和软件写论文，这是在国内还是在英国学会的？

|仲　是在诺丁汉大学时学的。那时国内还没有个人计算机，我可能是最早一批用计算机写作的中国人。最初接触个人电脑很新鲜。那时候我写论文用的软件叫WordStar②，是最早的文字处理软件。存储设备是5寸的软盘，存储量只有256K。

---

① 仲德崑.南京市新街口地区城市设计 [J]. 城市规划, 1989（1）: 3-7.
② WordStar 是个人计算机的第一款通用字处理软件，于 1977 年由 MicroPro International 公司发行。

我喜欢交朋友，计算机房有一位老师 Tom Peters，我不懂就去问他，很快我就把 WordStar 这个软件掌握了。只有一次他跟我发了点脾气，说"我没那么多时间"，那天他大概有点不高兴的事情，但最终我们成了好朋友，周末他经常带我回他家。我回国后，他全家移居澳大利亚的 Tasmania（塔斯马尼亚）岛，邀请我去 University of Tasmania 访问讲学，还在他家住了一周。

戴　您当时需要上课吗？参与过教学工作吗？

| 仲　我读的是 Doctor by Research，就是做研究、写论文，另外一种 Doctor by Course 是要修学分的。由于我已经在国内有了硕士学位，所以可以选择前者。我基本上没有参与过教学，因为 2 年完成论文已经是很极限的事情了，没有时间再去做 Teaching Assistant 或 Research Assistant。但是，我参加过一个高年级的课题，和师生一起去过意大利北部考察，去了威尼斯、佛罗伦萨、米兰、锡耶纳、圣吉米那诺等城市。设计课题的基地就在圣吉米那诺，这是坐落在山顶上的一座中世纪古城，有许多高耸的塔楼，被称为"百塔之城"。我和老师们一起带学生测绘。学院里有几个香港学生跟我关系挺好，他们常常会把图纸拿来让我给他们改图。我也参加过几个年级的评图。

我在诺丁汉的时候，刘光华教授曾访问诺丁汉大学，之后南工就和诺丁汉大学建立了互换教师交流的关系，当时这在全国来说也是较早的。每年我们双方互派 1 ～ 2 位教师到对方学校访问，参与教学，为期 3 个月。双方交流的经费都是靠诺丁汉大学的院长 Christopher Riley 找到 British Council[①] 提供的资助。这段交流持续了大约 9 年。我在诺丁汉的那 2 年，南工的老师们到那边去，都由我照顾他们的生活。所以我在接受博士学位

---

① 英国文化协会，于 1934 年成立于英国，致力于促进英国文化、教育、国际关系之拓展和交流。于全球 109 个国家、200 多座城市设有分部，1943 年起在中国大陆、香港及台湾陆续成立办事处。该协会提供英式英语教学、英国期刊、留学情报以及各领域消息、免费咨询等服务，并与外交机构建有合作计划，为非营利性机构。

证书的典礼上有郑光复^①老师参加。

戴 去英国后您最大的感触是什么？

| **仲** 刚到英国的时候，一位在伦敦大学学院留学的同学到希思罗机场来接我，我在他那儿住了两个晚上，然后去诺丁汉。当时我觉得自己仿佛到了另一个星球。那时国内刚刚取消定量票券，我根本没见过超市，对于往篮子里面装东西，最后去付钱，觉得不可思议。到了诺丁汉之后，有诺丁汉大学中国留学生会的同学来火车站接我，并且帮我安排住宿。

1984 年的圣诞节，学院院长 Christopher Riley 邀请我和一位来自非洲的访问学者去他家吃饭。院长住在距诺丁汉 20 多英里的村子里的一栋木构古建筑中。古老的英式住宅，优美的村落环境，丰富的圣诞午餐，自然引起我将国内的生活与之进行对比，不由得感慨万分。院长看我动了感情，安慰我。我记得当时我说："我们这代人有责任通过努力奋斗，让我们的孩子过上你们这样的生活。"今天，我们也的确住上了别墅，开上了汽车，有了自立于世界民族之林的感觉。

英国的各个地区都有中国留学生会，在诺丁汉的最后一年我成了诺丁汉地区中国留学生会的负责人。中国驻英大使馆教育处十分注重发展留学生党员，1986 年我在英国加入了中国共产党。在英国加入共产党是非法的，我入党宣誓的时候，大使馆的一位二秘来到我们留学生会的住处，拉上窗帘，把党旗钉在墙上宣誓。所以，我常开玩笑说，我是在英国加入的中共"地下党"。

---

① 郑光复（1933—2009），1956 年 8 月毕业于南京工学院（现东南大学）建筑系，东南大学建筑学院教授、国家一级注册建筑师、中国建筑师学会会员、中国民族建筑研究会会员、中国建筑学会理论与创作研究会会员，东南大学建筑设计研究院深圳分院顾问总建筑师。长期从事建筑设计、环境设计、风景园林建筑规划与设计，其中国古建及欧洲古建的设计理论底蕴深厚，设计成果遍及全国多个城市。他参与设计的建筑作品有：北京人民大会堂、中国革命历史博物馆方案设计，北京崇文门火车站建筑设计及施工图设计，以及南京长江大桥桥头堡、南京曙光国际大酒店、山东大学科技楼、宝庆银楼等设计。其多项设计作品获得国内奖项。

戴 您当时有意愿留在英国吗?

| 仲 我是公派留学生。国家派我出去,国内的工资照常发放,在英国一个月的资助费用就相当于我一年多的工资。人是要讲良心的,"滴水之恩当涌泉相报"是中国人的传统。我下定决心尽快完成学业,尽快回国,尽快回家,家人也在等我回去。后来我在国内当院长的时候,每次派教师出国交流,我都会和他谈话,要求他们出去了一定得回来,要对国家、对学校负责。

论文顺利答辩以后,有一天 Riley 院长找我,说诺丁汉附近有一家公司——CLASP(全世界比较早搞中小学校体系建筑的公司),想开拓中国市场,要找我咨询。去了以后,他们问了我很多关于中国的建筑业和建筑规范方面的问题,了解了国内建筑界的一些情况。回来的第二天,院长和我说,这次咨询实际上是面试,他们对我十分满意,希望我能留下来加入 CLASP 公司。我当时就跟院长讲,我没有要留下来工作的意愿,希望回国,至于他们会给我什么待遇我也没问。

戴 您曾担任全国高等学校建筑学学科专业指导委员会主任,那您如何看待专指委在全国各校建筑教育发展中的作用?

| 仲 那个时候,英国的教育还是蛮扎实的,还没有像后来那么产业化。英国的建筑教育在全球也是领先的,我国现行的建筑学专业评估体系主要就是借鉴了英、美两国的体系而制定的,特别是受英国的影响较大。

Riley 院长曾带我一起去见过 RIBA(英国皇家建筑师学会)的人员,从那时开始,我对英国建筑教育的评估体系有了一些了解。英国的建筑教育体系就是要通过统一的评估标准保证各个院校专业教育的整体水平。通过评估院校毕业的学生,像从伦敦大学学院、诺丁汉大学、谢菲尔德大学、利兹大学、爱丁堡大学这些学校毕业的学生都能大致在一个水平上,能够适应专业实践的基本要求。通过学科评估体系保证了全国的建筑教育的基本水准。我不记得是在什么语境下,Riley 院长向 RIBA 的主席介绍我来自中国,"When going back, this man might be the leader of Chinese architectural education", 不知道他哪儿来的先见之明！

我国对于建筑学专业学位及其评估制度的试点和研究工作是从 1992 年开始，1995 年正式实行的，设置了全国高等学校建筑学教育评估委员会和全国高等学校建筑学学科专业指导委员会。我从 2000 年起连续担任了 13 年专指委主任。这期间，中国建筑教育经历了一个快速发展的时期，全国建筑院校从 40 多所发展到近 300 所。我们的专指委和评估委员会相结合的体系在推动我国建筑教育的健康发展方面发挥了重要的作用。我的理念是像老四校、老八校这样的院校不需要"被指导"，专指委的任务就是要让处于第一梯队的这些学校带动其他学校的学科发展。我们把每年举办的三年级设计竞赛改为各年级设计课教案的观摩和评选，连续从一年级、二年级、三年级、四年级直到毕业设计评出来的优秀教案结集出版，对全国院校的设计课教学起到示范和引领作用。

戴 您曾担任东南大学建筑系主任（院长）和深圳大学建筑与城市规划学院院长，在两校开展工作时您有怎样的不同体会？

| 仲 我在东南大学当系主任（院长）的时候，正处于人才青黄不接的阶段。老教师处于退休高峰，77、78 届还没有成长起来。所以，我给自己的定位就是起到承上启下的作用。我想我应该是较好地完成了这个任务。继承前辈的优良传统并把它传递下去，即所谓的薪火相传吧。建筑学专业在工科院校里处于很尴尬的位置，建筑学同时具有的工程属性、艺术属性，甚至社会属性的综合特征，很难被学校领导所理解。因此，对于建筑学人才评价、职称晋升一直是不公平的。我直接找校长，提出只看科研成果和论文，不看设计成果和教学成果的评价体系是有问题的，不利于建筑学科的发展。校长同意我们根据建筑学科的特点制定人才评价和职称晋升的标准，用相应的国家级、省部级建筑设计奖项替代工科院校注重的科技进步奖、发明奖，用学科最高级刊物发表的论文替代 SCI、EI 论文。经学校人事部门认定后，形成建筑学专业教师的人才评价和职称晋升的条例。这在全国建筑学院校中可能是最早的尝试。

2010 年前后，苏州大学邀请我去当建筑学院院长，并且希望我完全调动过去，但最后我选择了担任顾问院长，帮助苏州大学建设建筑学院。我运用全国高等学校建筑学专业指导委员会主任的优势，为学院聘请了院长、系主任和教师，建立建筑学专业的教学体系。记得刚接手的时候，第一件事，就是帮他们修改院馆设计的图纸。原始的院馆设计和普通的教学楼一样，没有模型室、报告厅、评图室，我说这哪像个建筑院馆？于是就修改了原设计，增加了一些公共教学空间，充实了教学人员和管理人员。经过 10 多年的发展，苏州大学建筑学院已经初具规模，成为一所大有发展前景的院校。

2014 年春节的大年初二，深圳大学李清泉①校长专程飞来南京找我，邀请我去深圳大学担任建筑与城市规划学院特聘教授兼院长。经过两个小时的深谈，校长的人格魅力终于打动了我，我也向校长提出要求给予学院在办学经费、办学场所、人员指标、人才引进、人才评价等方面的特殊政策，还有一条直通校长本人的"热线"。以后的 5 年，我往来于全国各地、特别是南京与深圳之间，完成了我的学术生涯中的最后一个辉煌时刻。1983 年，是清华大学建筑学院汪坦先生南下深圳，在深圳这个改革开放的前沿城市，创办了深圳大学建筑系。后来，我在学院门厅里为汪坦先生塑了一座青铜胸像，表示我们继承和发扬汪坦先生开创的事业的决心。2014 年春天，我们召开了全国建筑学教育研讨会，邀请了全国数十所院校的院长和教授们，共同研讨深圳大学建筑学科的办学思路，提出了"一横多纵"的跨年级矩阵式教学系统，在"一横"阶段，一二年级的设计基础教学，把建筑设计基础定义为"泛设计"，以适应高年级各个专业的需求，同时也拓宽了学生毕业后的就业方向。我公开声称，我来自"老八校"，但要打破老八校的格局。如果我们开口闭口就是"老八校"，那我国的建筑教育事业怎么发展？ 2018 年，深圳大学获批建筑学博士点。

---

① 李清泉（1965—），安徽天长人，国际欧亚科学院院士，曾任深圳大学二级教授、博士生导师，现任深圳大学党委书记，香港中文大学（深圳）副理事长。1981 年进入武汉测绘学院工程测量系就读，先后获得学士、硕士学位，1988 年硕士毕业后留校工作，先后担任助教、讲师、副教授、教授、博士生导师，先后入选国家百千万人才工程国家级人选、教育部新世纪人才。1998年获得武汉测绘科技大学博士学位。2000 年至 2012 年担任武汉大学副校长、常务副校长；2012年担任深圳大学校长，2020 年担任深圳大学党委书记。

2021 年、2022 年连续 2 年，深大建筑学的软科排名都排到了第七位。

这三段我执掌建筑学院院长的经历，分别处于建筑学科发展的不同时期。这些年来，建筑学科有了很大的发展和变化。除了学科的内涵得到深化以外，学科外延和交叉学科的产生，使得建筑学成为与社会、数字化和大数据、绿色生态低碳、建筑科学技术密不可分的庞大学科。在这种情况下，我觉得建筑学科在坚守建筑设计这个本体之外，应该积极拥抱时代发展，迎接科技融入。我坚信，建筑学这个古老的学科，会继续焕发青春，服务于人类，永远具有迷人的魅力。

注：未标明来源的图片均为受访者提供。

时匡先生忆日本研修经历及归国对比思考

受访者简介

时匡（1946—）

男，出生于上海。1969 年毕业于同济大学建筑系建筑学专业。曾任苏州市建筑设计研究院总建筑师（教授级高级建筑师）、日本神户艺术工科大学客座研究员、高级访问学者。1993 年起任中国—新加坡苏州工业园区总规划师，兼苏州工业园区设计研究院院长、总建筑师。全国首批五一劳动奖章获得者、全国优秀科技工作者、全国先进工作者、全国优秀留学回国人员称号并记一等功、首批国务院特殊津贴获得者、国家级有突出贡献的中青年专家、第九届和第十届全国人大代表。任中国建筑学会常务理事、世界华人建筑师学会常务理事、全国建筑设计大师、苏州科技学院建筑设计及其理论学科学术带头人、空间设计研究所所长、并担任许多城市的建设顾问。设计并主持完成了 300 多个规划和建筑工程设计项目，30 余项成果作品获国家及部省级以上优秀设计奖，发表论文、专著 18 篇，成果涉及交叉学科研究并有较强的实用价值。著作《全球化时代的城市设计》，系统地阐述了现代城市设计的基本理论和方法，制定了城市设计领域的工作标准；《新城规划与实践》一书以苏州工业园区为例证，从现代城市规划理论出发，探索我国新城规划的健康发展之路；个人作品集《时匡建筑师专集》在韩国出版，是首位在国外出版作品集的中国建筑师。

采访者：戴路、李怡

访谈时间：2023 年 8 月 14 日

访谈地点：腾讯会议

整理情况：2023 年 8 月 15 日整理

审阅情况：经时匡审阅修改，于 2023 年 8 月 19 日定稿

访谈背景：为了解改革开放初期公派至日本研修经历，采访时匡，了解他在日本神户艺术工科大学做高级访问学者的研修过程与思考，及对其归国后工作的影响。通过对比两国在建筑、规划设计等方面的不同之处，回顾中国城市建筑于过去 40 年中的不足与提升。

时匡在作发言时的照片

戴 先生好，改革开放初期，您曾到日本神户艺术工科大学做高级访问学者，当时是如何获得访学机会的？

| **时** 根据当时的政策，国家教育部在刚改革开放后派留学生、访问学者到国外去。但当时跟现在的留学情况完全不一样，一是名额有限制，二是各方面的条件规定也都比较特殊，比如刚刚从学校毕业的学生是不能立刻去国外的，要求必须工作了一段时间，且成立了家庭，才有资格。

戴 提出这个要求可能也是想让出去留学的人员都能按期回来。

| **时** 我想肯定有这方面的原因。因为我当时已经是高级建筑师了，所以不是普通访问学者，是国家公派的高级访问学者。当时评选的条件之一是要通过国家公派留学的外语考试，同时由单位推荐，最后报到上面去批准。具体到哪个国家，到哪个学校去，这个就是自己选择、自己联系了。我当时觉得日本的建筑在民族性的保留方面做得非常好，所以就想到日本去看一下，看他们是怎么把西方的那些现代建筑的理念和本国的传统文化结合起来的。

戴 在出国前您的语言学习如何完成？在当地学习生活是否遇到语言沟通上的问题？

| **时** 我们在中学时学的都是俄语，没有英语基础，虽然我自己也进修过英语，但是很浅。决定要去日本以后，我就进行了日语的学习，单位也很支持，给了

我半年的学习时间，于是我就能放下手里的工作，到大连外国语学院脱产学习日语。最后我也是在大连外国语学院通过了国家公派访问学者的语言考试，最终拿到了资格。

我根本没有学日语的基础，从头学起。因为当时年纪大了，记忆力等各方面都不如年轻人。所以到了日本以后，能够用学到的日语进行基本的沟通，还是一边研修一边学语言。

戴 您当时为何选择去日本神户艺术工科大学研修？

| 时 我当时在查资料的时候，看到这个学校是一个很新的学校，和日本的早稻田大学一样，属于私立学校。但是这个学校的基础非常好，它的教员，包括领导，全是东京大学毕业的精英，所以这个学校实际上和东京大学有相当紧密的关联。

接待我的是铃木成文[①]教授，后来他也是我的导师。他是东京大学的教授，对居住论很有研究，声望很高。到日本后，我主要和他，还有一位他的同事一起做一些课题研究。在我研修期间，导师任系主任，我走了以后，他升为校长。

戴 您在访学期间的主要工作有哪些？

| 时 那段时间对我的感触还是比较深的，我主要攻读环境设计学科，实际上相当于现在的城市设计和景观设计之间的一个学科。但当时咱们国家并未开设过这样的课程，直到我回国多年以后，才开始慢慢地建立。在设计实践中，直到20世纪90年代后期才有这个意识。但是当时日本对这个学科的研究已经持续很

---

① 铃木成文（1927—2010），毕业于东京大学工学部建筑学科。1986年任东京大学工学部教授，1993—1997年任日本神户艺术工科大学教授。曾任神户艺术工科大学校长。2001年获得日本建筑学会奖大奖。主要著作有《51C白皮书》《居住论》《居住计划·居住文化》《阅读住所》等。

多年了。通过学习，我开始认识到建筑和环境的关系，对城市的构成和设计要素有了新的认知。

我抽时间也到日本最大的设计公司——日本设计，去进行设计上的体验。

戴 是帮他们做一些设计的工作吗？

| 时 我到那边跟他们一起进行一些方案上的讨论和作图。给我留下强烈印象的是，他们做事情非常严谨，非常细致，这也是日本的习惯。我举个例子，当时他们在做建筑周围的景观设计，具体要在哪个地方，种一棵什么样的树，都会在图纸上画出来。在这棵树还比较小的时候，为了防风，需要打一个三角形的木支架支撑，这个木支架的具体做法也要画出来，打多深也要标出来。这个是我当时根本想象不到的。

我算了一下，当时我参加了一个设计普普通通的写字楼项目，从拿到合同到建成，设计周期是一年半的时间。而在国内做同类设计时，几个月的时间都很长了，一年半的时间我们可能把建筑都造好了。于是我当时就问日本设计的社长："画得这么细，设计时间不是会很长吗？业主能接受吗？"社长说我们就是依据标准完成的，这个标准不仅建筑行业的人知道，整个社会都知道，于是业主委托我们做设计时，我们就依据标准定时间，这样才能保证质量。如果业主不能接受的话，就只能不接这个工程了。

其实我们的建筑师不是没有功力，也可以做得那么细，往往是因为没有充足的时间，也没有足够的费用，那精细的需求必然无法满足。

戴 您在日本的时候也到实地去看城市、建筑和环境的设计吗？

| 时 我几乎把日本跑遍了。

戴 国家提供的资金够吗？

| 时 当时国家的经济情况不是很好，给的很少。我们在日本搞科研，参加设计，会有一点收入。我就拿此用于建筑旅行。

我专门挑了一些日本本土的有新意的、有创意的建筑去看，着重关注的是在日本传统中占重要地位的作品，也关注了一些现代建筑或国外建筑师设计的作品。对日本最著名的建筑，比如代代木体育馆、神奈川会所等，做一些重点考察。

给我印象比较深的是新干线的京都站[①]，这是原广司的方案在国际竞赛获奖后建起来的。京都站设计的亮点，并不在于造型，而在于理念，它把一个建筑综合体"压"在站上，使二者合一。于是人们从新干线的列车上下来后，一出站就到了一座建筑里面。综合体里面有多类商场、旅馆、餐厅、健身活动设施，等等。四五条地铁线也都交会在此处，巴士站也在其旁边，乘坐地铁或公共汽车就可以到达京都所有的地方。因此，这座车站便能够最大限度地方便市民、方便游客，成了京都市民的一处活动中心。这种设计极大地方便了人的行为，非常人性化。

但我们国家到目前为止，建了那么多的高铁站，都是气势磅礴，规模巨大，但实际上只是造型好看。人们下火车后还是要走很多路才能够赶到相关设施。去坐高铁的话，老早就得坐在板凳上，也没有什么其他多类人性化的服务提供。

① 由日本建筑师原广司设计的第四代京都站大楼，是京都站改造国际竞标的最优秀作品，被称作"古都京都的玄关"，位于世界级旅游城市京都市下京区。由JR西日本、JR东海、近畿日本铁道、京都市交通局四家公司的子车站构成。JR京都车站大楼位于东西向铁路线的北侧。车站大楼东西向长度470m，地上16层，地下3层，建筑面积为23.8万平方米，建筑规模在日本屈指可数，除铁路线和站房区域外，车站大楼西侧设百货商店和停车场，东侧设附属的剧场和宾馆，复合着多样化的功能，是典型的集交通、商业、公共空间功能于一体的复合设施。车站大楼中央设有长度约200m、高度约50m的巨型中央大厅。中央大厅内设有东西向高差达35m的大台阶，作为向市民开放的公共空间，常被用作城市音乐会等大型活动会场。从大台阶两侧设置的入口，能够便捷地进入百货商店的不同楼层。

京都站

图片来源：作者自摄。

戴　现在国内的高铁站似乎都是相对独立的，无法形成 TOD 模式^①。

| 时　其中最大的问题是行业分割，主管部门不允许其他行业的介入。实际上应当允许商业进来，允许那些服务机构的业态进来。我在出去考察的时候看到，不仅日本这样做，在欧美的交通节点上全是商店，火车站就是一个城市中心，新加坡的交通枢纽没有一个是独立的，都围在商业综合体里面。

有些地方的领导在选择建筑方案的时候，审批的标准只是形象上的好看。大部分建筑师也就迎合此审批标准，设计非常注重立面，注重效果图，甚至以此完成设计。

我也是通过在日本神户艺术工科大学的研修过程，开始非常注重建筑和周围环境的融合。评价一个作品的时候，不只是从建筑，更不是从其立面来看，而是要看建筑和周围环境的融合关系处理得好不好，建筑的根本宗旨、行为关系怎么样。所以日本建筑行业运行的机制，对建筑创意的要求，包括建筑师切入问题、考虑问题的方式，都有值得我们学习的地方。

戴　您归国后任苏州工业园区总规划师期间，面对更大面积的规划项目，关注点是否也向这些方面倾斜？

| 时　我回到苏州后，工作有很大改变。原来我是在苏州建筑设计院做建筑设计，回来后，被安排到苏州工业园区负责规划工作。从建筑到规划，这在我们国内是两个行业。记得接手苏州工业园区的第一个项目，我就是按照在日本经历过的标准去要求，除了要把建筑规划好，还要把环境设计也做好。规定除建筑设计需要通过审查批准建造，环境设计也要在设计做好以后通过审查批准，和建筑

---

①　TOD 模式（Transit-Oriented Development），是指以公共交通为导向的开发，在规划一个居民或者商业区时，使公共交通使用最大化的一种非汽车化的规划设计方式。其中的公共交通主要是指火车站、机场、地铁、轻轨等轨道交通及巴士干线。以公交站点为中心、以 400 ~ 800m（5 ~ 10min 步行路程）为半径建立中心广场或城市中心，其特点在于集工作、商业、文化、教育、居住等为一体的"混合用途"，使市民能方便地选用多种出行方式。

苏州工业园区 1994 年规划图

当时手绘环金鸡湖景观规划效果图，建筑景观的实施没有任何改变

同步建设，全部建成后才能使用。那时大约是 1994 年，也是中国第一次将建筑和环境设计结合起来，同时审批，同时实施的举措。

戴 从建筑师到总规划师，在角色的转变中您有怎样的思考？

| 时 从一个单体的建筑扩大到一个城市，要求我要把控住城市中的每一项设施，每一座建筑，也从需要我自己做设计，变成同时要我把关，考虑给设计者提供意见。

在此期间，我感到我们国内把规划跟建筑截然分开是一个很大的问题。部分建筑师不懂规划，也不知道当某座建筑在城市中位于不同的位置时，应该如何去考虑，只是明确了规划条件后，按照给定的容积率、高度、形式等条件，就在地块里面做设计，左邻右舍、交通环境这些问题都不太考虑。规划师也不懂建筑在城市中的空间关系，最终做出来的方案只有平面关系，没有立体空间的关系。因此，我觉得我们特别需要好好发展城市设计这一跨在规划与建筑之间的学科，使设计既符合规划的理念，又符合建筑的基本造型、城市空间等各方面的要求。

我在任全国人大代表时，两会期间我也曾提出提案，认为应该重视城市设计。现在我依然是这个观点，尽早抓，城市面貌就会不一样。城市是一个整体，城市设计最主要的工作就是塑造城市空间，涉及人文等各个方面，我们需要加强。要有一个机制去保证城市设计这个领域的健康发展。现在一点点地重视起来了，还要能跟得上社会发展的形势，逐渐做得更好。

苏州工业园区之所以现在得到好评，重要的一点就是它的整体性。我在回国后，也做了一些其他的项目，无论是在苏州还是在外地，我考虑的都不是一个建筑的单体，而是一个区域里面的群体关系。基本上都是按照城市设计的理念去思考，形成有机的整体。

戴 能举例讲讲您在整体思想的指导下完成的其他作品吗？

| 时 我曾做过扬州体育公园，实际上就是体育中心，有体育场、游泳馆等一整套设施，让它位于一个公园里面，而不是孤立地摆在一片平地上。按往常的思路，一个城市标志性的游泳馆，大家都会下很大的工夫去设计它的外立面，但我只让游泳馆的上面露出一点点，人们几乎看不到游泳馆的立面，只能看到一片树里面"冒"

出一个提示造型来，但走进游泳馆里面却能发现空间很大。我不想让这个建筑鹤立鸡群，破坏公园的环境，要把最多的面积给绿化，而不是跟绿化去抢地。体育馆、体育场同样也是半埋半入，结合地形。整个设计的理念就是以环境为主，以公园为主，在公园中为市民提供健身活动设施和场地，不是为了要举行某一届运动会，或搞出一片标志性的建筑，等运动会结束以后，市民都不能享用。

扬州体育公园

扬州市游泳馆

重视环境，而不是重视建筑，这是我从日本研修回来后做得比较大的理念上的改变。现在我们国内的建筑行业也越来越重视环境，这是我们的进步。这些年我们发展得很快，当年我在日本的时候，看到我们国家和日本的差距非常大，他们的城市现代化程度很高。几十年之后，我再去看日本，感觉他们不如我们的城市新，显得有些老旧。虽然时间很短，给我们建筑师设计的时间很短，但我们在城市建设方面还是有很大进步的。

但是当我们细细地看一些建筑时，就会感受到，我们在两个方面还很缺乏：一个是创新，不能总去搬一些人家的东西，没有自己的想法，如何贴切环境长在基地中，包括文化；另一个就是细部，我们的建筑初看很好看，但是到细部，问题还是不少。所以回过头来看，总结成绩的同时还要认清我们的弱点。

李　您所在的城市——苏州，有很多古典园林，那您在做新的设计时，如何考虑二者的结合？

| 时　我的很多建筑设计，带一些苏州风格的，都是在去日本研修以前设计的，回国以后主要的工作是规划，但是也做了些建筑。最近在苏州古城里面做了一个项目——新苏师范附小，在这个设计中我做了一些新的尝试。这是近期在苏州古城里面相当大的项目，大概100多亩地，这也是非常难得的，这是苏州最著名的小学，整个苏州市都很关注，学校里还保留了原来苏州古城里的一个仓库遗址。

苏州管得很严，不希望有一些非常异类的建筑形式出现，所以几乎都是白墙黑瓦、两坡屋顶，大家基本上达成了共识。我认为这是对的，不要破坏苏州的文化和传统。但是我想不能千篇一律都是一种形式，要体现时代感。所以我们在策划这个项目的时候，把基地分成了三块：一块是小学、一块是幼儿园、一块是遗址公园，让它整体向社会开放。把校园做成幼儿长智的课堂。

北京有四合院，苏州的传统建筑其实讲究的也是一种围合感。我个人感觉苏州建筑的灵魂或者内涵就是这种连续的围合，空间的围合，围合的连续。因此，我认为既要继承这种围合空间，也要在里面做出一些新的内容。所以我们设计

江苏省新苏师范学校附属小学校园综合改造项目

了"院子"，让大家在院子里面能够向心交流，院子成了四周学生的一个交流点，起到一种凝聚的作用。国外的建筑是发散的，像伸开的手指一样，伸到绿地中心去，而中国的园林空间则是像拳头一样捏起来，中间是共享的。但是我们把封闭院子的沉闷、封闭状态打破，让学校的教育环境更有活力，体现小朋友的朝气。所以各个庭院做成开敞的或者局部开敞的，以及现代立体的，主次分别，院套院空间极尽变化。

李 除苏州的项目，您也在其他城市完成了许多设计，甚至还有国外的项目，面对不同的城市环境，如何避免建筑的单一与同质化？

| 时 每个地方都有每个地方的特点，每个项目都有每个项目的特点，不能一成不变，尽量要避免同质化。现在大家都反映：中国的建筑从东到西、从南到北，都是一种模式，没有个性，更没有地方性，所以这是值得建筑师同行去探索解决的方式。

在韩国出版的《时匡建筑师专集》

我的建议是要深层次地发掘，而不是简单地模仿案例的形。我认为要做一点比较，深入地研究，在研究的基础上再去做设计。

李 1997年，韩国专门为您出版了一本个人设计作品专刊，也是首位中国建筑师在国外拥有个人作品专集。您当时是如何获得此契机，出版后反响如何？

|时 这本专集是韩国的杂志主动来找到我要出版的。我当时也没有想到他们会来找我。韩国的这家建筑杂志，给全世界的很多建筑师都出过专集。确实当时国内很少有建筑师走出国门，出建筑专刊。那时我刚刚到工业园区，所以里面大部分收录的都还是我在苏州建筑设计院时的作品。后来我跟他们介绍，张锦秋院士很优秀，你们也可以采访张院士。于是他们就去找张锦秋院士，也出了一个专集，大概就介绍过这两位中国的建筑师。

这个杂志在韩国也有点影响，发表后，韩国有些学术会议也叫我去参加，邀请我去作报告。另外，我和韩国的建筑师、大学的教授也有过一些来往。当时在首尔南边靠近机场的地方，要策划做一个中国城的项目，他们叫我去做过一个方案。

注：未标明来源的图片均为受访者提供。

孙凤岐先生谈访学北欧、美国经历及归国实践与学科思考

受访者简介

孙凤岐（1940—）

男，出生于北京。清华大学教授，博士生导师。1959 年进入清华大学建筑系学习，获本科学位。1979—1981 年赴瑞典任访问学者；1991 年参加威尼斯双年展；1994 年赴澳大利亚访问讲学；1994—1995 年赴哈佛大学访问研究、讲学；1995—1996 年参加欧洲中国古城保护与发展国际研讨会；1986 年任清华大学建筑系副系主任；1988 年任建筑学院院长助理；1998 年任清华大学建筑学院景观园林研究所所长。曾任中国园林学会理事，北京园林学会常务理事。

学术方向为城市公共空间与景观园林设计及其理论。主持国家自然科学基金《我国城市中心广场的再开发研究》。主要完成项目包括：1986 年东方歌舞团排练楼，获建设部优秀设计二等奖（已建成）；1986 年兰州中心广场设计竞赛全国招标一等奖；1992 年南宁民族广场设计竞赛全国招标一等奖（已建成）；1995 年泉州涂门街改建设计竞赛二等奖（无一等，已建成）；1997 年北京玉渊潭公园南门广场设计竞赛一等奖；1999 年秦皇岛新世纪环岛公园设计（已建成）等。在国内外发表过数十篇学术期刊和会议论文，出版《建筑设计城市规划作品集》等著作。

采访者：戴路、李怡

访谈形式：2023 年 10 月 18 日、10 月 22 日、10 月 23 日孙凤岐以录音的形式回复

整理情况：2023 年 10 月 24 日整理

审阅情况：经孙凤岐审阅修改，于 2023 年 11 月 29 日定稿

访谈背景：为了解改革开放初期孙凤岐到瑞典查尔摩斯技术大学建筑学院，之后到美国哈佛大学的访学经历，并了解其归国后在建筑与城市景观设计理论与实践方面的成就及对景观园林教育方面所作出的贡献。

孙凤岐近照

戴 先生好！您曾在 1979—1981 年到瑞典查尔摩斯技术大学建筑学院，当时是如何获得访学机会的？为何选择到瑞典，而非"主流的"欧美日等国家或地区？

| 孙 1978 年 6 月，我正带着学生在外面调研，接到系领导一个电话，叫我赶紧回学校，参加组织教师的英语考试。我一点也没有准备，结果得了个"5-"的成绩通过，不用再参加培训就能出国访学。那时候国家打开国门，派教师出国深造学习。至于为什么去瑞典？我也不知道，原因可能是学建筑的不像其他科技门类的人员那么热衷于去欧美国家。瑞典的建筑的确也并非主流。去瑞典学什么？没有人跟我交代，也没有人对我提出要求。同年 12 月底，我就到了瑞典。

戴 在出国前，您的语言学习如何完成？在当地学习生活是否遇到语言沟通上的问题？

| 孙 我在大学里学的是俄语，英语是二外。1965 年大学毕业后，我被分配到高教部，属于出国师资，在北京语言学院专门学习英语，计划学习 3 年，但到 1966 年"文革"爆发，学习就停止了。在学习英语的一年中，是外教授课，以听说为主，读写方面没有学，这为我的口语打下了很好的基础，也是我参加选拔考试一次就通过的原因。

英语在瑞典通用，但是在大学的课堂、报纸、电视中，都用瑞典语。在学习期间，无论是看资料，还是进行交流，因为不懂瑞典语，的确遇到许多困扰，我的导师就建议我学瑞典语。政府有专门给移民或是外来者开设夜校，免费学习瑞典语。我参加了这个课程大概半年多，勉强能够做一些交流。但我想，不能把时间都花在学瑞典语上，所以还是坚持以英语为主开展学习。好在我有原来的基础，所以能很快适应当地的环境，没有感到语言的困难。后来又选修了夜校英语课，由英国人教授，为了提高成年人的英语能力，这些都是免费的课程。在这两年的访问学习中，我的英语有了相当的提高，但是瑞典毕竟不是讲英语的国家，在阅读和写作能力的提高方面还是有些遗憾的。

戴　在访学前您对瑞典建筑了解吗？是通过怎样的渠道获知的？

孙　在做访问学者前，我对瑞典一无所知，甚至对北欧的建筑也不甚了解，更没有国外生活的经验，突然间就从国内被送到了一个非常陌生的环境，困难是不小。但那时我比较年轻，似乎没感觉非常困难，只知道在学习期间要闯，积极、谦虚、谨慎地学习，就是要勇敢地面对，很快就适应了。

戴　您初到瑞典，对当地有何印象？哪方面感触最深？

孙　瑞典是北欧五国①之一，资本主义国家的后起之秀，200多年都没有参加过任何战争，社会安全稳定。经济发达程度一点不亚于美国，是欧洲很富裕的国家，也是非常典型的福利国家。

当然瑞典的建筑也很不错，教育发达。当时我所接触的学校教师，他们生活非常富裕，作风很朴实，性格内向，实干，做事不过分，对人很尊重，看似冷漠，实际上熟悉以后都很热情友好，但谈不上对我有任何的"照顾"。所

---

① 北欧五国指位于北欧的挪威、瑞典、丹麦、芬兰和冰岛及其附属领土，如法罗群岛、格陵兰、扬马延岛、斯瓦尔巴群岛和奥兰的统称。这五国都是世界上高度发达的资本主义国家，社会福利体系在全球范围内处于领先地位。

以综合诸多方面，这对我在那里的学习应该是有利的，因为没有任何事情需要我去分心，自己能好好地钻研学习，人际关系是平等、尊重、自处的。

在瑞典的这两年，我交到了朋友，和他们建立了感情，学到了很多东西，为我日后的业务发展、见识等方面都打下了非常好的基础。

戴 您在访学期间的主要工作有哪些？

|孙 我归纳了一下，大概有六方面。第一当然是学习，除了语言以外，还广泛地阅读了很多杂志、书籍等资料，在这方面花了相当多的时间。

第二是去建筑师事务所实习工作。学院里有老师自己开事务所的，我的导师建议我去事务所实习，我自己也很愿意去，于是便工作了三个月的时间。事务所不大，有4个建筑师，还有负责画施工图的，一共不到10个人。去实习对我有很大的好处，"百说不如一练"，能切身体会到他们的建筑师如何工作，如何开展建筑设计的业务。在工作期间，通过和他们每天相处，相互了解，建立了友情，在交流时，他们和我无所不谈，给了我很大的帮助，之后通过他们的关系，为接触其他建筑师提供了方便。

第三是内业。收集资料，访问一些教师、学者，包括访问他们的家庭。在做计划外出访问调研时，必须要有目标，必须要做好准备工作，列出清单、时间表，都要有个很好的计划。

第四是外出调研。中国古语讲，"行千里路，读万卷书"，我们学建筑，如果只是关在书房里看书，是远远不够的，必须要走出去，有计划地出去参观调研，这对我来讲是很重要的一部分。在瑞典两年期间，我从南到北陆续参观访问了许多城市和地区，瑞典南边到了马尔默，最北到了位于北极圈的基律纳，芬兰的赫尔辛基、图尔库，挪威的奥斯陆、卑尔根，丹麦的哥本哈根等重要的城市，行程近万里。所看的内容也比较广泛，除各种类型的现代建筑外，我也会去看历史建筑、住区，还有城市的公共空间，等等。还去了一些建筑

1980 年，在瑞典和同事及家属共度仲夏节

师事务所拜访建筑师、大学教授等。通过这些活动学习历史经典，体验建筑和社会，大大地增长了见识。

第五是了解瑞典社会。其中有一些校方安排的参观，不光是建筑，还有其他，比如参观瑞典哥德堡很尖端的工厂，了解如何做世界顶级的轴承，参观汽车制造厂流水线，还到农村去了解当地的生产生活，到住区去参观，参加各种的社会活动等。此外，在瑞典的两年中，也体验到了瑞典的家庭生活，比如有老师在周末就会跑到我办公室跟我说，"嗨！孙，周末到我们家去住两天！"我一点也没有顾虑，就答应跟着去了。这说明他们在很热情地跟我交朋友，这也让我有机会和他们交流。两年期间，我常被邀请到同事家一起聚会吃饭，过圣诞节等。这种直接的接触和学习虽不是业务内的事情，但这些活动能让我更多地了解当地的社会、文化和生活。

第六是参与教学。在瑞典第一年的 10 月，我参加了一次住宅设计的课程，也是导师的建议。课程中包含外出到芬兰参观五六天的时间，和学生同吃同住，一起调研。回来后自始至终地参与课程的全过程，去了解学生如何学习，老师如何教学的。

1980 年假日访问瑞典学生家庭进行交流

1980 年夏在瑞典哥德堡建筑师事务所实习和同事交流

1981 年春辅导瑞典查尔摩斯技术大学建筑学院学生做中国建筑斗拱模型

1981 年秋在挪威参观访问

1981 年仲夏节在瑞典同事的乡村别墅欢度节日

1991 年在威尼斯双年展开幕式上与奥地利建筑师汉斯·霍莱因（Hans Hollein）亲切交谈并建立联系

1991 年在威尼斯双年展开幕式上与英国建筑师詹姆斯·斯特林（Jams Stirling）亲切交谈

瑞典同学答辩及斗栱模型照片

另外导师给我指派工作，参加他教的建筑历史的课程，由我辅导同学们一起做模型，学习中国建筑。学校有非常好的设备加工木材，我的参考资料就是梁先生出版的《中国古代建筑》，他们那里都有。我就带着2个学生做了一组斗口为4cm的斗栱模型，包括梁垫板、枋子、屋檐的起翘，等等。学生非常用功，模型成果非常漂亮，这在他们学院是从来没有过的事情。另外，还做过卷棚歇山等形式的木构建筑的基本骨架模型。

现在看，这六方面的工作还是不少的。有一些并不是我事先计划好的，而是恰好碰到某个机遇，比如说有机会出去参观学习、到建筑师事务所工作、参与教学等，是一些随之而来的事情，我都以一种非常积极、勇敢的态度去面对。比如做斗栱模型，我根本也不会，就拿着营造学社的图，一点一点地去看，一个一个构件去研究它的尺寸、造型，直到最后做出来。这对我来讲，也是一次学习的过程，直到现在，这些做法我还记得一清二楚。

在瑞典，只要想学习，社会有很多免费的课程，学校有教师，有图书资料，有良好的设备和学习环境。当然那两年中还有些其他的方面，像业余时间到外面去画水彩画，参观博物馆等，生活是很丰富的。

在出国前做准备工作时，我并没有具体地规划出未来的学习目标和内容，到了瑞典这个完全陌生的国家，通过逐步地学习了解，才逐渐地确定了研究的重点。当时，带我的导师科内尔（Elias Conell），是瑞典建筑历史著名的教授，但我并没有学习建筑历史的愿望，想学的是关于现代建筑设计与理论方面的内容。花了相当多的时间去摸索和了解，最后将重点放在了研究北欧住宅及住宅区的规划建设上。将研究范围从瑞典放大到北欧的范畴，现在看来是很有必要，同时也是很明智的一个决策。

戴 您曾撰写《中国大百科全书》中"北欧现代建筑"词条，当时如何获得机会？除瑞典外，对于其他北欧国家，您是通过怎样的方式了解的？

| 孙 了解现代建筑，要找源头，那就是欧洲，而不是美国和日本。所以现在看，

被派去瑞典访学，我并没有什么遗憾。瑞典社会稳定，有非常清晰的建筑发展道路，人们追求实用的生活态度，朴素的社会风尚，这些都是北欧现代社会的特点。我记得有一位很有名的建筑师——厄斯金[①]，他说现代主义其实就是功能主义。实际上，建筑的发展和它所处的社会、价值观等，都是脱离不开的。正是因为北欧地区的人们非常注重实用、效能、经济，所以在这里很难出现一些很浪漫的、带有奇思异想的建筑。

在这两年期间的陆续走访学习，我真是为寻求真迹而"踏破铁鞋"，在所不辞。所以所写《中国大百科全书》词条，可以说是我的一篇关于北欧现代建筑的论文，文章都是自己切身的体会以及造访学习的结果。如果不曾下马观花，了解它的历史、来龙去脉，我是绝对不敢妄自评述的。写词条，只是把我所学习了解到的尽可能地写出来，还要满足字数的限制，现在看我觉得写得还是比较中肯的。

戴 您在《世界建筑》上发表的《斯德哥尔摩中心区》一文，首先介绍的是城市的新型广场，之后才是各类建筑。在您回国后，多次参与并获得广场设计奖项，当时您为何会关注于此课题？在 20 世纪 80 年代初期，我国对建筑的认知大多还局限于建筑本身，您当时对于城市公共空间有怎样的认识，因何种原因开始研究？

| 孙 《斯德哥尔摩中心区》也是我写的一篇文章。我认为学习建筑当然是要选择名师名作为典型进行分析，以一当十，既要注重历史的，更要注重现代的。虽然北欧的国家比较小，但是出现了许多世界级的大师，比如阿斯普朗德[②]、

---

① 拉尔夫·厄斯金（Ralph Erskine，1914—2005），是一位英国建筑师和城市规划师，但是他一生的大部分时间都住在瑞典，以其对社会和环境意识的作品，以及对色彩和材料的大量使用而闻名。他致力于从传统的北欧建筑中汲取精华并用于现代建筑实践，思考环境节能问题，可以说是可持续建筑研究的先驱者。主要作品有：厄斯金自宅、拜克楼、The Ark 等。

② 古纳尔·阿斯普朗德（Gunnar Asplund，1885—1940），瑞典建筑师，20 世纪 20 年代北欧古典主义建筑的一位重要的代表人物。他被认为是瑞典最重要的现代主义建筑师，对瑞典和北欧几代建筑师产生了重大影响。主要作品有：斯德哥尔摩市立图书馆、森之墓地、森林礼堂、于什霍尔姆别墅等。

阿尔托^①、厄斯金、伍重^②，等等。能够亲自去参观体验他们的作品，这对我的成长影响很大。

现代主义建筑，其核心就是功能主义。在本科读书的时候，老师并未对此有特别的讲授，我们不能完全地理解它的社会背景、历史发展，即渊源和本质的东西。在这一历史阶段，北欧涌现出了一批现代主义建筑的优秀作品，来到瑞典进行学习，是个很好的选择，从源头上学习这些最基本的理念，身临其境地进行考察体验，只有这样才能真正理解并树立起对现代主义建筑的正确观念。

在 1991 年的威尼斯双年展上，荷兰建筑师曾经提出过一个口号，"现代主义建筑并没有死亡"。可见他们的设计理念中对功能的注重，并将此作为一个基本点来进行建筑设计，才能盖出一个个好的建筑，这是我感触最深的一点。

在访问学习期间，我感受到，"处处有学问，全在留心学"。因此除了学习建筑，我对城市文化活动、环境和城市景观也很感兴趣。斯德哥尔摩市中心区有个很现代的城市广场，适合城市市民的文化活动需求，是个探索在旧城里实现新旧融合、有机更新的好案例。即剔除了一些旧的、不适合社会发展的东西，小心翼翼地对中心区进行的设计，使其达到一个新的高度和水平。《斯德哥尔摩中心区》这篇文章所描述的，恰好反映了我所关注的内容，在中心区里，如何使建筑一座又一座地适应现代生活的需要，并营造城市的公共空间。斯德哥尔摩中心区的广场在整个欧洲范围内，也可以算是一座非常现代的作品。

---

① 阿尔瓦·阿尔托（Hugo Alvar Henrik Aalto，1898—1976），芬兰建筑师和设计师，在斯堪的纳维亚国家，他被称为"现代主义之父"。阿尔托的工作领域涵盖了建筑、家具、纺织品和玻璃器皿等方面的设计。他不断探寻着建筑与地域性特征以及人情化考量的关系，发展其"建筑人情化"的设计理念。主要作品有：里奥拉教区中心、赫尔辛基芬兰大厦、玛利亚别墅、MIT贝克楼、德国埃森歌剧院、珊纳特赛罗市政中心、帕伊米奥结核病疗养院、Muuratsalo 实验大楼、卡雷住宅、维堡图书馆等。

② 约翰·伍重（1918—2008），2003 年普利兹克奖获得者。爆发战争后逃往瑞典，在建筑工作室工作。后来去了芬兰，与阿尔瓦·阿尔托一起工作。在之后的 10 年时间里，他游历了中国、日本、墨西哥、美国、印度、澳大利亚等国家。主要作品有：悉尼歌剧院、巴格斯韦德教堂、科威特国民议会大厦等。

其实当地也曾有过大拆大建，因为旧城为适应发展，必须要"动手术"，新建的东西必须是现代的，不能完全复古，动作比较大胆。所以在建成初期时，广场也不见得很受当地人的欢迎，但是我去考察的时候，发现很多现代广场设计中的一些问题，在斯德哥尔摩中心区广场中都得到了妥善的解决。比如对很重要的交通枢纽的设计，人车分流，设有安静的步行区，以及对周围一些重要的公共建筑的设计，等等。如果现在去看，我还是非常喜欢。那座广场，很自然地以更大范围内的视角去看，它把中心区的一些历史街区的传统街道，历史古建筑、王宫、花园，整体串联在一起，形成了一个城市公共空间的系统。文章将我多次观察、体会所理解的东西介绍给大家，很有现实意义。

谈谈我在 1985 年参加兰州中心广场的规划设计。新中国成立后，为了满足政治文化生活的需要，几乎每个省会都开始建设城市中心广场，这些广场都很初始，当时大都不适应社会发展的需要，兰州较早地发起了中心广场规划发展的设计竞赛。这对我来讲是个新课题，我也并没有进行很多的研究就报名参加了。同时参加竞赛的有南工、天大、重建工、同济、华南理工几所大学的老师，还有甘肃省市政规划设计院共 7 个单位。我 46 岁，算是最年轻的参与者。带着 5 个学生以此为课题做毕业设计，我们非常重视现场调研，最后拿出的方案既有想法又很务实，做了很多细部的设计。投标方案最后以比较微弱的优势得了头奖，这是我没想到的。后来再看参加设计的人员，有南工的夏祖华老师等，他们都对此很有研究，在学术方面很有造诣。能够取得这样的成果，对我来讲是极大地肯定和鼓舞。同时我也意识到，这是一个很值得关注的城市发展问题，很有兴趣，所以后面陆续又做了一些城市广场的设计项目。

比如 1992 年参加南宁广场的设计竞赛，我们团队依然注重调研，注重环境，联系实际，以此作为设计的出发点。南宁属亚热带季风气候，需要更加开放、绿色。最终我们提交的方案在竞赛评选中获得了绝对的优势，全票通过，获一等奖，评委们都很赞许我们的方案。1998 年，为纪念广西壮族自治区成立50 周年，我受南宁市政府邀请又对广场做了深化设计，下了一番功夫进行修改和调整，最终建成，得到了地方的认可。

应该看到这些城市广场的建成过程是要满足城市发展的需求，在设计时也要尽量符合广场的基本属性，比如围合感，空间的整合塑造需要设置一些必要的设施，等等。要扩大到对整个城市公共空间定位的思考。所以后来我也自然地从设计广场扩大到城市的街道空间、城市公园，逐步地对城市景观学科感兴趣，并通过参与实践，开展研究。1994 年，我很荣幸地参加了泉州市涂门街的改建竞赛，得了二等奖（一等奖空缺），并且作为实施方案。经过四五年时间的工作，最终建成。1998 年，参加了秦皇岛城市环岛公园的设计，这是我第一次参加城市公园设计，也是大胆的尝试。公园的建设面临的问题不同，它不是广场，也不是街道，既要满足公园的功能要求，还要使其适合当地人的休闲活动需求，造价低，作为一个城市园林，如何为城市营造出一个开放的、良好优美的公共空间。

我很喜欢研究广场这一课题，特别是古典的广场，研究它们的历史发展过程。1991 年，我在清华建筑学院参加了威尼斯双年展的建筑教育展出活动，我在威尼斯生活了近一个月，很多时间都在威尼斯广场周边观察。它已经有 1000 多年的历史了，在 10 世纪的时候开始逐步地添加、改善、调整，文艺复兴以后又进行了大规模的改动，它集中了许多人的智慧才形成现在完美的形象。如今，游客如潮水般来广场游览，仍然有非常强的活力，吸引着人们；1994 年我在美国又考察了一些现代城市广场，这些是二战后在城市设计的理念指导下完成的，能有机会实地走访、观察学习，使我的视野更开阔、全面。

戴　1994 年您到哈佛大学访学，您认为两校及两国的建筑教育间有何差异？两段访学经历为您推进建筑教育工作提供了怎样的指导？

｜孙　去哈佛大学 GSD^① 访问研究这段历程，是个非常好的机会，我非常幸运。因

---

① 哈佛大学 GSD（Harvard University Graduate School of Design），哈佛大学设计研究生院，正式成立于 1936 年，由当时的风景园林学院和城市规划学院合并而成，设建筑学、景观建筑学以及城市规划与设计三个系，招收和培养上述三个专业方向的硕士和博士，这三个专业在全美都名列前茅，其中建筑学和景观建筑学两个学科经权威机构评估在全美一直排名第一。

为有到瑞典访学的经历，我在交往学习方面没有困难。做高访只有半年时间，经费比较充足，必须要完成的任务就是要作一次学术报告，其他都由我自己安排，要充分利用这个机会学习。我就主动提出要去参加在西雅图举行的北美建筑教育研讨会，他们很理解，满足了我的要求。我到费城、纽约、波士顿、华盛顿、西雅图、旧金山、拉斯维加斯、洛杉矶等地参观学习，中间还去了辛辛那提大学建筑学院作学术报告，遗憾的是没能去芝加哥等中部地区走访。

除了参观访问，主要的工作还是考察建筑教育，通过在 GSD 的观察、学习、听讲座、讨论，了解了世界一流的建筑教育院校到底是什么样的，对比而言，我们在很多方面还是存在很大差距。我看过一本书，收录了 100 位左右的美国建筑师，其中相当多的建筑师都是 GSD 毕业的，可想而知，它对于人才培养的实力。

哈佛 GSD 在 20 世纪 60 年代加入了城市设计专业，形成了建筑、城市规划和景观三足鼎立的格局，以培养三年制的硕士生为主。它有 120 多年的历史了。二战时，聘请了格罗皮乌斯担任系主任，教学整体上做了大的改变，以适应现代社会的需要。他们很注重学术前沿，以及一些方向性、理论上的探讨，同时更为重视教学实践，教学生如何以一个建筑师的思维来完成不同的课题。设计课的选题很广，北美洲、南美洲、中国香港等地的选题都有，在最后设计完成的时候，老师甚至会细致地看学生如何设计建筑的开窗。

GSD 的教师非常优秀，有一些世界顶级的大师也来开课，指导 studio 的教学，如库哈斯、莫内欧等。这些人不仅是搞理论的学者，而且是开业的建筑师，普利兹克奖的获奖者。学生们非常了解老师，在入学之前就进行了研究，专门投奔某一位老师的研究方向而来。在这期间，我选择了去听一门景观规划课程，讲课老师是斯坦尼兹[①]，非常有威望的景观学教授，全美优秀教师。比如早上 9:00 上课，老师不到 8:00 就到了，在他的办公室里备课。GSD 的教授有的家不在波士顿，早上坐飞机来上课，晚上十一二点才走，教学整体是高强度、快节奏的。讲课时他劝学生，不要闷着头在那里记笔记，要好好地

---

① 卡尔·斯坦尼兹（Carl Steinitz），景观建筑与规划教授。

听讲。下课后，他会给学生一沓子资料，包括教材等重要资料的复印件作为补充，让学生回去再看。这个课程利用 GIS 技术来分析基地，进行景观规划设计，用很科学现代的手段来辅助教育，分析研究，选择真实的地点，有复杂的地形实地调研进行规划设计，实现由理论到实践的教学。老师对学生很热心地辅导，全力投入教课，学生学得很扎实，这让我很佩服。

在哈佛校园里，几乎看不到骑自行车的人，更不要说汽车了，都是学生们背着书包在校园里行走，校园的氛围非常好。由于是私立学校，学生每年的学费相当高。进入 GSD 的学生，水平参差不齐，有些本科并不是学建筑的，但是他们求学的动力十足，自觉自律，勤勉认真，这种精神我深有感触。学生们有非常明确的目标，珍惜时间。从早到晚，都在教室里学习，没有人敢偷闲。建筑学院里有一条不成文的规矩，晚上 12 点以前走的都是懒人。晚上教室里面灯火通明，这在哈佛是毫不稀奇的事，早上 8:30 学生们又精神饱满地来听课。在如此高的学习强度下，师生们都全力以赴，常年如此地教和学。

教师很严格，培养的学生自信独立，既有坚实的理论，同时有广阔的国际视野，有独到的创新思想。学生完成的题目不见得很大，需要能抓住要点，融会贯通。我觉得如果能抓住教学的精髓来下功夫学习，自然收获会非常丰硕。

戴 在成立清华大学景观学系前，仅有您任所长的景观园林研究所，和另一资源保护和风景旅游研究所，在开展教学、研究、实践的过程中，是否存在困难？成立景观学系后，为何仅招收硕士和博士研究生？从学科发展的角度看，您认为这是否拓宽了中国现代建筑学体系？办学方式上同林学体系有何不同？

| 孙 1995 年在哈佛时，有位清华的校友在美国任教，她是斯坦尼兹教授的学生，在科罗拉多大学教景观专业。交谈时，她认为 21 世纪景观学会大有作为，有更广阔的发展前途。回国前后，我曾有过很多的思考，即如何进一步在国内发展景观学科。

清华大学建筑学院想要发展园林专业，由来已久，当年梁先生创办建筑系时，就设定了这个专业，不久被合并到北京林业大学。之后也有些教师从事这方面的研究，但是力量单薄，是一个很大的遗憾。改革开放以后，系里一直有发展这个学科的愿望，但没能付诸行动。直到20世纪90年代末，景观园林研究所成立，终于开始向前迈进，但当时是很困难的，师资力量不足，难以形成强有力的团队开展教学科研实践，只能招一点研究生，受到学校方面要控制本科生人数的限制，没有本科生。

这一学科的设立必然健全了建筑学的学科体系。过去建筑系培养的学生只知道设计房屋，对建筑以外的事情了解甚少，房门以外的就不知该如何处理了。至今许多建筑师设计的建筑室外工程都有很多弊端，一些基本的问题都没有很好地解决。而景观学恰恰是解决这些问题的专业，更有对城市在中观、宏观上的思考，包括城市空间、人的活动，植物造景、生态保护、景观规划等诸多方面的内容，是一个非常广阔的学科领域。同时，中国的传统文化在风景园林方面有大量宝贵的遗产需要继承和发展，以适应现代城市景观建设的需求。

1998年成立景观所的时候，命名为"景观园林研究所"，北京林业大学的老师来参加成立会表示祝贺的时候，说很不理解这个词，为什么叫"景观园林"，而不是"风景园林"。我想这两个词其实在词义上也没有什么太大的本质上的区别，但是"景观"更多的是在考虑解决城镇里的问题，是为了满足当今城市

孙凤岐在清华大学
的近照

人民对生活环境的发展需求。所以我想，林业大学和建筑学院办景观专业没有什么根本上的差异，各有其长，目标是一致的，不外乎是景观设计和规划两个方面的内容。面对不同尺度下的生存环境的诸多需求，都需要用更先进的理念和手段来应对，两者都要回归到中国的现实的问题上来，通过长期的努力才能达到新的高度。应该看到在城市景观方面我们与西方还是有相当大的差距，但是也要有信心，搞好我们自己的事。

戴 您如何看待城市景观和实体建筑物之间的关系？中外造景有很大的不同，如今的城市景观营造存在哪些问题？您觉得应当如何在城市公共空间中处理好传统与现代间的关系，以实现中国文化基因的传承与发展？

| **孙** 很显然，景观和建筑二者是相辅相成的，这是一个常识性的问题。虽然二者的范畴不一样，但目标是一致的，都是为了营造出一个更好的人居环境，更好地服务于社会。但有相当多的建筑师认为，房子盖好了，就请搞园林绿化的人员来给种树种草就行了。这种思维现在大家习以为常。相当一些项目在早期时应请景观建筑师参与介入，共同策划。当然，建筑师也许有些初步的考虑，但这种在房子盖好后再做景观的情况是不合适的，已经没有太多做文章的余地了。有的房子盖好了，院子里连种一棵树的地方都没有，全部是停车位。建筑很好，但室外环境很干枯，没有将绿色空间融合到建筑之中，整体就会大为减色。所以我们在学校里培养学生时，就应该树立这样的理念，提高认识，更好地塑造多样丰富、不同尺度、为人所用的城市公共空间环境。

我记得贝聿铭先生曾经说过这样一句话，大意是：一个建筑出了问题还好说，但是一座城市的规划出了问题影响就大了。良好的城市景观的形成，要经过长期的经营和塑造，精雕细刻，才能形成。世界上许多优秀的作品，广场、街道、公园都是通过长期经营形成的结果。在前期策划时不考虑建成后的环境问题，就容易和城市产生不协调，老百姓不喜欢。理念上一味追求规模庞大，讲排场、要豪华、大手笔，或是追求立竿见影、一步到位，都是在认识上存在的片面问题，这是一种内伤，更不用说要实现良好的尺度、与人友善的空间、生态效能，等等。

景观也不是什么外来的词汇，仔细看我们的历史文化传统，就有很多具有高度文明的城市景观，比如《清明上河图》描述的开放空间，夫子庙、趵突泉等一系列的城市园林，都是满足当时社会和人民的文化活动需求。一些私家园林，很多也会有文人聚会、玩赏等文化活动。俗话说："三分工匠，七分主人"，说的就是园林主人的文化品位和价值取向。所以我们建设城市景观的主要决策人，如果没有这方面的涵养，造出来一些赝品或次品，那就无法保证城市景观为人服务的功能，有的还没建好就拆了，十分荒唐。

现在，我们要很好地学习西方优秀的经典案例，学习他们的思想，但是也要看到他们的经验教训和错误，提高认识；我们更要很好地学习并继承中国文化遗产和传统，下大功夫在此基础上进行创作，形成既现代又有传统因素的城市景观，这也是时代的要求。在广州、南京、西安等很多城市里已经涌现出一批很好的案例。我们需要把握住目标，重视前期的策划研究，满足人民日益增长的文化生活需求，要很好地考虑到人的活动，既要经济也要实用，同时保持美观，而不是花很大的力气做出一些很不得人心的作品。避免建了拆，拆了建，这会浪费我们宝贵的资源，造成严重的损失。建筑师不懂的就要学习，要请懂的能人来参与策划，大家有一个共同的目标，我觉得这种合作的精神应该提倡，不要一意孤行，制造荒谬。因此，我希望我们的教育环节、建设环节，都能够重视这方面的问题，使我们城市建设的精品越来越多，一步一个脚印，为城市增添光彩。

注：图片均为受访者提供。